课书房 高等职业教育建设工程管理类专业系列教材

新/形/态/教/材 GAODENG ZHIYE JIAOYU JIANSHE GONGCHENG GUANLI LEI ZHUANYE XILIE JIAOCAI

SHIZHENG GONGCHENG JILIANG YU JIJIA

市政工程计量与计价

（第2版）

主 编／钱 磊

主 审／胡晓娟

U0190787

重庆大学出版社

内容提要

本书根据《建设工程工程量清单计价规范》(GB 50500—2013)、《市政工程工程量计算规范》(GB 50857—2013)等标准进行编写,在阐述市政工程造价的基本概念,市政工程定额,人工、材料、机械台班单价等内容的基础上,重点介绍了市政工程造价的费用组成、现行规范规定下市政工程工程量的计算规则以及市政工程费用的计算,并结合工程实例介绍了市政工程计量与计价的具体内容和方法,案例仿真且丰富,理论联系实际,通俗易懂,深入浅出,便于教学。

本书可作为高等职业教育工程造价专业(市政工程方向)、市政工程管理专业的教学用书,也可以作为造价从业人员的学习参考用书。

图书在版编目(CIP)数据

市政工程计量与计价/钱磊主编. -- 2 版. -- 重庆:
重庆大学出版社,2021.12(2024.6 重印)
高等职业教育建设工程管理类专业系列教材
ISBN 978-7-5689-0359-2

Ⅰ.①市… Ⅱ.①钱… Ⅲ.①市政工程—工程造价—
高等职业教育—教材 Ⅳ.①TU723.32

中国版本图书馆 CIP 数据核字(2021)第 202865 号

高等职业教育建设工程管理类专业系列教材
市政工程计量与计价
(第 2 版)

主 编 钱 磊
主 审 胡晓娟
责任编辑:刘颖果 版式设计:刘颖果
责任校对:刘志刚 责任印制:赵 晟

*

重庆大学出版社出版发行
出版人:陈晓阳
社址:重庆市沙坪坝区大学城西路 21 号
邮编:401331
电话:(023)88617190 88617185(中小学)
传真:(023)88617186 88617166
网址:http://www.cqup.com.cn
邮箱:fxk@ cqup.com.cn(营销中心)
全国新华书店经销
重庆升光电力印务有限公司印刷

*

开本:787mm×1092mm 1/16 印张:17.5 字数:438千
2017 年 2 月第 1 版 2021 年 12 月第 2 版 2024 年 6 月第 5 次印刷
印数:7 501—9 000
ISBN 978-7-5689-0359-2 定价:49.00元

前　言

随着我国社会经济的不断发展,城镇化进程的加快,传统大城市市政设施的更新改造和新兴城市市政设施的施工建设驱动着市政工程造价的研究和发展。本书以国家最新的工程造价规范、政策为依据,立足高职院校、市政施工企业、造价咨询企业等用户的需求,以岗位为依托,阐述市政工程造价的基本原理,解析市政工程的工程量计算规则,介绍市政工程造价文件编制的主要方法和步骤,使读者对市政工程造价的基础知识、基本概念、实操方法有一个整体认识。

本书第 1 版于 2017 年 2 月出版,由具有丰富教学经验和造价咨询工作经验的人员编写,以"必须、够用"的原则确定合理的理论深度,融入提炼加工后的实践案例,保证了对学生知识学习和实践能力的同步提高。本书共有 6 个模块,主要内容包括市政工程造价基础知识,市政工程定额,人工、材料、机械的消耗量和单价确定,市政工程费用组成,市政工程量及定额工程量计算规则,市政工程费用计算等。

本次修订主要根据《四川省建设工程工程量清单计价定额——市政工程》(2020 版)对教材涉及的定额换算、工程量计算和计价等内容进行修改,并对关键知识点配备了数字资源。

本书的特色和创新如下:

(1)采用"双元制"编写模式。邀请企业资深专家为教材大纲出谋划策,力求做到技能知识点和实际工作对接,深化校企合作协同育人。

(2)案例内容提炼加工,强化教学目的。通过专业化的视角设计教材中的任务,通过修改图纸、提供编制依据、补充施工组织设计等内容,让案例内容教学目的明确,覆盖面广。

(3)配套教学资源丰富。本书配套教学用 PPT 以及案例工程的 CAD 文件,并且针对复杂市政工程构筑物构造、知识难点、施工工艺过程等,以二维码的形式配备了微课和动画类资源,以帮助读者更加清晰地理解教材内容。

本书不仅对工程造价(市政工程造价)专业学生的理论知识理解和实践操作具备指导性,也对高职高专市政工程技术专业的学生,从事市政工程造价咨询、市政工程项目管理的岗位工作人员具有一定的借鉴意义。

本书由四川建筑职业技术学院钱磊主编,由四川建筑职业技术学院胡晓娟主审。在此向广联达科技股份有限公司成都分公司的陈雪工程师致谢,感谢她与我一起研讨教材大纲,从造价咨询企业的角度给出案例设计建议。

由于编者水平有限,书中可能有一些不妥之处,敬请读者批评指正。

编　者

2021 年 7 月

目　录

模块 1　概　述

项目 1.1　基本建设概述

1.1.1　基本建设概述

1)基本建设概念

基本建设是指国民经济投资中进行建筑、购置和安装固定资产的活动。其目的是通过新建、扩建、改建和设备更新改造来实现固定资产的再生产。与此相联系的其他工作,如土地征用、房屋拆迁、青苗赔偿、勘察设计、招标投标、工程监理等也是基本建设的组成部分。

2)基本建设分类

基本建设按其形式及项目管理方式等不同,大致分为以下 4 类。

(1)按建设性质分类

①新建项目:是指根据国民经济和社会发展的近远期规划,按照规定的程序立项,从无到有、"平地起家"的建设项目。现有企、事业和行政单位一般没有新建项目。有的单位如果原有基础薄弱需要再兴建的项目,其新增加的固定资产价值超过原有全部固定资产价值(原值)3 倍以上时,才可算新建项目。

②扩建项目:是指现有企业、事业单位在原有场地内或其他地点,为扩大产品的生产能力或增加经济效益而增建的生产车间、独立的生产线或分厂的项目;事业和行政单位在原有业务系统的基础上扩充规模而进行的新增固定资产投资项目。

③迁建项目:是指原有企业、事业单位,根据自身生产经营和事业发展的要求,按照国家调整生产力布局的经济发展战略的需要或出于环境保护等其他特殊要求,搬迁到异地而建设的项目。

④恢复项目:是指原有企业、事业和行政单位,因在自然灾害或战争中使原有固定资产遭受全部或部分报废,需要进行投资重建来恢复生产能力和业务工作条件、生活福利设施等的

建设项目。这类项目,不论是按原有规模恢复建设,还是在恢复过程中同时进行扩建,都属于恢复项目。但对尚未建成投产或交付使用的项目,受到破坏后,若仍按原设计重建的,原建设性质不变;如果按新设计重建,则根据新设计内容来确定其性质。

基本建设项目按其性质分为上述 4 类,一个基本建设项目只能有一种性质,在项目按总体设计全部建成以前,其建设性质是始终不变的。

(2)按建设规模分类

基本建设按建设规模的不同,分为大型、中型、小型建设项目。更新改造项目分为限额以上和限额以下两类。具体划分标准根据各个时期经济发展和实际工作中的需要而有所变化,现行的国家有关规定为:

①按投资额划分的基本建设项目,属于生产性建设项目中的能源、交通、原材料部门的工程项目,投资额达到 5 000 万元以上为大中型项目;其他部门和非工业建设项目,投资额达到 3 000 万元以上为大中型建设项目;否则为小型项目。

②按生产能力或使用效益划分的建设项目,以国家对各行各业的具体规定作为标准。

③更新改造项目只按投资额标准划分,能源、交通、原材料部门投资额达到 5 000 万元及其以上的工程项目和其他部门投资额达到 3 000 万元及其以上的项目为限额以上项目,否则为限额以下项目。

(3)按投资作用分类

按投资作用分类,基本建设可分为生产性建设项目和非生产性建设项目。

①生产性建设项目:是指直接用于物质资料生产或直接为物质资料生产服务的工程建设项目。

a.工业建设:包括工业、国防和能源建设。

b.农业建设:包括农、林、牧、渔、水利建设。

c.基础设施建设:包括交通、邮电、通信建设,地质普查、勘探建设等。

d.商业建设:包括商业、饮食、仓储、综合技术服务事业的建设。

②非生产性建设项目:是指用于满足人民物质和文化、福利需要和非物质资料生产部门的建设项目。

a.办公用房:国家各级党政机关、社会团体、企业管理机关的办公用房。

b.居住建筑:住宅、公寓、别墅等。

c.公共建筑:科学、教育、文化艺术、广播电视、卫生、博览、体育、社会福利事业、公共事业、咨询服务、宗教、金融、保险等建设。

d.其他建设:不属于上述各类的其他非生产性建设。

(4)按投资效益分类

按投资效益分类,基本建设可分为竞争性项目、基础性项目和公益性项目。

①竞争性项目:主要是指投资效益比较高、竞争性比较强的一般性建设项目。

②基础性项目:主要是指具有自然垄断性、建设周期长、投资额大而收益低的基础设施和需要政府重点扶持的一部分基础工业项目,以及直接增强国力的符合经济规模的支柱产业项目。

③公益性项目:主要包括科技、文教、卫生、体育和环保等设施,公、检、法等政权机关以及

政府机关、社会团体办公设施,国防建设等。公益性项目的投资主要由政府用财政资金安排。

3) 基本建设划分

为了基本建设工程管理和确定工程造价的需要,基本建设项目划分为建设项目、单项工程、单位工程、分部工程和分项工程 5 个基本层次,如图 1.1 所示。

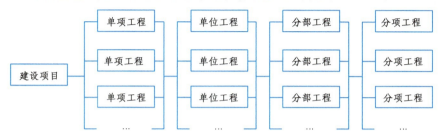

图 1.1　基本建设项目划分

(1)建设项目

建设项目一般是指一个总体设计范围内,由一个或几个工程项目组成,经济上实行独立核算,行政上实行独立管理(指管理单位应是具有独立法人资格的建设单位)的项目。

(2)单项工程

单项工程又称工程项目,它是建设项目的组成部分,是指具有独立的设计文件,竣工后可以独立发挥生产能力或使用效益的工程。

(3)单位工程

单位工程是单项工程的组成部分,是指具有独立的设计文件,能单独施工,但建成后不能独立发挥生产能力和使用效益的工程。

(4)分部工程

分部工程是单位工程的组成部分,一般按照不同的构造和工作内容来划分。

(5)分项工程

分项工程是分部工程的组成部分。分项工程是工程量计算的基本元素,是工程项目划分的基本单位,所以工程量均按分项工程计算。图 1.2 是××城市市政道路工程项目划分示意图。

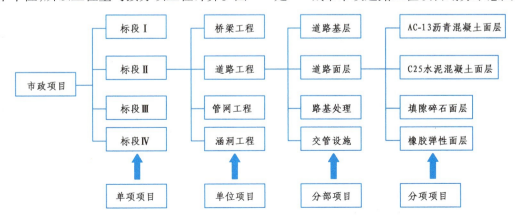

图 1.2　××城市市政道路工程项目划分示意图

1.1.2　基本建设投资与工程造价

1)工程造价的概念

工程造价通常是指工程建设预计或实际支出的费用。所处的角度不同,工程造价具有不同的含义,一般来说可以归结为下面两种:

从投资者(业主)的角度分析,工程造价是指建设一项工程预期开支或实际开支的全部固定资产投资费用。投资者为了获得投资项目的预期效益,需要对项目进行策划决策及建设实施,直至竣工验收等一系列投资管理活动。在上述活动中所花费的全部费用,就构成了工程造价。我国的基本建设程序和工程造价的对应关系如图1.3所示。

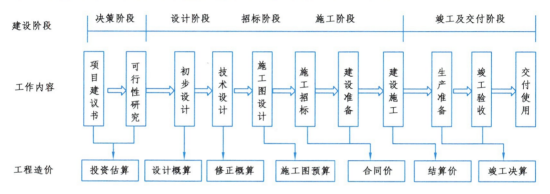

图1.3　我国基本建设程序与工程造价的对应关系

从市场交易的角度分析,工程造价是指为建设一项工程,预计或实际在土地市场、设备市场、技术劳务市场以及工程承发包市场等交易活动中所形成的建筑安装工程费用或建设工程总费用。最典型的表现形式即是"工程承发包价格"。

2)基本建设造价文件的分类

基本建设造价文件包括投资估算、设计概算、施工图预算、标底、标价、竣工结算及竣工决算等。

(1)投资估算

投资估算是指在项目建议书和可行性研究阶段通过编制估算文件测算和确定的工程造价。投资估算是建设项目进行决策、筹集资金和合理控制造价的主要依据。

(2)设计概算

设计概算是指在设计阶段,根据设计意图,通过编制工程概算文件预先测算和确定的工程造价。与投资估算造价相比,概算造价的准确性有所提高,但受估算造价的控制。概算造价一般又可分为建设项目概算总造价、各个单项工程概算综合造价、各单位工程概算造价。

(3)施工图预算

施工图预算是指在施工图设计阶段,根据施工图纸,通过编制预算文件预先测算和确定的工程造价。它比概算造价或修正概算造价更为详尽和准确,但同样要受前一阶段工程造价的控制。

（4）标底、标价

标底是指建设工程发包方为施工招标选取工程承包商而编制的标底价格。如果施工图预算满足招标文件的要求，则该施工图预算就是标底。

标价是指建设工程施工招投标过程中投标方的投标报价。

（5）竣工结算

竣工结算是指在工程竣工验收阶段，按合同调价范围和调价方法，对实际发生的工程量增减、设备和材料价差等进行调整后计算和确定的价格，反映工程项目的实际造价。

（6）竣工决算

竣工决算是指工程竣工验收及交付使用阶段，以实物数量和货币指标为计量单位，综合反应竣工项目从筹建开始到项目竣工交付使用为止的全部建设费用。竣工决算一般是由建设单位编制，上报相关主管部门审查。

项目 1.2　市政工程工程量清单计价

1.2.1　市政工程概述

1)市政工程的概念

市政工程是指市政设施建设工程。市政设施一般是指在城市区、镇（乡）规划建设范围内设置的基于政府责任和义务为居民提供有偿或无偿公共产品和服务的各种建筑物、构筑物、设备等。

2)市政工程的分类

市政工程按其形式或项目管理方式可以分为以下两类。

（1）按行业类别分类

①能源工程：指电力、人工煤气、天然气、石油液化气以及集中供热的生产和供应设施。

②供水、排水工程：指城市水资源的开发、利用和管理设施。

③交通运输工程：指道路设施、轨道交通、公共货运汽车、交通管理等设施。

④邮电、通信工程：指邮政设施和电信设施等。

⑤生态环境工程：指环境卫生、园林绿化、环境保护等设施。

⑥城市防灾工程：指防火、防洪、防风、防雪、防地震、防地面沉降以及人防备战等设施。

（2）按计价规范分类

①土石方工程：包括市政工程产生的场地平整、基坑（槽）与管沟开挖、路基开挖、人防工程开挖、地坪填土、路基填筑以及基坑回填等项目。

②道路工程：包括市政道路工程的路基处理工程，道路基层、面层，人行道以及交通管理设施等项目。

③桥涵工程：包括市政桥涵工程的桩基、基坑支护、现浇混凝土构件、预制混凝土构件、砌筑工程、立交箱涵、钢结构工程、装饰工程等项目。

④隧道工程:包括市政隧道工程的岩石隧道开挖、岩石隧道衬砌、盾构掘进、关节顶升、隧道沉井、混凝土结构、沉管隧道等项目。

⑤管网工程:包括市政管网工程的管道铺设、管件阀门及附件安装、支架制作及安装、管道附属构筑物等项目。

⑥水处理工程:包括市政水处理工程的水处理构筑物和水处理设备等项目。

⑦生活垃圾处理工程:包括市政生活垃圾处理工程的垃圾卫生填埋和垃圾焚烧等项目。

⑧路灯工程:包括市政路灯工程的变配电设备工程、10 kV以下架空线路工程、电缆工程、配管配线工程、照明器具安装工程、防雷接地装置工程、电器调整试验等项目。

⑨钢筋工程:包括市政钢筋工程的钢筋制作、运输、安装等项目。

⑩拆除工程:包括上述各种市政分部工程的拆除项目。

3)市政工程建设的特点

(1)单件性

单件性是指市政工程的每个单项工程都不可能完全相同的特性。任何一条道路或一座桥梁都会因为其地质条件、地形条件、气候条件、结构类型、外观形状等因素的特殊性而不尽相同。这一特点决定了市政工程造价必须采用单件计算的方法确定。

(2)固定性

固定性是指市政工程建成后的市政建筑产品都是固定的。这一特点决定了建设市政工程的建筑材料由于来源地的不同会产生单价不同的特点,进而影响工程成本。

(3)流动性

流动性是指市政工程施工队伍的流动性。这一特点决定了施工人员、机械设备、周转材料等转移到新的工地而发生的各种费用。

(4)环境复杂性

市政工程建设一般都是露天建设,受气候条件的制约比较明显。某些市政工程特有的施工作业对温度、湿度的要求较为严苛,由此会产生露天作业措施费、临时设施费等。

(5)内部关联性

一个城市的市政工程是一个整体系统。新建、改建的市政工程施工时,会对已经建成的市政工程的功能产生一定影响。这一特点决定了市政工程造价中会考虑行车、行人干扰施工增加费等。

1.2.2　工程量清单计价模式

1)工程量清单计价的概念

工程量清单计价是一种主要由市场定价的计价模式,是由建设产品的买方和卖方在建设市场上根据供求状况、信息状况进行自由竞价,从而最终能够签订工程合同价格的方法。

工程量清单计价有以下几个方面的概念:

①工程量清单由招标人提供,招标标底及投标报价均应据此编制。投标人不得改变工程量清单中的数量。工程量清单编制应遵守计价规范中规定的规则。

②根据"国家宏观调控,市场竞争形成价格"的价格确定原则,国家不再统一定价,工程造

价由投标人自主确定。

③"低价中标"是核心。为了有效控制投资,制止哄抬标价,招标人应公布招标控制价,凡是投标报价高于"招标控制价"的,其投标应予拒绝。

④低价中标的低价,是指经过评标委员会评定的合理低价,并非恶意低价。对于恶意低价中标造成不能正常履约的,以履约保证金来制约,报价越低履约保证金越高。

2)工程量清单计价的依据及程序

(1)计价依据

工程量清单的计价依据是计价时不可缺少的重要资料,主要包括以下几个方面:

①工程量清单:是载明工程分部分项工程项目、措施项目、其他项目的名称和相应数量以及规费、税金项目等内容的明细清单。工程量清单由招标人提供,投标人参照此清单对工程进行投标报价。

②计价和计量规范:是采用工程量清单计价时,必须遵照执行的强制性标准。现行的计价规范是《建设工程工程量清单计价规范》(GB 50500—2013)以及各专业工程计量规范。

需要强调的是,各专业工程的计量规范是一个整体,应相互结合配套使用。市政工程参照的计量规范主要是《市政工程工程量计算规范》(GB 50857—2013),涉及建筑、电气、给排水、消防、园林、爆破等项目,应依据《房屋建筑与装饰工程工程量计算规范》(GB 50854—2013)、《通用安装工程工程量计算规范》(GB 50856—2013)、《园林绿化工程工程量计算规范》(GB 50858—2013)、《爆破工程工程量计算规范》(GB 50862—2013)等。

③定额:是编制招标标底或投标报价组合分部分项工程综合单价时,确定人工、材料、机械消耗量的依据。有关定额的具体内容详见模块 2 中项目 2.1"市政工程定额的概念及分类"。

④工程设计文件及相关资料:是编制工程量清单的依据,也是计价的重要依据。具体包括设计说明,全套施工图,标准图集,相关特殊材料、设备清单,地勘报告等。

⑤施工组织设计或施工方案:是计算施工技术措施费用的依据。如围堰工程,混凝土模板及支架,施工排水、降水,施工中的处理、监测和监控等。

⑥工程造价信息:是编制招标标底或投标报价的重要依据。根据工程造价信息能够确定工程当时当地的人工、材料和机械台班的单价。

(2)计价程序

工程量清单计价的过程可以分为两个阶段,即工程量清单编制和利用工程量清单来编制工程造价(投标报价、招标控制价)。其计算程序见以下公式:

分部分项工程费 = $\sum$ 分部分项工程量 × 相应分部分项综合单价

措施项目费 = $\sum$ 各措施项目费

其他项目费 = 暂列金额 + 暂估价 + 计日工 + 总承包服务费

单位工程报价 = 分部分项工程费 + 措施项目费 + 其他项目费 + 规费 + 税金

单项工程报价 = $\sum$ 单位工程报价

建设项目总报价 = $\sum$ 单项工程报价

其中,综合单价是指完成一个规定计量单位的分部分项工程量清单项目或措施清单项目所需的人工费、材料费、施工机械使用费和企业管理费与利润,以及一定范围内的风险费用。

关于综合单价的概念及确定方法详见模块 6 项目 6.1"综合单价的确定"。

3)工程清单计价的方法

工程量清单计价主要有工料单价法和综合单价法两种方法。

(1)工料单价法

工料单价法也称直接工程费单价,包括人工、材料、机械台班费用,是各种人工消耗量、各种材料消耗量、各类机械台班消耗量及相应单价的乘积。采用工料单价时,先计算出分项工程的工料单价,再用工料单价乘以相应定额项目工程量并汇总,得出相应工程直接工程费,再按照相应的取费程序计算其他各项费用,汇总后形成相应工程造价。用公式表示为:

$$工料单价 = \sum(人材机消耗量 \times 人材机单价)$$

$$单位工程造价 = \left[\sum(定额工程量 \times 工料单价) \times (1 + 管理费率 + 利润率) + 措施项目费 + 其他项目费 + 规费\right] \times (1 + 税率)$$

(2)综合单价法

综合单价包括人工费、材料费、机械台班费,还包括企业管理费、利润和风险因素。采用综合单价时,先确定出各分项工程的综合单价,再乘以相应项目工程量,经汇总即可得出分部分项工程费,再按相应的办法计取措施项目、其他项目、规费项目、税金项目费,各项目费汇总后得出相应工程造价。用公式表示为:

$$综合单价 = 人工费 + 材料费 + 机械费 + 企业管理费 + 利润$$

$$单位工程造价 = \left[\sum(工程量 \times 综合单价) + 措施项目费 + 其他项目费 + 规费\right] \times (1 + 税率)$$

1.2.3 工程量清单计价的现实意义

1)实行工程量清单计价,有利于建筑市场公平竞争

工程量清单作为招标文件的组成部分,是公开的,合理低价中标,防止了暗箱操作和行政干预。招标人统一提供工程量清单,不仅减少了不必要的工程量重复计算,而且有效保证了投标人竞争基础的一致性,减少了投标人偶然工程量计算误差造成的投标失败。工程量清单计价有效改变招标单位在招标中盲目压价,施工单位在工程结算时加大工程量高套定额的行为,减少结算争议,从而真正形成"用水平决定报价,用报价决定竞争"的竞争局面,真正体现公开、公平、公正的竞争原则。

2)实行工程量清单计价,有利于促进社会生产力发展

采用清单招投标,是经过充分竞争形成的中标价,中标价应是采用先进、合理、可靠且最佳的施工方案计算出的价格,建设单位无疑是最大的受益者,降低工程造价是不用争辩的事实。而且,综合单价的固定性,也大大减少和有效控制了施工单位不合理索赔,防止低价中标、高价索赔现象。因此,采用清单计价有利于企业提高管理水平,提高劳动生产率,促进企

业技术进步,从而推动社会生产力的发展。

3）实行工程量清单计价,有利于与国际社会接轨

工程量清单计价是目前国际上通行的做法,国外一些发达国家和地区都采用这种方法。在我国,世界银行等一些国外金融机构、国外政府机构的贷款项目招标时,一般也要求采用工程量清单计价办法。在全球经济一体化趋势下,国际竞争日益激烈,我国建筑市场将进一步对外开放。因此,建立和推行与世界上大多数国家常用的工程量清单计价办法,有利于提高国内建设各方主体参与国际竞争的能力。

复习思考题 1

1. 什么是基本建设?

2. 基本建设如何分类?

3. 基本建设项目怎么划分?

4. 什么是建设项目、单项工程、单位工程、分部工程、分项工程?请举例说明。

5. 基本建设造价文件包括哪些内容?各在什么时间编制?各有什么主要作用?

6. 什么是标底、标价,各由谁来编制?

7. 什么是工程量清单计价?

8. 工程量清单计价的原则是什么?

9. 工程量清单计价的程序是怎样的?工程量清单计价的依据有哪些?

10. 计价规范由几部分组成?有哪些强制性规定?

模块 2 市政工程定额

项目 2.1 市政工程定额的概念及分类

2.1.1 市政工程定额的概念和作用

1)市政工程定额的概念

(1)定额

定额,即人为规定的额度。就产品生产而言,定额反映生产成果与生产要素之间的数量关系。在正常生产水平下,为完成一定计量单位质量合格的产品所必须消耗的人工、材料、机械台班的数量标准,称为定额。

(2)市政工程定额

市政工程定额,是指在正常的施工条件下,为完成一定计量单位质量合格的市政产品所必须消耗的人工、材料、机械台班的数量标准。

2)市政工程定额的作用

(1)是建设项目各阶段编制工程造价经济文件的重要依据

定额的具体表现形式可以是估算指标、概算指标、概算定额、预算定额等。估算指标是合理确定项目投资的重要依据;概算指标是项目初步设计阶段编制概算书,确定工程概算造价的依据;概算定额是扩大初步设计阶段编制修正概算的主要依据;预算定额是招投标活动中确定市政工程分项工程综合单价的依据。

(2)是施工企业组织和管理施工的重要依据

为了更好地组织和管理工程建设施工生产,必须编制施工进度计划。在编制计划和组织管理施工生产中,要以各种定额来作为计算人工、材料和机械需用量的依据。

(3)是施工企业进行经济活动分析的依据

施工单位必须以定额作为评价企业工作的重要标准,作为努力实现的目标。施工单位可根据定额对施工中的劳动、材料、机械的消耗情况进行具体分析,以便找出并克服低功效、高消耗的薄弱环节,提高竞争能力。只有在施工中尽量降低劳动消耗,采用新技术,提高劳动者素质,提高劳动生产率,才能取得较好的经济效益。

(4)是总结先进生产方法的手段

定额是一定条件下,通过对施工生产过程的观察、分析综合制定的。它比较科学地反映出生产技术和劳动组织的先进合理程度。因此,我们可以以建筑工程消耗量定额的评定方法为手段,对同一工程产品在同一施工操作条件下的不同生产方式进行观察、分析和总结,从而得出一套比较完整的先进生产方法。

(5)是评定优选工程设计方案的依据

一个设计方案是否经济,正是以工程定额为依据来确定该项工程设计的技术经济指标,通过对设计方案技术经济指标进行比较,确定该工程设计是否经济。

2.1.2　工程定额的分类

1)按生产要素分类

所有的建设过程都可以归纳为劳动者利用劳动手段对劳动对象进行加工的过程。劳动者、劳动手段和劳动对象是 3 个不可缺少的要素。劳动者指生产活动中各专业工种的工人,劳动手段是指劳动者使用的生产工具和机械设备,劳动对象是指原材料、半成品和构配件。工程定额按此三要素分类可分为劳动定额、材料消耗定额、机械台班消耗定额。

(1)劳动定额

劳动定额又称人工定额,反映生产工人劳动生产率的平均先进水平。根据其表现形式可分为时间定额和产量定额。

(2)材料消耗定额

材料消耗定额简称材料定额,是指在节约和合理使用材料条件下,生产质量合格的单位工程产品所必须消耗的一定规格的质量合格的材料、成品、半成品、构配件、动力与燃料的数量标准。

(3)机械台班消耗定额

机械台班消耗定额简称机械定额,是指在正常施工条件下,施工机械运转状态正常并合理、均衡地组织施工和使用机械时,机械在单位时间内的生产效率。按其表现形式不同,机械台班消耗定额可分为机械时间定额和机械产量定额。

2)按使用用途分类

工程定额按照使用用途分为施工定额、预算定额、概算定额、概算指标、投资估算指标 5 类。

(1)施工定额

施工定额是施工企业内部使用的一种定额,其用途主要是组织生产和加强管理,属于企业定额的性质。施工定额表征了生产产品数量与生产要素消耗量之间的综合关系,它的项目划分一般较细,是工程定额中分项最细、定额子目最多的一种定额,也是工程定额中的基础性定额。

（2）预算定额

预算定额是在编制施工图预算阶段计算和确定一个规定计量单位的分项工程或结构构件的人工、材料、机械台班耗用量（或货币量）的数量标准。它是一种计价性定额。从编制程序上来看，预算定额是以施工定额为基础的综合扩大而编制的。

（3）概算定额

概算定额是在编制扩大初步设计概算阶段计算和确定劳动、材料消耗量、机械台班所使用的定额。它也是一种计价性定额，并且是在预算定额的基础上综合扩大而成的。

（4）概算指标

概算指标是在初步设计阶段，以整个建筑物或构筑物为对象，在概算定额的基础上综合扩大而编制的。概算指标仍然是一种计价定额。它的内容包括劳动、机械台班、材料定额3个基本部分，同时列出了各结构分部的工程量及单位建筑工程的造价。

（5）投资估算指标

投资估算指标是在项目建议书和可行性研究阶段编制、计算投资需要量时使用的一种定额，一般以独立的单项工程或完整的工程项目为对象。投资估算指标的概略程度很高，根据历史的预、决算资料和价格变动等资料进行编制。

各种定额间的关系比较见表2.1。

表2.1　各种定额间的关系比较

定额类别	施工定额	预算定额	概算定额	概算指标	投资估算指标
编制阶段	施工管理阶段	施工图预算阶段	扩大初步设计阶段	初步设计阶段	项目建议书和可行性研究阶段
编制对象	工序	分项工程	扩大的分项工程	整个建筑物或构筑物	独立的单项工程或整个工程项目
编制用途	编制施工预算	编制施工图预算	编制扩大初步设计概算	编制初步设计概算	编制投资估算
项目划分	最细	细	较粗	粗	很粗
定额性质	生产性定额	计价性定额			

3）按编制单位及使用范围分类

工程定额按编制单位及使用范围分类，可以分为全国定额、地区定额及企业定额。

（1）全国定额

全国定额是指由国家主管部门编制，用作各省、市、自治区编制地区消耗量定额依据的定额，如《全国统一市政工程预算定额》。不过，全国定额的概略性太强，考虑范围比较广，致使其不具备地区的针对性，在实际工程中直接应用较少。

（2）地区定额

地区定额是指由本地区建设行政主管部门根据合理的施工组织设计、按照正常施工条件制定的，生产一个规定计量单位工程合格产品所需人工、材料、机械台班的社会平均消耗量定额。地区定额作为编制标底的依据,在施工企业没有本企业定额的情况下也可作为投标的参考依据。

（3）企业定额

企业定额是指施工企业根据本企业的施工技术和管理水平,以及有关工程造价资料制定的,供本企业使用的人工、材料和机械消耗量定额。

项目2.2 市政工程定额组成

市政工程定额由总说明、分部定额、附录3个部分组成,如图2.1所示。

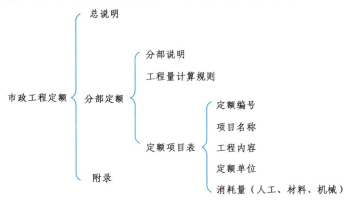

图2.1 市政工程定额组成

2.2.1 总说明

总说明一般包括定额的编制依据、适用范围、定额的作用、定额包括的内容以及该定额使用过程中的注意事项等内容。

1）定额编制依据

定额编制依据一般应包括国家有关现行产品标准、设计规范和施工验收规范、质量评定标准、安全技术操作规程等内容,某些定额还会适当参考行业、地方标准,以及有代表性的工程设计、施工资料和其他资料。

2）定额适用范围

定额的适用范围包括适用的工程类型（如适用于城镇管辖范围内的新建、扩建市政工程）、区域（如某地区的定额适用于该省行政区域内从事市政工程的建设、设计、咨询单位和施工企业）。

3）定额作用

定额的作用是指定额的用途。如某地区的定额规定,定额用于编审市政工程设计概算、施工图预算、招标控制价、招标标底、竣工结算;用于组合综合单价,进行投标报价;用于施工企业加强内部管理和核算的参考。

4）定额内容

定额是完成规定计量单位分项工程所需的人工、材料、施工机械台班的消耗量标准。

①人工。定额中的人工工日消耗量包括基本用工、辅助用工、其他用工。

②材料。定额中的材料包括施工过程中消耗的构成工程实体的原材料、辅助材料、构配件、零件、半成品等。

③机械。定额中的机械包括施工机械作业发生的机械消耗量，消耗量中一般会包含机械幅度差的内容。

5）定额使用注意事项

定额总说明中还载明在使用定额时应注意的问题。如：

本定额提供的人工单价、材料预算价格、机械台班价格以××地区价格为基础，不足部分参考了部分省市的价格，各省、自治区、直辖市可结合当地的价格情况，调整换算。

本定额的工作内容中已说明了主要的施工工序，次要工序虽未说明，均已考虑在定额内。

本定额中注有"×××以内"或"×××以下"者均包括×××本身，"×××以外"或"×××以上"者则不包括×××本身。

2.2.2　分部定额

分部定额由分部说明、工程量计算规则和定额项目表3个部分组成。

1）分部说明

分部说明主要包括使用本分部定额时应注意的相关问题说明。仔细阅读分部说明，是正确使用定额的关键。

分部说明主要包括定额的适用工程类型、定额编制的问题、如何换算定额的问题等方面。下面摘录某省市政工程定额中"桥涵工程"的分部说明：

桥涵护岸工程定额适用于城镇范围新建、扩建的单孔跨径≤100 m 的桥梁以及立交桥、防护墙、堤防工程。（此条说明定额编制的问题）

混凝土墙与混凝土墙帽同时浇筑时，墙帽混凝土合并在墙体内执行墙体定额项目。（此条说明定额的适用工程类型）

毛石混凝土中的毛石含量如与设计不同时，应按设计含量调整毛石消耗量。（此条说明如何换算定额的问题）

2）工程量计算规则

工程量计算规则系本分部相关工程量的计算规则。下面摘录某地区市政工程定额中"桥涵工程"的分部工程量计算规则：

现浇及预制混凝土空心构件均按图示尺寸扣除空心体积，以实体积计算，不扣除构件内钢筋、螺栓、预埋铁件、张拉孔道和单个面积≤0.3 m² 的孔洞所占体积，但应扣除型钢混凝土构件中型钢所占体积。

砌体工程量按图示尺寸以实体积计算，不扣除嵌入砌体的钢筋、铁件以及单个面积在≤0.3 m² 的孔洞。

石踏步、石梯带砌体以"m"计算,石平台以"m²"计算,踏步、梯带平台板以下的隐蔽部分以"m³"计算,按相应定额项目执行。

工程量计算规则的设置一般都遵循简化、适用的原则。对于价值量高的量,规则的设置较为精细;价值量较低的量,规则的设置较为粗糙;对于参照定额计算工程量的工程内容,一定要严格遵照工程量计算规则。

3) 定额项目表

定额项目表是定额的核心,包括定额编号、项目名称、工程内容、定额单位、消耗量、基价。

(1) 定额编号

定额编号是对各项定额的一种排序。某些定额的编号包括分部工程、顺序号两个单元。如《全国统一市政工程预算定额》(第三册 桥涵工程)中的定额项目"1-59 推土机(55 kW 内)推距 10 m 以内(一、二类土)":

"1"代表分部工程:1——通用项目,2——道路工程,3——桥涵工程等。

"59"代表顺序号:按照编制顺序依次编号。

某些定额的编号包括单位工程、分部工程、顺序号 3 个单位。如《四川省建设工程工程量清单计价定额——市政工程》(2020 版)中的定额项目"DC0015 墩帽(C30)商品混凝土":

"D"表示单位工程中的市政工程:A——建筑与装饰工程,B——仿古工程,C——安装工程,D——市政工程,E——园林绿化工程等。

"C"表示市政工程中的分部工程:A——土石方工程,B——道路工程,C——桥涵工程,D——隧道工程等。

"0015"表示顺序号:按照编制顺序依次编号。

不论以哪种形式来编号,都是为了便于定额的分类和整理,同时为定额的网络数据化和信息化奠定基础。

(2) 项目名称

项目名称是分项工程的名称。项目名称应包括该项目使用的材料、部位或构件的名称、内容等。如《四川省建设工程工程量清单计价定额——市政工程》(2020 版)中:

石灰稳定土 石灰含量 12% 压实厚度 20 cm(定额编号:DB0060)

C15 混凝土(中砂)垫层、护底(定额编号:DC0001)

混凝土排水管道铺设 管径 900 mm(定额编号:DE0016)

六线横担安装 双根(定额编号:DH0086)

(3) 工程内容

工程内容是指该定额所指的分项工程所包括的工作范围。如《四川省建设工程工程量清单计价定额——市政工程》(2020 版)中:

"石灰稳定土 石灰含量 12% 压实厚度 20 cm"项目的工作内容是:消解石灰、碎土、上料、运料、闷水、拌和,摊铺找平、碾压,清除杂物等。

"C15 混凝土(中砂)垫层、护底"项目的工作内容是:混凝土搅拌、运输、浇捣、养护等全过程。

"混凝土排水管道铺设 管径 900 mm"项目的工作内容是:下管、铺料、调直、调制接口材料、管口打麻面、接口、养护、材料运输。

"六线横担安装 双根"项目的工作内容是:定位,上抱箍,装支架、横担、支撑及顶支座,安装瓷瓶。

(4)定额单位

定额单位是指该分项工程项目的单位,包括物理计量单位和自然计量单位。物理计量单位是指以公制度量表示的长度、面积、体积和质量等计量单位;自然计量单位指市政成品表现在自然状态下的简单点数所表示的个、条、樘、块等计量单位。一般来说,分项工程的工程量都具有一定的规模,所以某些定额的单位的表现形式是一定数量的基本单位,例如"10 m³""100 m³""1 000 m³"等。

(5)消耗量

定额消耗量包括人工工日、材料数量和机械台班的消耗量。如《全国统一市政工程预算定额》(第三册 桥涵工程)中"冲击式钻机钻孔"定额项目见表2.2。

表2.2 冲击式钻机钻孔定额项目表

工程内容:1.准备工作;2.装拆钻架、就位、移动;3.钻进、提钻、出碴、清孔;4.测量孔径、孔深等。

计量单位:10 m

定额编号				3-155	3-156	3-157	3-158
项 目				$\phi \leq 1\,000$ $H \leq 20$ m			
				砂土	黏土	砂砾	砾石
名 称		单位	单价/元	数 量			
人工	综合人工	工日	22.47	7.73	10.12	29.46	47.06
材料	冲击钻头	kg	5.43	8.93	8.93	12.50	12.50
	电焊条	kg	5.39	0.20	0.30	1.00	1.50
机械	冲击钻机 22 型(电动)	台班	386.05	1.92	2.59	8.91	14.56
	交流电焊机 30 kV·A	台班	75.07	0.02	0.05	0.15	0.25

以表2.2中定额编号为3-155的定额为例:
- 人工消耗量:7.73 工日/10 m。
- 材料消耗量:

冲击钻头:8.93 kg/10 m;

电焊条:0.20 kg/10 m。
- 机械消耗量:

冲击钻机 22 型(电动):1.92 台班/10 m;

交流电焊机 30 kV·A:0.02 台班/10 m。

(6)基价

在某些定额中,为方便计价,不仅列出了消耗量,还列出人工费、材料费和机械费的具体金额,如表2.3所示。

表2.3 冲击式钻机钻孔定额项目表(包含基价)

工程内容:1.准备工作;2.装拆钻架、就位、移动;3.钻进、提钻、出碴、清孔;4.测量孔径、孔深等。

计量单位:10 m

定额编号				3-155	3-156	3-157	3-158
项 目				$\phi \leqslant 1\ 000$	$H \leqslant 20$ m		
				砂 土	黏 土	砂 砾	砾 石
基价/元				965.98	1 319.73	4 186.21	6 773.07
其中	人工费/元			173.69	227.40	661.97	1 057.44
	材料费/元			49.57	50.11	73.27	75.97
	机械费/元			742.72	1 042.22	3 450.97	5 639.66
名 称		单位	单价/元	数 量			
人工	综合人工	工日	22.47	7.73	10.12	29.46	47.06
材料	冲击钻头	kg	5.43	8.93	8.93	12.50	12.50
	电焊条	kg	5.39	0.20	0.30	1.00	1.50
机械	冲击钻机 22 型(电动)	台班	386.05	1.92	2.59	8.91	14.56
	交流电焊机 30 kV·A	台班	75.07	0.02	0.05	0.15	0.25

以表2.3中定额编号为3-155的定额为例:

人工费 = $\sum$(工日数量×人工单价)

$7.73 \times 22.47 = 173.69$(元/10 m)

材料费 = $\sum$(材料数量×材料单价)

$8.93 \times 5.43 + 0.20 \times 5.39 = 49.57$(元/10 m)

机械费 = $\sum$(机械台班数量×台班单价)

$1.92 \times 386.05 + 0.02 \times 75.07 = 742.72$(元/10 m)

基价 = 人工费 + 材料费 + 机械费

$173.69 + 49.57 + 742.72 = 965.98$(元/10 m)

2.2.3 附录

附录一般包括施工机械台班定额、混凝土及砂浆配合比两个部分。

1)施工机械台班定额

施工机械台班定额根据建标〔2001〕196 号文颁发的《全国统一施工机械台班费用编制规则》,并结合实际情况进行编制。其内容包括折旧费、大修理费、经常修理费、安拆费及场外运费、人工费、燃料动力费、其他费(包括养路费、车船使用税及保险费),其格式见表2.4。

表2.4　混凝土及砂浆机械（摘录）

定额编号			06016	06017
机械名称			灰浆搅拌机	
规格型号			拌筒容量/L	
			200	400
机型			小	中
台班单价		元	51.49	53.99
费用组成	折旧费	元	3.78	4.69
	大修理费	元	0.83	0.44
	经常修理费	元	3.32	1.76
	安拆费及场外运费	元	5.47	5.47
	人工费	元	33.44	33.44
	燃料动力费	元	4.65	8.19
	其他费	元		
人工·动力	人工	工日	23.98	1.00	1.00
	汽油	元	3.72		
	柴油	元	3.30		
	电	kW·h	0.54	8.61	15.17
	水	m³	2.40		

2）混凝土及砂浆配合比

混凝土及砂浆配合比根据《普通混凝土配合比设计规程》（JGJ 55）、《砌筑砂浆配合比设计规程》（JGJ/T 98）等规范、标准编制。其内容包括人工费、材料费、机械费以及材料的组成明细，其格式见表2.5和表2.6。

表2.5　特细砂塑性混凝土配合比（摘录）

单位：m³

定额编号		YA0113	YA0114	YA0115	YA0116
项目		塑形混凝土（特细砂）			
		砾石最大粒径：10 mm			
		C10	C15	C20	C25
基价		183.20	206.25	227.85	251.40
其中	人工费/元	—	—	—	—
	材料费/元	183.20	206.25	227.85	251.40
	机械费/元	—	—	—	—

续表

定额编号				YA0113	YA0114	YA0115	YA0116
名 称		单位	单价/元	数 量			
材料	水泥32.5	kg	0.40	274.00	340.00	401.00	468.00
	特细砂	m³	55.00	0.52	0.45	0.39	0.34
	砾石5~10 mm	m³	50.00	0.90	0.91	0.92	0.91
	水	m³		(0.22)	(0.22)	(0.22)	(0.22)

表2.6   中砂水泥砂浆配合比（摘录）

单位:m³

定额编号				YC0001	YC0002	YC0003	YC0004
项 目				水泥砂浆			
				中 砂			
				M2.5	M5	M7.5	M10
基 价				161.40	167.40	177.80	185.80
其中	人工费/元			—	—	—	—
	材料费/元			161.40	167.40	177.80	185.80
	机械费/元			—	—	—	—
名 称		单位	单价/元	数 量			
材料	水泥32.5	kg	0.40	204.00	219.00	245.00	265.00
	中砂	m³	70.00	1.14	1.14	1.14	1.14
	水	m³		(0.30)	(0.30)	(0.30)	(0.30)

项目2.3　市政工程定额应用

本项目以四川省2020版清单计价定额为例。市政工程定额应用包括直接套用、定额换算和定额补充3种形式,如图2.2所示。

2.3.1　直接套用

直接套用是指当工程项目的内容与定额内容完全相同时,直接套用定额。

在实际应用中,还应注意以下几个方面的问题:

①凡超过某档次时,不论与下一个档次相距多远,均高套下一档,不得在档次之间平均分配。

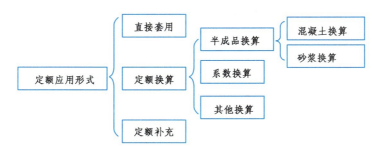

图 2.2　定额的应用形式

【例 2.1】　标志板安装面积为 2.5 m²。

【分析】　标志板安装的定额分为"≤1 m²""≤2 m²""≤5 m²""≤7 m²""≤9 m²""≤12 m²"共计 6 个档次。面积为 2.5 m² 的标志板安装应直接套用"≤5 m²"的定额项目即可，不得用"≤5 m²"的定额除以 2。

②凡从定额中查不到的项目，应仔细阅读说明或计算规则。

【例 2.2】　C30 商品混凝土支座垫石。

【分析】　在定额表中查找不到"支座垫石"项目，但在桥涵工程的分部说明中有"支座垫石、挡块、耳墙、背墙执行墩台帽、盖梁相应定额项目"。根据该说明，C30 商品混凝土支座垫石应直接套用"C30 商品混凝土墩帽"的定额项目。

【例 2.3】　汽车运输 10 m 长的预制混凝土柱，混凝土柱平均横截面积为 0.6 m²，运距 1 km。

【分析】　在定额表中查找不到"汽车运输预制混凝土柱"的相关定额项目，但在定额表中有机械运输预制构件子目，是按照运输构件的重量和运输距离区分的。根据桥涵工程的分部说明，得知"预制混凝土构件运输按构件重量分别执行相应定额。素混凝土按每立方米构件 2.4 t 计算重量，钢筋混凝土按每立方米构件 2.5 t 计算重量，钢筋不另计"，计算题目中的混凝土柱重量应为：6 m³，总重量应为 6 × 2.5 = 15(t)。因此，应直接套用"机械运输 构件重量(单件)≤20 t 运距≤1 km"的定额项目。

2.3.2　定额换算

定额换算是指当工程项目的内容与定额内容不完全相同时，对原定额的相关费用进行一定的调整后得到的新的定额项目。在实际应用中，将原定额编号后加上中文"换"字，来表示换算以后得到的新定额的名称。

按照换算方法的不同，定额换算一般分为半成品换算、系数换算和其他换算 3 种形式。

1)半成品换算

在定额中，半成品主要是指混凝土和砂浆。所以，半成品换算是指这两大类材料的换算。下面分别讲解。

(1)混凝土换算

①概念。在实际工程中，混凝土主要分为普通混凝土和其他混凝土两大类。普通混凝土

的强度等级从 C10~C60,每种强度等级的混凝土由于其组成材料的相关因素(包括水泥种类、石子的品种和粒径、砂子的粒径和水的组成含量)不同而在价格上有所差异;其他混凝土包括泡沫混凝土、防水混凝土、灌注桩混凝土、水下混凝土、加气混凝土、轻质混凝土、喷射混凝土、沥青混凝土等,也会造成价格上的差异。

上述问题实际存在,但定额在编制过程中并不需要对涉及不同类型混凝土的施工分项工程一一编制定额项目。因为混凝土类型不同,仅仅只是影响分项工程基价中的材料费,而对于人工费、机械费、管理费和利润,如果在施工工艺上没有变化,是不会改变的。综上所述,可以根据一些基础性定额,配合附录中的混凝土配合比表,得出实际施工中定额项目的新基价。

②换算思路。换算思路可以用下列两个公式概括:

$$换算后的定额基价 = 人工费 + 换算后的材料费 + 机械费 + 管理费 + 利润 \quad (2.1)$$

$$换算后的材料费 = 材料费 + 原定额混凝土消耗量 \times (换入的混凝土单价 - 换出的混凝土单价) \quad (2.2)$$

注意:在半成品换算中,只有材料费会发生变化,人工费、机械费、管理费和利润保持不变。

③换算步骤。

第 1 步,确定参考定额。

应选取与实际施工项目施工工艺相同的定额项目。若实际项目是采用现场搅拌混凝土,则应该对应选取现场搅拌混凝土的相关定额,不可套用商品混凝土定额。

第 2 步,确定配合比定额。在选取时应注意以下 3 个相关问题:

a. 应注意混凝土的种类应与实际项目一致;

b. 应注意砂子的品种应与实际项目一致;

c. 应注意石子的品种和石子的粒径范围应与参考定额一致。

第 3 步,计算换算后的材料费。通过式(2.2)得出换算后的材料费。

第 4 步,计算换算后的基价。通过式(2.1)计算出换算后的基价。

第 5 步,分析原材料用量。根据配合比定额确定各种原材料的用量。可参照下列公式计算:

$$原材料的用量 = 单位原材料用量 \times 参考定额混凝土消耗量 \quad (2.3)$$

④换算实例。

【例 2.4】　C30 混凝土承台(特细砂)。

【解】　第 1 步,确定参考定额,见表 2.7。参考定额应选取 DC0007。由于施工工艺的不同,故不能选择 DC0008。

第 2 步,确定配合比定额。实际项目混凝土的种类为普通塑性混凝土,实际项目砂的品种是特细砂,石子的品种是砾石,石子的粒径是 5~40 mm,确定配合比定额为 YA0138,见表2.8。

第 3 步,计算换算后的材料费。参见式(2.2)。

换算后的材料费 $= 2\ 956.13 + 10.10 \times (298.30 - 291.00) = 3\ 029.86(元/10\ m^3)$

第4步,计算换算后的定额基价。参见式(2.1)。

换算后的定额基价 = 697.17 + 3 029.86 + 86.28 + 99.97 + 227.67 = 4 140.95(元/10 m³)

第5步,分析原材料用量。

42.5 水泥用量 = 10.10 × 352.00 = 3 555.20(kg/10 m³)

特细砂用量 = 10.10 × 0.39 = 3.939(m³/10 m³)

5 ~ 40 mm 砾石用量 = 10.10 × 0.97 = 9.797(m³/10 m³)

水用量(不变) = 4.084(m³/10 m³)

(关于水用量保持不变的问题,是因为定额用水量 4.084 m³ 中包括拌和混凝土用水以及养护混凝土的现场用水两部分用量。定额在编制时作了综合考虑,换算时无须变化,执行原定额消耗量即可。)

表 2.7 混凝土承台(摘录)

工作内容:1. 普通混凝土:混凝土搅拌、运输、浇捣、养护等全过程。

2. 商品混凝土:将送到浇灌点的成品混凝土进行捣固、养护,安拆、清洗输送管道等全过程。

单位:10 m³

定额编号				DC0007	DC0008
项 目				承台(C25)	
				特细砂	商品混凝土
基 价				4 067.22	4 220.13
其中	人工费/元			697.17	422.16
	材料费/元			2 956.13	3 529.15
	机械费/元			86.28	2.46
	管理费/元			99.97	81.27
	利润/元			227.67	185.09
材料	名 称	单位	单价/元	数 量	
	混凝土(塑·特细砂、砾石粒径 ≤40 mm)C25	m³	291.00	10.10	—
	商品混凝土 C25	m³	350.00	—	10.05
	水泥 32.5	kg		(3 928.900)	—
	特细砂	m³		(3.434)	—
	砾石 5 ~ 40 mm	m³		(9.898)	—
	水	m³	2.80	4.084	2.165
	其他材料费	元		4.02	5.59

表 2.8　特细砂塑性混凝土配合比定额(摘录)

单位:m³

定额编号			YA0138	YA0139	YA0140
项　目			塑性混凝土(特细砂)		
			砾石最大粒径:40 mm		
			C30	C35	C40
基　价			298.30	310.45	327.20
其中		人工费/元	—	—	—
		材料费/元	298.30	310.45	327.20
		机械费/元	—	—	—
		管理费/元	—	—	—
		利润/元	—	—	—
材料	名　称	单位	单价/元	数　量	
	水泥 42.5	kg	0.45	352.00	389.00	436.00
	特细砂	m³	110.00	0.390	0.340	0.300
	砾石 5~40 mm	m³	100.00	0.970	0.980	0.980
	水	m³	2.80	(0.19)	(0.19)	(0.19)

【例 2.5】　C30 水下混凝土柱式墩台(中砂)。

【解】　第 1 步,确定参考定额,见表 2.9。参考定额应选取 DC0021。

表 2.9　混凝土墩(台)身(摘录)

工作内容:1.普通混凝土:混凝土搅拌、运输、浇捣、养护等全过程。
　　　　　2.商品混凝土:将送到浇灌点的成品混凝土进行捣固、养护,安拆、清洗输送管道等全过程。

单位:10 m³

定额编号	DC0021	DC0022
项　目	柱式墩台(C30)	
	特细砂	商品混凝土
基　价	4 377.69	4 411.02
其中　人工费/元	779.40	415.38
材料费/元	3 027.48	3 727.78
机械费/元	172.66	4.48
管理费/元	121.48	80.36
利润/元	276.67	183.02

续表

名　称		单位	单价/元	数　量	
材料	混凝土(塑·特细砂、砾石粒径≤40 mm)C30	m³	298.30	10.100	—
	商品混凝土 C30	m³	370.00	—	10.050
	水泥 42.5	kg		(3 555.200)	—
	特细砂	m³		(3.939)	—
	砾石 5~40 mm	m³		(9.797)	—
	水	m³	2.80	4.723	2.804
	其他材料费	元		1.43	1.43

　　第 2 步,确定配合比定额。实际项目混凝土的种类为水下混凝土,实际项目砂的品种是中砂。参考定额中石子的品种是砾石,石子的粒径范围为 5~40 mm,可以确定配合比定额为 YB0196,见表 2.10。

表 2.10　中砂水下混凝土配合比定额(摘录)

单位:m³

定额编号				YB0195	YB0196	YB0197
项　目				水下混凝土(中砂)		
				砾石最大粒径:40 mm		
				C25	C30	C35
基　价				302.91	311.29	324.46
其中	人工费/元			—	—	—
	材料费/元			302.91	311.29	324.46
	机械费/元			—	—	—
材料	名　称	单　位	单价/元	数　量		
	水泥 32.5	kg	0.40	390.000		
	水泥 42.5	kg	0.45	—	360.000	398.000
	中砂	m³	130.00	0.470	0.490	0.450
	砾石 5~10 mm	m³	100.00	0.830	0.830	0.840
	减水剂	kg	1.80	1.560	1.440	1.590
	水	m³		(0.20)	(0.20)	(0.20)

第 3 步,计算换算后的材料费。参见式(2.2)。

换算后的材料费 = 3 027.48 + 10.10 × (311.29 − 298.30) = 3 158.68(元/10 m³)

第 4 步,计算换算后的定额基价。参见式(2.1)。

换算后的定额基价 = 779.40 + 3 158.68 + 172.66 + 121.48 + 276.67 = 4 508.89(元/10 m³)

第 5 步,分析原材料用量。

42.5 水泥用量 = 10.10 × 360.00 = 3 636.00(kg/10 m³)

中砂用量 = 10.10 × 0.49 = 4.949(m³/10 m³)

5 ~ 40 mm 砾石用量 = 10.10 × 0.83 = 8.383(m³/10 m³)

减水剂用量 = 10.10 × 1.44 = 14.544(kg/10 m³)

水用量(不变) = 4.723(m³/10 m³)

(关于水用量保持不变的问题,是因为定额用水量 4.723 m³ 中包括拌和混凝土用水以及养护混凝土的现场用水两部分用量。定额在编制时作了综合考虑,换算时无须变化,执行原定额消耗量即可。)

(2)砂浆换算

①概念。在实际工程中,砂浆主要分为普通砂浆和特种砂浆两大类。普通砂浆根据其用途分为砌筑砂浆和抹灰砂浆。通过定额,对实际工程中的砂浆种类进行换算,称为砂浆换算。

②换算思路。砂浆换算的思路和混凝土换算的思路基本相同,这里不再赘述。

③换算步骤。砂浆换算的步骤和混凝土换算的步骤基本相同,这里不再赘述。

④换算实例。

【例 2.6】　M5 水泥砂浆标准砖护底(特细砂)。

【解】　第 1 步,确定参考定额,见表 2.11。参考定额应选取 DC0274。

表 2.11　标准砖护底(摘录)

工作内容:1.现场拌和砂浆:调运砂浆、砌筑、养护及材料场内运输。

　　　　　2.预拌砂浆:砌筑、养护及材料场内运输。

单位:10 m³

定额编号			DC0274	DC0275	DC0276
项　　目			标准砖护底		
			特细砂	湿拌砂浆	干混砂浆
基　　价			3 525.69	3 634.37	3 894.69
其中		人工费/元	577.89	377.37	437.61
		材料费/元	2 698.37	3 099.19	3 269.17
		机械费/元	5.47	—	3.46
		管理费/元	74.44	48.15	56.28
		利润/元	169.52	109.66	128.17

续表

	名　称	单位	单价/元		数　量	
材料	水泥砂浆(特细砂)M7.5	m³	237.40	2.51	—	—
	湿拌砌筑砂浆	m³	400.00	—	2.497	
	干混砌筑砂浆	t	270.00	—	—	4.321
	水泥32.5	m³		(675.19)	—	—
	标准砖	千匹	400.00	5.24	5.24	5.24
	特细砂	m³		(2.962)	—	—
	水	m³	2.80	2.32	1.567	2.32

第2步,确定配合比定额。确定配合比定额为YC0014,见表2.12。

表 2.12　中砂水泥砂浆配合比定额(摘录)

单位:m³

定额编号			YC0013	YC0014	YC0015
项　目			水泥砂浆(特细砂)		
			M2.5	M5	M7.5
基　价			219.40	226.20	237.40
其中	人工费/元		—	—	—
	材料费/元		219.40	226.20	237.40
	机械费/元		—	—	—
材料	名　称	单位	单价/元	数　量	
	水泥32.5	kg	0.40	224.000	241.000	269.000
	中砂	m³	110.00	1.180	1.180	1.180
	水	m³		(0.30)	(0.30)	(0.30)

第3步,计算换算后的材料费。参见式(2.2)。

换算后的材料费 $= 2\,698.37 + 2.51 \times (226.20 - 237.40) = 2\,670.26$(元/10 m³)

第4步,计算换算后的定额基价。参见式(2.1)。

换算后的定额基价 $= 577.89 + 2\,670.26 + 5.47 + 74.44 + 169.52 = 3\,497.58$(元/10 m³)

第5步,分析原材料用量。

32.5水泥用量 $= 2.51 \times 241.00 = 604.91$(kg/10 m³)

中砂用量 $= 2.51 \times 1.18 = 2.962$(m³/10 m³)

水用量(不变) $= 2.32$(m³/10 m³)

(关于水用量保持不变的问题,是因为定额用水量2.32 m³中包括拌和混凝土用水以及养护混凝土的现场用水两部分用量。定额在编制时作了综合考虑,换算时无须变化,执行原定额消耗量即可。)

【例 2.7】　1:1水泥防水砂浆人行道抹面压花(特细砂)。

【解】　第 1 步,确定参考定额,见表 2.13。参考定额应选取 DC0381。

表 2.13　人行道抹面 压花(摘录)

工作内容:1.现场拌和砂浆:清理基层、调制砂浆、抹面、压花(或分格)、养生。

　　　　2.预拌砂浆:清理基层、抹面、压花(或分格)、养生。

单位:100 m²

定额编号				DC0381	DC0382	DC0383
项　目				人行道抹面 压花		
				特细砂	湿拌砂浆	干混砂浆
基　价				1 999.15	1 956.86	2 227.91
其中	人工费/元			944.70	704.49	753.69
	材料费/元			645.11	957.76	1 154.60
	机械费/元			10.06	—	3.12
	管理费/元			121.83	89.89	96.57
	利润/元			277.45	204.72	219.93
材料	名　称	单位	单价/元	数量		
	水泥砂浆(特细砂)M15	m³	264.60	2.05	—	—
	湿拌抹灰砂浆	m³	420.00	—	2.04	—
	干混地面砂浆	t	270.00	—	—	3.896
	水泥浆	m³	606.80	0.100	0.100	0.100
	水泥32.5	m³		(842.55)	(151.70)	(151.700)
	特细砂	m³		(2.419)	—	—
	水	m³	2.80	15.000	14.385	15.000

第 2 步,确定配合比定额。确定配合比定额为 YD0080(M15 即等同于 1:1砂浆),见表2.14。

表 2.14　细砂防水砂浆配合比定额(摘录)

单位:m³

定额编号	YD0080	YD0081	YD0082
项　目	水泥防水砂浆(特细砂)		
	1:1	1:1.5	1:2
基　价	462.40	423.90	394.10

续表

其中	人工费/元		—	—	—
	材料费/元		462.40	423.90	394.10
	机械费/元		—	—	—
材料	名 称	单 位	单价/元		数 量
	水泥32.5	kg	0.40	829.000	700.000	600.000
	细砂	m³	110.00	0.740	0.930	1.070
	防水粉(液)	kg	1.30	38.000	32.000	28.000
	水	m³		(0.300)	(0.300)	(0.300)

第3步,计算换算后的材料费。参见式(2.2)。

换算后的材料费 $= 645.11 + 2.05 \times (462.40 - 264.60) = 1\,050.60(元/100\ m^2)$

第4步,计算换算后的定额基价。参见式(2.1)。

换算后的定额基价 $= 944.70 + 1\,050.60 + 10.06 + 121.83 + 277.45 = 2\,404.64(元/100\ m^2)$

第5步,分析原材料用量。

32.5 水泥用量 $= 2.05 \times 829.00 = 1\,699.45(kg/100\ m^2)$

细砂用量 $= 2.05 \times 0.740 = 1.517(m^3/100\ m^2)$

防水粉(液)用量 $= 2.05 \times 38.00 = 77.90(kg/100\ m^2)$

水用量(不变) $= 15.00(m^3/100\ m^2)$

(关于水用量保持不变的问题,是因为定额用水量 15.00 m³ 中包括拌和混凝土用水以及养护混凝土的现场用水两部分用量。定额在编制时作了综合考虑,换算时无须变化,执行原定额消耗量即可。)

2)系数换算

系数换算是指根据某个原始定额的基价和定额分部说明中规定的系数换算。系数换算按照换算对象一般可以分为以下几类:

(1)人工费乘以系数换算

此种情况的换算一般考虑为在实际的分项工程施工中,人工作业的危险系数增加,因此会在原定额人工费的基础上乘以大于 1 的系数。换算的计算公式:

$$换算后人工费 = 原定额人工费 \times 定额规定系数 \qquad (2.4)$$

【例2.8】 在挡土板支撑下人工挖沟槽(深度≤8 m)。

【解】 第1步,找到土石方工程分部工程说明中相应条款,土石方工程分部说明第二条第(一)点:"在挡土板支撑下挖土,按相应定额项目人工乘以系数 1.43,先开挖后支撑时不属支撑下挖土。"

第2步,根据说明结合实际工程项目找到参考定额 DA0015,见表 2.15。

表 2.15　挖沟槽土方(摘录)

工作内容:挖土、装土,将土置于槽(坑)边≤5 m 处自然堆放,修整槽(坑)底、边。　　　　　　单位:100 m³

定额编号		DA0013	DA0014	DA0015
项　目		人工挖沟槽、基坑土方		
		深度≤4 m	深度≤6 m	深度≤8 m
基　价		3 492.93	3 893.40	4 672.08
其中	人工费/元	2 826.00	3 150.00	3 780.00
	材料费/元	—	—	—
	机械费/元	—	—	—
	管理费/元	203.47	226.80	272.16
	利润/元	464.46	516.60	619.92

第 3 步,根据说明进行换算。

参见式(2.4),换算后的人工费 = 3 780.00 × 1.43 = 5 405.40(元/100 m³)

参见式(2.1),换算后的定额基价 = 5 405.40 + 272.16 + 619.92 = 6 297.48(元/100 m³)

(2)材料消耗量乘以系数换算

定额在编制过程中,对于组成某些混合物的原材料的选用为一个初始默认值,在实际情况中,当原材料发生变化时,可以根据分部说明中的相关条文,对原定额的材料消耗量作乘系数的调整,以期达到换算的目的。(注意:此种情况是定额中可以改变材料消耗量的特殊情况,除此以外不允许对定额材料的消耗量作随意更改。)

换算的计算公式:

$$换算后的消耗量 = 定额规定基数 × 定额规定系数 \tag{2.5}$$

$$换算后的材料费 = \sum(各种材料的消耗量 × 各种材料的单价) \tag{2.6}$$

【例 2.9】　沥青贯入压实厚度 = 4 cm(煤沥青)。

【解】　第 1 步,找到道路工程分部工程说明中的相应条款,道路工程分部说明第四条第(四)点:"定额中的沥青均为石油沥青,采用煤沥青时,按石油沥青用量乘以系数 1.20。"

第 2 步,根据说明结合实际工程项目找到参考定额 DB0142,见表 2.16。

第 3 步,根据说明进行换算。

参见式(2.5),换算后的煤沥青消耗量 = 0.535 × 1.20 = 0.642(t/100 m²)

参见式(2.6),换算后的材料费 = 0.642 × 3 100 + 0.82 × 120 + 1.43 × 41.50 + 4.49 × 100 + 0.51 × 100 + 36.76 = 2 684.71(元/100 m²)

(注:计算中煤沥青的材料价格为 3 100 元/t,通过查询定额得到)

参见式(2.1),换算后的定额基价 = 364.29 + 2 684.71 + 249.67 + 78.34 + 178.42 = 3 555.43(元/100 m²)

表 2.16　沥青贯入式(摘录)

工作内容:温、熬、配油,清扫路基,运料,分层撒料,找平,碾压。　　　　　　　　单位:100 m²

定额编号				DB0142	DB0143	DB0144
项　目				压实厚度/cm		
				4	5	6
基　价				2 956.23	3 431.66	3 874.62
其中	人工费/元			364.29	406.68	477.09
	材料费/元			2 085.51	2 473.04	2 781.41
	机械费/元			249.67	269.26	293.75
	管理费/元			78.34	86.25	98.36
	利润/元			178.42	196.43	224.01
	名　称	单位	单价/元	数　量		
材料	沥青 AH-70	t	2 600	0.535	0.620	0.690
	碎石 5～10 mm	m³	120.00	0.820	1.220	1.220
	碎石 5～15 mm	m³	41.50	1.430	—	—
	碎石 15～25 mm	m³	33.20	—	1.840	1.840
	碎石 20～40 mm	m³	100.00	4.490	—	—
	碎石 20～50 mm	m³	100.00	—	5.610	—
	碎石 20～60 mm	m³	100.00	—	—	6.730
	石屑	m³	100.00	0.510	0.510	0.610
	其他材料费	元		36.76	41.55	45.92

【例 2.10】　安砌混凝土路缘石($L=100$ cm),规格 20 cm×30 cm,特细砂。

【解】　第 1 步,找到道路工程分部工程说明中的相应条款,道路工程分部说明第五条第(四)点:"成品路用混凝土构件的规格与定额不同时可以换算,但人工费和机械费不作调整。"

第 2 步,根据说明结合实际工程项目找到参考定额 DB0261,见表 2.17。

表 2.17　安砌侧(平、缘)石(摘录)

工作内容:调运砂浆、放样,运料,垫层扒平、夯实;安砌、灌缝、扫缝、材料场内运输。　　　　单位:100 m

定额编号			DB0261	DB0262	DB0263
项　目			安砌混凝土路缘石($L \leqslant 100$ cm)		
			规格≤12 cm×30 cm		
			特细砂	干混砂浆	湿拌砂浆
基　价			2 929.62	2 936.92	2 931.61
其中	人工费/元		524.07	521.64	520.68
	材料费/元		2 186.39	2 197.04	2 193.18
	机械费/元		—	0.06	—
	管理费/元		66.87	66.57	66.44
	利润/元		152.29	151.61	151.31
	名　称	单位	单价/元	数　量	
材料	混凝土路缘石 12×30×100(cm)	m³	600.00	3.620	3.620	3.620
	干混地面砂浆	t	270.00	—	0.076	—
	水泥砂浆(特细砂)M10	m³	246.60	0.040	—	—
	湿拌地面砂浆	t	420.00	—	—	0.040
	水泥 32.5	kg		(11.680)	—	—
	特细砂	m³		(0.047)	—	—
	水	m³	2.80	1.502	1.500	1.450
	其他材料费	元		0.32	0.32	0.32

通过分析原定额中"混凝土路缘石 12×30×100(cm)"的消耗量,得出 $0.12 \times 0.30 \times 100 = 3.60(m^3)$,说明 100 m 长的截面为 12 cm×30 cm 的混凝土路缘石的总体积为 3.60 m³。若安装混凝土路缘石的损耗率考虑为 0.6%,那么"混凝土路缘石 12×30×100(cm)"的消耗量 = $3.60 \times (1 + 0.006) = 3.62(m^3)$。

实际工程中为"混凝土路缘石 20×30×100(cm)",则消耗量 = $0.20 \times 0.30 \times 100 \times (1 + 0.006) = 6.036(m^3)$。

参见式(2.6),换算后的材料费 = $6.036 \times 600 + 0.04 \times 246.60 + 1.502 \times 2.80 + 0.32 = 3 635.99$(元/100 m)

参见式(2.1),换算后的定额基价 = $524.07 + 3 635.99 + 66.87 + 152.49 = 4 379.42$(元/100 m)

（3）机械费乘以系数换算

机械费乘以系数的换算在定额中比较特殊，主要是为了兼顾编制过程中遵循简明扼要的原则。此种情况的换算没有具体的计算公式，下面通过实例进行说明。

【例2.11】 水泥稳定碎石基层水泥含量5%压实厚度=25 cm。

【解】 第1步，找到道路工程分部工程说明中的相应条款，道路工程分部说明第三条第（二）点："道路基层的压实厚度≤20 cm时，其机械费和人工费不作调整，压实厚度每增加1 cm时，其机械费按相应基本厚度的机械费乘以系数0.05。"

第2步，根据说明结合实际工程项目找到参考定额DB0102，见表2.18。

表2.18　安砌侧（平、缘）石（摘录）

工作内容：调运砂浆、放样、运料、垫层扒平、夯实；安砌、灌缝、扫缝、材料场内运输。　　　　　　　　单位：100 m²

定额编号			DB0118	DB0119	DB0120	DB0121
项　目			水泥稳定碎石基层（水泥含量）			
			3%		5%	
			压实厚度/cm			
			20	每增减1	20	每增减1
基　价			4 515.90	206.82	4 853.50	223.42
其中	人工费/元		458.61	19.95	458.61	19.95
	材料费/元		3 570.80	178.52	3 908.40	195.12
	机械费/元		207.80	—	207.80	—
	管理费/元		85.03	2.55	85.03	2.55
	利润/元		193.66	5.80	193.66	5.80
名　称	单位	单价/元	数　量			
材料	水泥32.5	kg	0.40	1 248.000	61.000	2 233.000	111.500
	碎石5~40 mm	m³	120.00	15.910	0.800	15.440	0.770
	石屑	m³	100.00	11.400	0.570	11.400	0.570
	水	m³	2.80	8.000	0.400	8.000	0.400

第3步，根据说明进行换算。

水泥稳定碎石基层，水泥含量5%，每增加1 cm厚度时：

机械费 = 207.80 × 0.05 = 10.39（元/100 m²）

则，基价 = 223.42 + 10.39 = 233.81（元/100 m²）

水泥稳定碎石基层，水泥含量5%，厚度 = 25 cm时：

换算后的定额基价 = 4 853.50 + 233.81 × 5 = 6 022.55（元/100 m²）

（4）定额基价乘以系数换算

定额基价乘以系数换算，是为了兼顾编制过程中遵循简明扼要的原则。此种情况的换算，可以根据定额分部说明中具体条文进行即可。换算的计算公式：

$$换算后的基价 = 定额规定基数 × 原定额基价 \qquad (2.7)$$

【例 2.12】 盲板安装螺栓连接（公称直径 = 100 mm）。

【解】 第 1 步，找到管网工程分部工程说明中的相应条款，管网工程分部说明第三条第（一）点的第 10 小点："用螺栓连接的盲板安装按法兰安装的相应定额乘以系数 1.10。"

第 2 步，根据说明并结合实际工程项目找到参考定额 DE1113，见表 2.19。

表 2.19 法兰（摘录）

工作内容：检查质量，切管，加垫，管件本体安装，接法兰，紧螺栓。 单位：副

定额编号			DE1112	DE1113	DE1114
项 目			法兰安装		
			公称直径/mm		
			≤75	≤100	≤150
基 价			47.00	51.86	54.37
其中	人工费/元		32.25	34.98	36.36
	材料费/元		1.26	1.73	2.28
	机械费/元		—	0.37	0.37
	管理费/元		4.12	4.51	4.69
	利润/元		9.37	10.27	10.67
	名 称	单位	单价/元	数 量	
未计价材料	带帽螺栓	kg		0.620	1.500	1.500

第 3 步，根据说明进行换算。

换算后的定额基价 = 51.86 × 1.10 = 57.05（元/副）

【例 2.13】 机械挖一般土方（淤泥）。

【解】 第 1 步，找到土石方工程分部工程说明中的相应条款，土石方工程分部说明第二条第（四）点："机械挖、运淤泥、流砂，按机械挖、运土方、沟槽、基坑相应定额乘以系数 1.5。"

第 2 步，根据说明并结合实际工程项目找到参考定额 DA0005，见表 2.20。

第 3 步，根据说明进行换算。

换算后的定额基价 = 6 171.69 × 1.50 = 9 257.53（元/1 000 m³）

表 2.20 挖一般土方(摘录)

工作内容:1.人工挖土、装土、抛土,修整底、边。

　　　　　2.机械挖土堆放一边,推土机集土,人力清理机下余土。

　　　　　3.推土机推土、弃土、平整。

单位:见表

定额编号		DA0004	DA0005	DA0006	DA0007
项　目		挖土方		推土机挖土	
		人工	机械	推距≤20 m	每增加10 m 推距离
		100 m³	1 000 m³		
基　价		2 356.07	6 171.69	2 981.76	344.47
其中	人工费/元	1 906.20	1 249.20	690.00	72.00
	材料费/元	—	—	—	—
	机械费/元	—	3 744.07	1 722.43	206.69
	管理费/元	137.25	359.52	173.69	20.07
	利润/元	312.62	818.90	395.64	45.71

(5)复合型换算

复合型换算是指在同一个换算中,涉及多个换算的情况。这些换算既可能是同一种换算类型的多次叠加,也可能是不同种类换算的叠加。它们的换算思路和换算步骤基本与上面相关内容相同,下面举例说明。

【例2.14】　在木挡土板支撑下挖沟槽土方,木支撑(密撑),仅一侧支挡土板。

【解】　第1步,找到土石方工程分部工程说明中的相应条款,土石方工程分部说明第二条第(一)点:"在挡土板支撑下挖土,按相应定额项目人工乘以系数1.43,先开挖后支撑时不属支撑下挖土。"和第四条第(二)点:"挡土板支撑项目按槽、坑两侧同时支挡土板考虑,如一侧支挡土板时,人工乘以系数1.33,除挡土板外,其他材料乘以系数2.0。"

第2步,根据说明并结合实际工程项目找到参考定额DA0030,见表2.21。

表 2.21 挖沟槽土方(摘录)

工作内容:选料、修槽、排横板、立竖木、支横撑,垫木楔,垫空,垫、拆砖,分层倒撑及拆除后堆放整齐。

单位:100 m²

定额编号		DA0030	DA0031
项　目		木挡土板(密撑)	
		木支撑	钢支撑
基　价		1 485.96	1 287.33
其中	人工费/元	538.38	396.00
	材料费/元	820.53	727.90
	机械费/元	—	—
	管理费/元	38.76	32.59
	利润/元	88.29	74.23

续表

名　称	单位	单价/元	数　量	
材料	杉原木 综合	m³	1 100.00	0.150	—
	二等锯材	m³	1 700.00	0.350	0.350
	摊销卡具和支撑钢材	kg	4.15	—	20.000
	其他材料费	元		60.53	49.90

第 3 步,根据说明进行换算。

参见式(2.4),换算后的人工费 = 538.38 × 1.43 × 1.33 = 1 023.95(元/100 m²)

参见式(2.5),二等锯材的消耗量 = 0.35 × 2 = 0.70(m³/100 m²)

其他材料费金额 = 60.53 × 2 = 121.06(元/100 m²)

参见式(2.6),换算后的材料费 = 0.15 × 1 100.00 + 0.70 × 1 700.00 + 121.06 = 1 476.06(元/100 m²)

参见式(2.1),换算后的定额基价 = 1 023.95 + 1 476.06 + 38.76 + 88.29 = 2 627.06(元/100 m²)

【例 2.15】　DN600 素混凝土承插管,铺设深度 = 10 m(基座为 120°)。

【解】　第 1 步,找到管网工程分部工程说明中的相应条款。

管网工程分部说明第二条第(一)点的第 2 小点:"管道铺设是按180°基座取定的,如基座为150°时,管道铺设定额的人工乘以系数1.02;基座为120°时,管道铺设定额的人工乘以系数1.03;基座为90°时,管道铺设定额的人工乘以系数1.05;基座为360°时,管道铺设定额的人工乘以系数0.95。"

第二条第(一)点的第 3 小点:"混凝土排水管道安装管材按钢筋混凝土管考虑,如为混凝土管时,每100 m 管材定额耗量调整为101.5 m。"

第二条第(一)点的第 4 小点:"管道铺设是按平口管和企口管综合考虑的,若为承插管时,管道铺设定额人工乘以系数1.10,接口为钢筋混凝土套环时,安管定额人工费乘以系数1.3,套环另执行相应定额。"

第二条第(一)点的第 9 小点:"管道安装深度 > 8 m 时,安装人工乘以系数1.10,机械乘以系数1.20。"

第 2 步,根据说明并结合实际工程项目找到参考定额 DE0011,见表2.22。

第 3 步,根据说明进行换算。

参见式(2.4),换算后的人工费 = 1 542.30 × 1.03 × 1.10 × 1.10 = 1 922.17(元/100 m)

参见式(2.5),钢筋混凝土管 A600 的消耗量变换为101.50(m/100 m)

参见式(2.6),换算后的材料费 = 101.50 × 58.10 + 1.64 = 5 898.79(元/100 m)

换算后的机械费 = 482.13 × 1.20 = 578.56(元/100 m)

参见式(2.1),换算后的定额基价 = 1 922.17 + 5 898.79 + 578.56 + 258.32 + 588.30 = 9 246.14(元/100 m)

表 2.22　混凝土管道铺设(摘录)

工作内容:下管,铺料,调直,调制接口材料,管口打麻面,接口,养护,材料运输。　　　单位:100 m

定额编号				DE0011	DE0012
项　目				混凝土排水管道铺设 管径(mm)	
				600	700
基　价				8 740.79	10 872.62
其中	人工费/元			1 542.30	1 741.11
	材料费/元			5 869.74	7 547.08
	机械费/元			482.13	603.79
	管理费/元			258.32	299.21
	利润/元			588.30	681.43
材料	名　称	单位	单价/元	数　量	
	钢筋混凝土管 A600	m³	58.10	101.000	—
	钢筋混凝土管 A700	m³	74.70	—	101.000
	其他材料费	元		1.64	2.38

2.3.3　定额补充

随着科学技术的不断发展,新的施工工艺、施工材料不断涌现,在现行定额的适用期内,定额中的项目不可能完全包含实际工程中所有的分项工程施工项目。在此种情况下,定额补充的概念应运而生。定额补充是指当工程项目的内容与定额内容完全不相同时,根据实际施工中的人工、材料和机械台班的相应消耗量数量和单价,由使用者自己编制新定额的行为。换句话说,定额补充是由施工单位等相关造价定额使用者直接编制一个针对该项目的新定额,实际上是使用者自己对定额的一个扩充和更新。

目前看来,定额补充在一些规模大、周期长、同类型工程施工经验不足的工程中客观存在,但是其占比相较于直接套用和定额换算在整个工程中的占比还是较小的。应注意,能够进行定额补充的编制者必须是掌握了第一手的工程现场的基础数据,包括人工费、材料费、机械费的消耗量和单价因素,并且编制者要向工程所在地的造价主管部门进行相关备案。

复习思考题 2

1. 什么是市政工程定额?
2. 市政工程定额如何分类?
3. 什么是劳动定额? 劳动定额有哪几种表现形式?
4. 市政工程定额由哪些内容组成?

5. 定额项目表包括哪些内容?

6. 直接套用定额应注意哪些问题?

7. 试说明定额换算的一般形式与方法。

8. 水泥稳定碎石基层,水泥含量为 6%,压实厚度 = 24 cm,计算换算后的综合单价和材料的消耗量。

9. 现浇 C30 混凝土人行道,设计厚度 = 10 cm,特细砂,计算换算后的综合单价和材料的消耗量。

10. 现浇 C35 重力式桥台,商品混凝土,计算换算后的综合单价和材料的消耗量。

11. M15 水泥砂浆(特细砂)标准砖护底,计算换算后的综合单价和材料的消耗量。

12. 铺筑钢纤维混凝土路面,设计厚度 = 8 cm,计算换算后的综合单价和材料的消耗量。

13. 拱下抹面 1:1 水泥砂浆,有嵌线,计算换算后的综合单价和材料的消耗量。

14. 管道水压试验(DN50),计算换算后的综合单价和材料的消耗量。

模块 3　人工、材料、机械台班单价

项目 3.1　人工单价

3.1.1　人工单价的概念和组成

1）人工单价的概念

人工单价也称工资单价,是指一个工人工作一个工作日应得的劳动报酬,即企业使用工人的技能、时间给予的补偿。

工作日,是指一个工人工作的时间度量,简称"工日"。按照《中华人民共和国劳动法》的规定,一个工作日的工作时间为 8 h。

2）人工单价的组成

人工单价应由计时工资或计件工资、奖金、津贴补贴、加班加点工资和特殊情况下支付的工资等组成。

①计时工资或计件工资:是指按计时工资标准和工作时间或对已做工作按计件单价支付给个人的劳动报酬。

②奖金:是指对超额劳动和增收节支支付给个人的劳动报酬。如节约奖、劳动竞赛奖等。

③津贴补贴:是指为了补偿职工特殊或额外的劳动消耗和因其他特殊原因支付给个人的津贴,以及为了保证职工工资水平不受物价影响支付给个人的物价补贴。如流动施工津贴、特殊地区施工津贴、高温(寒)作业临时津贴、高空津贴等。

④加班加点工资:是指按规定支付的在法定节假日工作的加班工资和在法定日工作时间外延时工作的加点工资。

⑤特殊情况下支付的工资:是指根据国家法律、法规和政策规定,因病、工伤、产假、计划生育假、婚丧假、事假、探亲假、定期休假、停工学习、执行国家或社会义务等原因按计时工资标准或计时工资标准的一定比例支付的工资。

3）影响人工单价的因素

影响人工单价的因素有很多，归纳起来有以下几个方面：

①社会平均工资水平。建筑安装工人的人工日工资单价必然和社会平均工资水平趋同。社会平均工资水平取决于经济发展水平。由于经济的增长，社会平均工资也会增长，从而引起人工单价的提高。

②生活消费指数。生活消费指数的提高会影响人工日工资单价的提高，以减少生活水平的下降，或维持原来的生活水平。生活消费指数的变动决定于物价的变动，尤其决定于生活消费品物价的变动。

③人工单价的组成内容。住房和城乡建设部及财政部联合印发的《建筑安装工程费用项目组成》（建标〔2013〕44 号）中，规定了人工单价的费用组成。与建标〔2003〕106 号文相比，新的文件将职工福利费和劳动保护费从人工日工资单价中删除，这也必然影响人工单价的变化。

④劳动力市场供需变化。劳动力市场如果需求大于供给，人工日工资单价就会提高；供给大于需求，市场竞争激烈，人工日工资单价就会下降。

⑤政府推行的社会保障和福利政策。政府推行的社会保障和福利政策会直接影响人工单价中的津贴补贴、加班加点工资和特殊情况下支付的工资等，这也会影响人工单价的变化。

4）人工单价的表现形式

人工单价的表现形式主要有全国统一人工单价、地方人工单价和市场人工单价 3 种。

（1）全国统一人工单价

全国统一人工单价是由国家主管部门编制，将全国范围内的劳动者作为研究对象，考虑城镇居民人均生活费用，职工个人缴纳社会保险费、住房公积金，职工平均工资、失业率、经济发展水平等因素，制定的全国范围内的人工单价。

以市政工程为例，建设部（现住房和城乡建设部）于 1999 年发布的《全国统一市政工程预算定额》中规定，人工单价为 22.47 元/工日。但是我国幅员辽阔，各地区的经济发展水平不均衡，全国性的统一人工单价的通用性不强，在实际使用中有一定的局限性。因此，全国统一性的人工单价的主要作用是作为一个基准参照，为各地区编制地方人工单价提供参考依据。

（2）地方人工单价

地方人工单价，是指本地区建设行政主管部门根据本地区城镇居民人均生活费用，职工个人缴纳社会保险费、住房公积金，职工平均工资、失业率、经济发展水平等因素，结合全国统一性的人工单价，制定的本地区的人工单价。地方人工单价对于本地区的人工工日单价的确定有较强的适用性，目前是人工单价主要的表现形式。

（3）市场人工单价

市场人工单价，是指施工企业和劳务派遣单位（或劳动者本人）根据市场行情、工种、级别和季节等因素经双方商定以合同的形式确定的价格。市场人工单价受社会平均工资水平、生活消费指数、劳动力市场供求变化等因素影响。其特点表现为能反映真实的市场价格，但不稳定，波动性较大。

3.1.2　人工单价的确定

1)人工单价的计算方法

人工单价的计算参照上述人工单价的组成,将计时工资或计件工资、奖金、津贴补贴、特殊情况下支付的工资进行分摊,即形成了人工日工资单价。计算公式如下:

$$日工资单价 = \frac{生产工人平均月工资(计时、计价) + 平均月(奖金 + 津贴补贴 + 特殊情况下支付的工资)}{年平均每月法定工作日}$$

(3.1)

式(3.1)中年平均每月法定工作日的计算公式如下:

$$年平均每月法定工作日 = \frac{全年日历日 - 法定假日}{12}$$

(3.2)

2)人工单价的管理

由于人工日工资单价在我国具有一定的政策性,因此工程造价管理机构也需要确定人工日工资单价。工程造价管理机构确定日工资单价应通过市场调查、根据工程项目的技术要求,参考实物工程量人工单价综合分析确定,发布的最低日工资单价不得低于工程所在地人力资源和社会保障部门所发布的最低工资标准的:普工 1.3 倍、一般技工 2 倍、高级技工3 倍。

项目 3.2　材料单价

3.2.1　材料单价的概念及组成

1)材料单价的概念

材料单价是指材料由其货源地(或交货地点)到达工地仓库(或特定堆放地方)的出库价格,包括货源地至工地仓库之间的所有费用。

2)材料单价的组成

材料单价由材料原价、材料运杂费、运输损耗费、采购及保管费 4 部分组成,如图 3.1 所示。

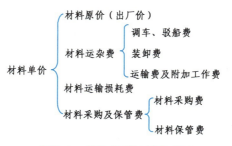

图 3.1　材料单价组成示意图

①材料原价：是指采购材料的出厂价格。

②材料运杂费：是指材料自货源地运至工地仓库所发生的全部费用。含运输过程中的一切费用和过路、过桥费用，包括调车和驳船费、装卸费、运输费及附加工作费等。

③材料运输损耗费：是指材料在运输及装卸过程中不可避免的损耗。材料在运输过程中，会由于各种原因产生一些损耗，如磨损、物理碰撞损伤、易挥发物料的挥发、液体物料的泄漏等。

④材料采购及保管费：是指为组织采购和工地保管材料过程中所需要的各项费用，包括材料采购费和材料保管费。材料采购费是指采购人员的工资、异地采购材料的车船费、市内交通费、住勤补助费、通信费等。材料保管费是指工地材料仓库的搭建、拆除、维修费，仓库保管人员的费用，仓库材料的堆码整理费用以及仓储损耗。

3.2.2　材料单价的确定

1）影响材料单价变动的因素

影响材料单价变动的因素主要有市场供需变化情况、生产成本变动、流通环节、运输的方法和距离、市场行情 5 个因素。

①市场供需变化情况。材料原价是材料单价中最基本的组成。市场供大于求，价格就会下降；反之，价格就会上升，从而就会影响材料单价的涨落。

②生产成本变动。材料生产成本的变动直接影响材料单价的波动。

③流通环节。材料的流通环节，是指组成材料整个交换过程的每次买卖行为。一般来说，材料的流通环节越少，对材料单价的影响就会越小。

④运输的方法和距离。材料从货源地运至工地仓库，选用何种运输方式，会影响材料单价的大小；从货源地至工地仓库的距离，也会影响材料单价的大小。

⑤市场行情。市场行情是指市场上材料流通过程中有关材料供给、材料需求、流通渠道、材料购销和价格的实际状况、特征以及变动的情况、趋势和相关条件的信息。

2）材料单价的确定方法

（1）材料原价的确定

在确定材料原价时，凡同一种材料因来源地、交货地、供货单位、生产厂家不同，而有几种原价时，根据不同来源地供货数量比例，采取加权平均的方法确定其综合原价。材料原价的计算公式有下列两种：

①加权平均原价。

$$加权平均原价 = \frac{\sum（各货源地的材料数量 \times 材料单价）}{\sum 各货源地的材料数量} \tag{3.3}$$

②权数法。

$$甲地权数 = \frac{甲地数量}{\sum 各货源地数量} \times 100\% \tag{3.4}$$

$$乙地权数 = \frac{乙地数量}{\sum 各货源地数量} \times 100\% \tag{3.5}$$

$$丙地权数 = \frac{丙地数量}{\sum 各货源地数量} \times 100\% \tag{3.6}$$

$$加权平均原价 = \sum(各地原价 \times 各地权数) \tag{3.7}$$

（2）材料运杂费的确定

同一品种的材料有若干个来源地，应采用加权平均的方法计算材料运杂费。计算公式如下：

$$材料运杂费 = 材料运输费 + 材料装卸费 \tag{3.8}$$

$$材料运输费 = \sum(各购买地的材料运输距离 \times 运输单价 \times 各地权数) \tag{3.9}$$

$$材料装卸费 = \sum(各购买地的材料装卸单价 \times 各地权数) \tag{3.10}$$

注：式（3.8）至式（3.10）中各地权数的计算方法参见式（3.4）、式（3.5）、式（3.6）。

（3）材料运输损耗费的确定

确定材料运输损耗费的计算公式如下：

$$运输损耗费 = (材料原价 + 材料运杂费) \times 材料运输损耗率 \tag{3.11}$$

关于材料运输损耗率的确定，针对不同的物料，国家或行业标准中都规定了不同运输方式下的损耗率。

（4）材料采购及保管费的确定

确定材料采购及保管费的计算公式如下：

$$材料采购保管费 = (材料原价 + 材料运杂费 + 材料运输损耗费) \times 材料采购保管费率 \tag{3.12}$$

材料采购保管费率一般为2.5%左右，各地区可根据不同情况确定其比率。如有的地区规定：钢材、木材、水泥为2.5%，水电材料为1.5%，其余材料为3.0%。其中材料采购费占70%，材料保管费占30%。

（5）材料单价

在确定了上述4项费用后，即可以进一步计算得出材料单价，计算公式如下：

$$材料单价 = 材料原价 + 材料运输费 + 材料损耗费 + 材料采购保管费 \tag{3.13}$$

或者，综合上述公式联立列式为：

$$材料单价 = [(材料原价 + 材料运杂费) \times (1 + 运输损耗率(\%))] \times [1 + 采购及保管费率(\%)] \tag{3.14}$$

3）材料单价的计算实例

【例3.1】　某市政工程使用 $\phi22$ 螺纹钢共计1 000 t，由甲、乙、丙3个购买地获得，相关参数见表3.1，试计算其材料单价。

表3.1　螺纹钢交易相关参数信息表

序号	货源地	数量/t	购买价/(元·t⁻¹)	运输距离/km	运输单价/[元·(t·km)⁻¹]	装车费/(元·t⁻¹)	卸车费/(元·t)⁻¹	采购保管费率/%
1	甲地	500	3 320	60	1.5	8		
2	乙地	300	3 330	45	1.5	8	6	2.5
3	丙地	200	3 340	56	1.6	7.5		
	合计	1 000						

【解】　(1)材料原价

①加权平均原价法。参见式(3.3):

$$材料原价 = \frac{500 \times 3\ 320 + 300 \times 3\ 330 + 200 \times 3\ 340}{1\ 000} = 3\ 327(元/t)$$

②权数法。参见式(3.4)、式(3.5)、式(3.6):

$$甲地权数 = \frac{500}{1\ 000} = 50\% ; 乙地权数 = \frac{300}{1\ 000} = 30\% ; 丙地权数 = \frac{200}{1\ 000} = 20\%$$

参见式(3.7):

材料原价 = 3 320.00 × 50% + 3 330.00 × 30% + 3 340.00 × 20% = 3 327.00(元/t)

上述两种方法第二种较为简单,后面的各项费用计算均采用第二种方法。

(2)材料运杂费

①运输费。参见式(3.9):

材料运输费 = 1.50 × 60.00 × 50% + 1.50 × 45.00 × 30% + 1.6 × 56.00 × 20% = 83.17(元/t)

②装卸费。同理:

材料装卸费 = 8.00 × 50% + 8.00 × 30% + 7.50 × 20% + 6.00 = 13.90(元/t)

参见式(3.8):

材料运杂费 = 83.17 + 13.90 = 97.07(元/t)

③运输损耗费。应参见式(3.11),但由于本题目中钢材的运输损耗率一般为0,所以材料运输损耗费也等于0。

④材料采购保管费。参见式(3.12):

材料采购保管费 = (3 327.00 + 97.07 + 0.00) × 2.5% = 85.60(元/t)

⑤材料单价。参见式(3.13):

材料单价 = 3 327.00 + 97.07 + 0.00 + 85.60 = 3 509.67(元/t)

综上所述,该φ22螺纹钢的材料单价为3 509.67元/t。

【例3.2】　某市政工程购买尺寸规格为800 mm × 800 mm × 5 mm的地砖共3 900块,由A、B、C 3个购买地获得,相关信息见表3.2,试计算每平方米地砖的材料单价为多少元?

表3.2　地砖交易相关参数信息表

序号	货源地	数量/块	购买价/(元·块⁻¹)	运输距离/km	运输单价/[元·(m²·km)⁻¹]	装卸费/(元·t⁻¹)	运输损耗率/%	采购保管费率/%
1	A地	936	36.00	90	0.04			
2	B地	1 014	33.00	80	0.04	1.25	2.0	3.0
3	C地	1 950	35.00	86	0.05			
	合计	3 900						

【解】　(1)材料原价

①各地材料的购买权数。参见式(3.4)、式(3.5)、式(3.6):

$$甲地权数 = \frac{936}{3\ 900} = 24\%; 乙地权数 = \frac{1\ 014}{3\ 900} = 26\%; 丙地权数 = \frac{1\ 950}{3\ 900} = 50\%$$

②每平方米 800 mm × 800 mm 地砖的块数(由于题目要求计算每平方米的地砖材料单价,所以需换算每平方米地砖的块数)

$$每平方米地砖的块数 = \frac{1}{块料长 × 块料宽}$$

$$每平方米 800\ mm × 800\ mm 地砖的块数 = \frac{1}{0.80 × 0.80} = 1.562\ 5(块/m^2)$$

参见式(3.7):

材料原价 = (36.00 × 24% + 33.00 × 26% + 35.00 × 50%) × 1.562 5 = 54.25(元/m²)

(2)材料运杂费

①运输费。参见式(3.9):

材料运输费 = 0.04 × 90.00 × 24% + 0.04 × 80.00 × 26% + 0.05 × 86.00 × 50% = 3.85 (元/m²)

②装卸费。根据题意,材料装卸费 = 1.25(元/m²)。

参见式(3.8):

材料运杂费 = 3.85 + 1.25 = 5.10(元/m²)

③运输损耗费。参见式(3.11):

运输损耗费 = (54.25 + 5.10) × 2.0% = 1.19(元/m²)

④材料采购保管费。参见式(3.12):

材料采购保管费 = (54.25 + 5.10 + 1.19) × 3.0% = 1.82(元/m²)

⑤材料单价。参见式(3.13):

材料单价 = 54.25 + 5.10 + 1.19 + 1.82 = 62.36(元/m²)

综上所述,该 800 mm × 800 mm 地砖的材料单价为 62.36 元/m²。

项目 3.3 施工机械台班单价

3.3.1 施工机械台班单价的概念及组成

1)施工机械台班单价的概念

施工机械台班单价是指一台施工机械在正常运转条件下一个工作班中所发生的全部费用。一个工作班又叫作台班,每台班按 8 h 计算。

2)施工机械台班单价的组成

根据 2001 年《全国统一施工机械台班费用编制规则》的规定,施工机械台班单价由 7 项费用组成,包括折旧费、大修理费、经常修理费、安拆费及场外运费、人工费、燃料动力费、其他费用等。

①折旧费:是指施工机械在规定使用期限内,陆续收回其原始价值及购置资金的时间

价值。

②大修理费:是指机械设备按规定的大修理间隔台班进行必要的大修理,以恢复机械正常使用功能所需的费用。

③经常修理费:是指施工机械除大修理以外的各级保养和临时故障排除所需的费用。包括为保障施工机械设备正常运转所需替换设备,随机使用的工具附具的摊销和维护费用,机械运转及日常保养所需的润滑、擦拭材料费用和机械停置期间的正常维护保养费用等。

④安拆费及场外运费:安拆费(安装拆卸费),是指施工机械在施工现场进行安装、拆卸,所需的人工费、材料费、机械费、试运转费以及机械辅助设施的折旧、搭设、拆除等费用;场外运费,是指施工机械整体或分件,从停放场地点运至施工现场或由一个施工地点运至另一个施工地点的装卸、运输、辅助材料及架线等费用。

⑤机上人工费:是指机上司机(司炉)和其他操作人员的工作人工费及上述人员在施工机械规定的年工作台班以外的人工费。

⑥燃料动力费:是指施工机械在施工作业中所耗用的液体燃料(汽油、柴油)、固体燃料(煤、木材)、水、电等费用。

⑦其他费用:是指按照国家和有关部门规定应缴纳的养路费、车船使用税、保险费及年检费用等。养路费及车船使用税指按当地有关部门规定缴纳的养路费和车船使用税。保险费是指按当地有关部门规定应当缴纳的第三者责任险、车主保险费、机动车交通事故责任强制保险等。

3.3.2　施工机械台班单价的确定

1)折旧费

折旧费的确定涉及机械购买价、残值率、时间价值系数、耐用总台班等几个因素,其计算公式如下:

$$折旧费 = \frac{机械购买价 \times (1 - 残值率) \times 时间价值系数}{耐用总台班} \tag{3.15}$$

上式中各组成因素的具体确定方法,现分述如下。

(1)机械购买价

机械购买价应按照机械原值、供销部门手续费和一次运杂费以及车辆购置税之和计算。

①机械原值主要按照生产商或经销商的销售价格确定。

②供销部门手续费和一次运杂费可按照机械原值的5%来计算。

③车辆购置税应按下列公式计算:

$$车辆购置税 = 计税价格 \times 车辆购置税率(\%) \tag{3.16}$$

其中:　　$计税价格 = 机械原值 + 供销部门手续费和一次运杂费 - 增值税 \tag{3.17}$

(2)残值率

残值率是指机械报废时回收的残值占机械原值的百分比。残值率按目前有关规定执行:运输机械2%,掘进机械5%,特大型机械3%,中小型机械4%。

(3)时间价值系数

时间价值系数是指购置施工机械的资金在施工生产过程中随着时间的推移而产生的单

位增值。换句话说,同一笔资金,若不用来购置施工机械,而是用于储蓄或投资,那么在一段时间内所产生的金额增值。其计算公式如下:

$$时间价值系数 = 1 + \frac{(折旧年限 + 1)}{2} \times 年折现率(\%) \tag{3.18}$$

式中的年折现率,应按照编制期银行年贷款利率确定。

(4)耐用总台班

耐用总台班指施工机械从开始投入使用至报废前使用的总台班数,应按施工机械的技术指标及寿命期等相关参数确定。其计算公式为:

$$耐用总台班 = 折旧年限 \times 年工作台班 \tag{3.19}$$

式中,年工作台班是根据有关部门对各类主要机械最近3年的统计资料分析确定。

或者 $$耐用总台班 = 大修理间隔台班 \times 大修理周期 \tag{3.20}$$

①大修理间隔台班指机械自投入使用起至第一次大修理止或自上一次大修理后投入使用起至下一次大修理止,应达到的使用台班数。

②大修理周期指机械正常的施工作业条件下,将其寿命期(即耐用总台班)按规定的大修理次数划分为若干个周期。其计算公式为:

$$大修理周期 = 寿命期大修理次数 + 1 \tag{3.21}$$

2)大修理费

台班大修理费是机械使用期限内全部大修理费之和在台班费用中的分摊额,取决于一次大修理费用、大修理次数和耐用总台班的数量。其计算公式为:

$$台班大修理费 = \frac{一次大修理费 \times 寿命期内大修理次数}{耐用总台班} \tag{3.22}$$

①一次大修理费指施工机械一次大修理发生的工时费、配件费、辅料费、油料燃料费及送修送杂费。

②寿命期内大修理次数指施工机械在其寿命期(耐用总台班)内规定的大修理次数,应参照《全国统一施工机械保养修理技术经济定额》确定。

3)经常修理费

经常修理费是机械使用期内全部经常修理费之和在台班费用中的分摊额,取决于各级保养一次费用、各级保养的总次数、临时故障排除费、耐用总台班及其他附加费用等。其计算公式为:

$$台班经常修理费 = \frac{\sum(各级保养一次费用 \times 寿命期各级保养总次数) + 临时故障排除费}{耐用总台班} +$$
$$替换设备和工具附具台班摊销费 + 例保辅料费 \tag{3.23}$$

①各级保养一次费用,分别指机械在各个使用周期内为保证机械处于完好状况,必须按规定的各级保养间隔周期、保养范围和内容进行的一、二、三级保养或定期保养所消耗的工时、配件、辅料、油品燃料等费用,应以《全国统一施工机械保养修理技术经济定额》为基础,结合编制期市场价格综合确定。

②寿命期各级保养次数,分别指一、二、三级保养或定期保养在寿命期内各个使用周期中保养次数之和,应按照《全国统一施工机械保养修理技术经济定额》确定。

③临时故障排除费,指机械除规定的大修理及各级保养以外,临时故障所需费用以及机械在工作日以外的保养维护所需润滑擦拭材料费,可按各级保养(不包括例保辅料费)费用之和的3%计算。

④替换设备及工具附具台班摊销费,指轮胎、电缆、蓄电池、运输皮带、钢丝绳、胶皮管、履带板等消耗性设备和按规定随机配备的全套工具附具的台班摊销费用。

⑤例保辅料费,即机械日常保养所需润滑擦拭材料的费用。替换设备及工具附具台班摊销费、例保辅料费的计算应以《全国统一施工机械保养修理技术经济定额》为基础,结合编制期市场价格综合确定。

当台班经常修理费计算公式中各项数值难以确定时,也可按下式计算:

$$台班经常修理费 = 台班大修理费 \times K \tag{3.24}$$

式中,K 为台班经常修理费系数,它等于经常修理费与大修理费的比值。例如,载重汽车 6 t 以内,$K = 5.61$;载重汽车 6 t 以上,$K = 3.93$。自卸汽车 6 t 以内,$K = 4.44$;自卸汽车 6 t 以上,$K = 3.34$。塔式起重机,$K = 3.94$。

4)安拆费及场外运费

安拆费及场外运费按下列公式计算:

$$安拆费及场外运费 = \frac{安装拆卸费 + 进场及出场费}{耐用总台班} \tag{3.25}$$

5)机上人工费

机上人工费按下列公式计算:

$$机上人工费 = 人工消耗量 \times \left(1 + \frac{年制度工作日 - 年工作台班}{年工作台班}\right) \times 人工日工资单价 \tag{3.26}$$

①人工消耗量是指机上司机(司炉)和其他操作人员工日消耗量。
②年制度工作日的确定应执行编制期国家有关规定。
③人工日工资单价应执行编制期工程造价管理部门的有关规定。

6)燃料动力费

燃料动力费可按下列公式计算:

$$台班燃料动力费 = 台班燃料动力消耗量 \times 燃料动力单价 \tag{3.27}$$

7)其他费用

机械台班其他费用可按下列公式计算:

$$台班其他费用 = \frac{年养路费 + 年车船使用税 + 年保险费 + 年检费用}{年工作台班} \tag{3.28}$$

或者也可以单独计算,列公式如下:

$$台班养路费 = \frac{核定吨位 \times 每月每吨养路费 \times 12 \ 个月}{年工作台班} \tag{3.29}$$

$$台班车船使用税 = \frac{每年车船使用税}{年工作台班} \tag{3.30}$$

$$保险费 = \frac{按规定年缴纳保险费}{年工作台班数量} \tag{3.31}$$

年检费用的计算应参照国家相关部分的具体规定。

8)施工机械台班单价确定实例

下面给出关于施工机械台班单价确定的一个实例。

【例3.3】 某10 t载重汽车有关资料如下:购买价格125 000元/辆;残值率6%;耐用总台班1 200台班;修理间隔台班240台班;一次性修理费用4 600元;大修理周期5次;经常维修系数K=3.93,年工作台班为240;机上人工消耗量为2.0工日/台班,人工单价为45.00元/工日;每月每吨养路费80元/月;每台班消耗柴油40.03 kg,柴油单价5.60元/kg;每年按规定缴纳车船使用税7 200元,按规定缴纳保险费8 500元。试确定该载重汽车的台班单价。

【解】 根据上述信息逐项计算如下:

①折旧费。

参见式(3.15):

$$折旧费 = \frac{125\ 000 \times (1 - 6\%)}{1\ 200} = 97.92(元/台班)$$

(注:这里时间价值系数为1.00)

②大修理费。

参见式(3.21):

$$寿命期大修理次数 = 大修理周期 - 1 = 5 - 1 = 4(次)$$

参见式(3.22):

$$大修理费 = \frac{4\ 600 \times 4}{1\ 200} = 15.33(元/台班)$$

③经常修理费。

参见式(3.24):

$$经常修理费 = 15.33 \times 3.93 = 60.25(元/台班)$$

④机上人员工资。

参见式(3.26):

$$机上人员工资 = 2.00 \times 45.00 = 90.00(元/台班)$$

(注:上式计算中考虑为年制度工作日=年工作台班)

⑤燃料及动力费。

参见式(3.27):

$$燃料动力费 = 40.03 \times 5.60 = 224.17(元/台班)$$

⑥其他费用。

参见式(3.29):

$$养路费 = \frac{10 \times 80 \times 12}{240} = 40.00(元/台班)$$

参见式(3.30):

$$车船使用税 = \frac{7\ 200}{240} = 30.00(元/台班)$$

参见式(3.31):

保险费 $= \dfrac{8\,500}{240} = 35.42($元/台班$)$

其他费用合计 $= 40.00 + 30.00 + 35.42 = 105.42($元/台班$)$

综上所述,该载重汽车台班单价 $= 97.92 + 15.33 + 60.25 + 90.00 + 224.17 + 105.42 = 593.09($元/台班$)$。

复习思考题 3

1. 什么是人工单价？人工单价由哪些内容构成？

2. 人工单价怎样确定？调查本地市政工程施工工人的人工单价是多少？

3. 什么是材料单价？

4. 材料单价由哪几部分组成？是否每种建筑材料均有损耗？

5. 材料在运输途中发生的过路、过桥费属于什么费用？

6. 什么是施工机械台班单价？施工机械台班单价由哪几部分组成？

7. 施工机械进出场及安装费用、其他费用(养路费、车船使用税、保险费)是否每种施工机械都要发生？

8. 某市政工程 42.5 普通硅酸盐水泥的购买资料见表 3.3,试计算该材料的材料预算价格。

表 3.3   某市政工程 42.5 普通硅酸盐水泥的购买资料

货源地	数量 /t	买价 /(元·t^{-1})	运距 /km	运输单价 /[元·(t·km)$^{-1}$]	装卸费 /(元·t^{-1})	材料采购保管费率 /%
甲地	100	3 200	70	0.6	14	2.5
乙地	300	3 350	40	0.7	16	2.5
合计	400					

注:水泥运输损耗率为 1.5%。

模块 4　市政工程费用组成

项目 4.1　基本建设费用的组成

基本建设费用是指为完成工程项目建设并达到使用要求或生产条件,在建设期内预计或实际投入的全部费用之和。基本建设的工程项目主要分为生产性建设项目和非生产性建设项目两类。生产性建设项目的基本建设费用包括建设投资、建设期利息和流动资金三部分;非生产性建设项目的基本建设费用仅包括建设投资和建设期利息两部分。

建设投资和建设期利息之和即为工程造价。工程造价中的主要构成部分是建设投资。建设投资是为完成工程项目的建设,在建设期内投入的全部费用。关于基本建设费用的具体构成内容,如图 4.1 所示。

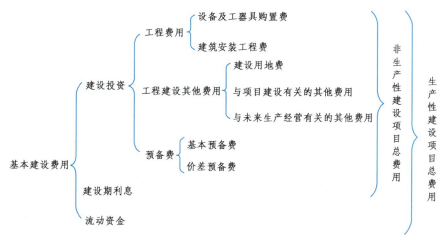

图 4.1　我国现行基本建设费用构成

4.1.1　建设投资

建设投资由工程费用、工程建设其他费用和预备费三部分组成。

1）工程费用

工程费用由建筑安装工程费用和设备及工器具购置费两部分组成。

（1）建筑安装工程费用

建筑安装工程费是指为完成工程项目建造、生产性设备及配套工程安装所需的费用。具体分为建筑工程费用和安装工程费用两部分。

①建筑工程费用：包括房屋建筑物和市政构筑物的供水、供暖、卫生、通风、煤气等设备费用，房屋建筑物和市政构筑物的装设、油饰工程费用，以及其内的管道、电力、电信、电缆导线敷设工程的费用。

②安装工程费用：包括生产、动力、起重、运输、传动和医疗、实验等各种需要安装的机械设备的装配费用，与设备相连的工作台、梯子、栏杆等设施的工程费用，附属于被安装设备的管线敷设工程费用，以及被安装设备的绝缘、防腐、保温、油漆等工作的材料费和安装费。

（2）设备及工器具购置费

设备及工器具购置费用，包括需要安装和不需要安装的设备及工器具购置费用。

①设备购置费：是指为建设项目购置或自制的达到固定资产标准的各种国产或进口设备、工具、器具的购置费用，它由设备原价和设备运杂费构成。

②工具、器具及生产家具购置费：是指为保证正式投入使用初期正常生产必须购置的没有达到固定资产标准的设备、仪器、工卡模具、器具、生产家具和备品备件等的购置费用。

2）工程建设其他费用

工程建设其他费用，是指从工程筹建起到工程竣工验收交付使用止的整个建设期间，除建筑安装工程费用和设备及工器具购置费用以外的，为保证工程建设顺利完成和交付使用后能够正常发挥效用而发生的各项费用。具体包括建设用地费、与项目建设有关的其他费用（建设管理费、可行性研究费、研究试验费、勘察设计费、环境影响评价费、场地准备及临时设施费、引进技术和引进设备其他费、工程保险费、特殊设备安全监督检验费、市政公用设施费），与未来生产经营有关的其他费用（联合试运转费、专利及专有技术使用费和生产准备及开办费）等。

（1）建设用地费

建设用地费是指为获得工程项目建设土地的使用权而在建设期内发生的费用。具体内容包括：土地出让金或转让金、拆迁补偿费、青苗补偿费、安置补助费、新菜地开发建设基金、耕地占用税、土地管理费等与土地使用有关的各项费用。

（2）建设单位管理费

建设单位管理费是指建设单位从项目开工之日起至办理财务决算之日止发生的管理性质的开支。具体内容包括工作人员工资、工资性补贴、施工现场津贴、职工福利费、住房基金、基本养老保险费、基本医疗保险费、办公费、差旅交通费、劳动保险费、工具用具使用费、固定资产使用费、零星购置费、招募生产工人费、技术图书资料费、印花税、业务招待费、施工现场津贴、竣工验收费和其他管理性质开支。

（3）可行性研究费

可行性研究费是指在工程项目投资决策阶段，依据调研报告对有关建设方案、技术方案或生产经营方案进行的技术经济论证,以及编制、评审可行性研究报告所需的费用。

（4）研究试验费

研究试验费是指为建设项目提供或验证设计数据、资料等进行必要的研究试验及按照相关规定在建设过程中必须进行试验、验证所需的费用。

（5）勘察设计费

勘察设计费包括勘察费和设计费。勘察费是指勘察单位对施工现场进行地质勘察所需要的费用。设计费是指设计单位进行工程设计（包括方案设计及施工图设计）所需要的费用。

（6）环境影响评价费

环境影响评价费是指在工程项目投资决策过程中,依据有关规定,对工程项目进行环境污染或影响评价所需的费用。

（7）场地准备及临时设施费

场地准备及临时设施费包括场地准备费和临时设施费两部分的内容。

①场地准备费:是指为使工程项目的建设场地达到开工条件,由建设单位组织进行的场地平整等准备工作而发生的费用。

②临时设施费:是指建设单位为满足工程项目建设、生活、办公的需要,用于临时设施建设、维修、租赁、使用所发生或摊销的费用。

（8）引进技术和引进设备其他费

引进技术和引进设备其他费是指引进技术和设备发生的但未计入设备购置费中的费用。其具体内容包括:引进项目图纸资料翻译复制费、备品备件测绘费、出国人员费用、来华人员费用、银行担保及承诺费等。

（9）工程保险费

工程保险费是指为转移工程项目建设的意外风险,在建设期内对工程本身以及相关机械设备和人身安全进行投保而发生的费用。包括建筑安装工程一切险、引进设备财产保险和人身意外伤害险等。

（10）特殊设备安全监督检验费

特殊设备安全监督检验费是指安全监察部门对在施工现场组装的锅炉及压力容器、压力管道、消防设备、燃气设备、电梯等特殊设备和设施实施安全检验收取的费用。

（11）市政公用设施费

市政公用设施费是指使用市政公用设施的工程项目,按照项目所在地省级人民政府有关规定建设或缴纳的市政公用设施建设配套费用,以及绿化工程补偿费用。

（12）联合试运转费

联合试运转费是指新建或新增加生产能力的工程项目,在交付生产前按照设计文件规定的工程质量标准和技术要求,对整个生产线或装置进行负荷联合试运转所发生的费用净支出。如联动试车时购买原材料、动力费用（电、气、油等）、人工费、管理费等。

（13）专利及专有技术使用费

专利及专有技术使用费是指专利权人以外的他人在使用专利和专有技术时向专利权人交纳的一定数额的使用费用。金额在实施许可合同中由双方协商确定,支付方式也由使用者同专利权人协商确定。其具体内容包括:

①国外设计及技术资料费、引进有效专利、专有技术使用费和技术保密费；
②国内有效专利、专有技术使用费；
③商标权、商誉和特许经营权费等。

（14）生产准备及开办费

生产准备及开办费是指在建设期内，建设单位为保证项目正常生产而发生的人员培训费、提前进厂费以及投产使用必备的办公、生活家具用具及工器具等购置费用。

3）预备费

预备费包括基本预备费和价差预备费两部分。

（1）基本预备费

基本预备费是指针对项目实施过程中可能发生的难以预料的支出而事先预留的费用，又称工程建设不可预见费。其主要内容包括：设计变更、材料代用、地基局部处理等增加的费用；自然灾害造成的损失和预防灾害所采取的措施费用；竣工验收时为鉴定工程质量对隐蔽工程进行必要的挖掘和修复费用等。

（2）价差预备费

价差预备费是指为在建设期内利率、汇率或价格等因素的变化而预留的可能增加的费用，也称价格变动不可预见费。

4.1.2　建设期利息

一个建设项目在建设期内需要投入大量的资金，自由资金的不足通常利用银行贷款来解决，但利用贷款必须支付利息。贷款内利息包括向国内银行和其他非银行金融机构贷款、出口信贷、外国政府贷款、国际商业银行贷款以及在境内外发行的债券等在贷款期内应偿还的贷款利息。

4.1.3　流动资金

流动资金是指生产性建设项目投产后，为进行正常生产运营，用于购买原材料、燃料、支付工人工资及其他经营费用等所必不可少的周转资金。

项目 4.2　市政工程费用的组成

住房和城乡建设部、财政部于 2013 年 3 月 21 日联合颁发的《关于印发〈建筑安装工程费用项目组成〉的通知》（建标〔2013〕44 号），该文件为我国现行的建筑安装工程费用确立了明确的费用划分口径。这一做法使设计单位、业主、承包商、监理单位、造价咨询公司、招标代理公司、政府主管及监督部门各方，在编制设计概算、施工图预算、建设工程招标文件、招标控制价、投标报价、确定工程承包价、工程成本核算、工程结算等方面有了统一的标准。

随着社会经济的发展，建标〔2013〕44 号文中规定的建筑安装工程费用项目的组成不再局限于狭义的房屋建筑工程，而是从不同程度上适应更多专业类别的工程，包括市政、公路、铁路、矿山、码头、水坝、机场工程等。因此,本书的市政工程费用的概念,主要是指基本建设费用中的建筑安装工程费,是指市政工程在发承包阶段所形成的工程造价的各项费用。

建标〔2013〕44 号文从两个不同角度对建筑安装工程费用的费用项目组成进行了划分,现分述如下。

4.2.1 按费用构成要素划分

建筑安装工程费按照费用构成要素划分,由人工费、材料(包含工程设备,下同)费、施工机具使用费、企业管理费、利润、规费和税金组成。其中,人工费、材料费、施工机具使用费、企业管理费和利润包含在分部分项工程费、措施项目费、其他项目费中。关于上述费用之间的层次关系详见图 4.2。

1) 人工费

人工费是指按工资总额构成规定,支付给从事建筑安装工程施工的生产工人和附属生产单位工人的各项费用。内容包括计时工资或计件工资、奖金、津贴补贴、加班加点工资和特殊情况下支付的工资。

(1)计时工资或计件工资

计时工资或计件工资是指按计时工资标准和工作时间或对已做工作按计件单价支付给个人的劳动报酬。

(2)奖金

奖金是指对超额劳动和增收节支支付给个人的劳动报酬。如节约奖、劳动竞赛奖等。

(3)津贴补贴

津贴补贴是指为了补偿职工特殊或额外的劳动消耗和因其他特殊原因支付给个人的津贴,以及为了保证职工工资水平不受物价影响支付给个人的物价补贴。如流动施工津贴、特殊地区施工津贴、高温(寒)作业临时津贴、高空津贴等。

(4)加班加点工资

加班加点工资是指按规定支付的在法定节假日工作的加班工资和在法定日工作时间外延时工作的加点工资。

(5)特殊情况下支付的工资

特殊情况下支付的工资是指根据国家法律、法规和政策规定,因病、工伤、产假、计划生育假、婚丧假、事假、探亲假、定期休假、停工学习、执行国家或社会义务等原因按计时工资标准或计时工资标准的一定比例支付的工资。

2) 材料费

材料费是指施工过程中耗费的原材料、辅助材料、构配件、零件、半成品或成品、工程设备的费用。内容包括材料原价、运杂费、运输损耗费和采购及保管费。

(1)材料原价

材料原价是指材料、工程设备的出厂价格或商家供应价格。

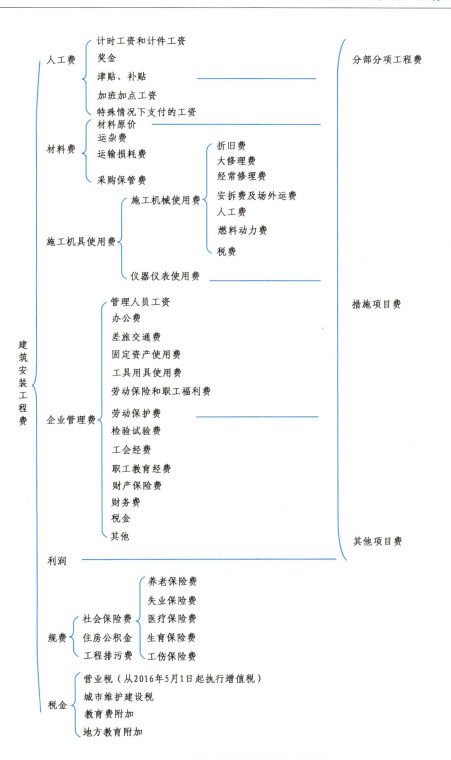

图4.2　按费用构成要素划分层次图

（2）运杂费

运杂费是指材料、工程设备自来源地运至工地仓库或指定堆放地点所发生的全部费用。

（3）运输损耗费

运输损耗费是指材料在运输装卸过程中不可避免的损耗。

（4）采购及保管费

采购及保管费是指为组织采购、供应和保管材料、工程设备的过程中所需要的各项费用。包括采购费、仓储费、工地保管费、仓储损耗。

工程设备是指构成或计划构成永久工程一部分的机电设备、金属结构设备、仪器装置及其他类似的设备和装置。

3）施工机具使用费

施工机具使用费是指施工作业所发生的施工机械、仪器仪表使用费或其租赁费。内容包括施工机械使用费和仪器仪表使用费。

（1）施工机械使用费

以施工机械台班耗用量乘以施工机械台班单价表示，施工机械台班单价应由下列 7 项费用组成：

①折旧费：是指施工机械在规定的使用年限内，陆续收回其原值的费用。

②大修理费：是指施工机械按规定的大修理间隔台班进行必要的大修理，以恢复其正常功能所需的费用。

③经常修理费：是指施工机械除大修理以外的各级保养和临时故障排除所需的费用。包括为保障机械正常运转所需替换设备与随机配备工具附具的摊销和维护费用、机械运转中日常保养所需润滑与擦拭的材料费用及机械停滞期间的维护和保养费用等。

④安拆费及场外运费：安拆费指施工机械（大型机械除外）在现场进行安装与拆卸所需的人工、材料、机械和试运转费用以及机械辅助设施的折旧、搭设、拆除等费用；场外运费指施工机械整体或分体自停放地点运至施工现场或由一施工地点运至另一施工地点的运输、装卸、辅助材料及架线等费用。

⑤人工费：是指机上司机（司炉）和其他操作人员的人工费。

⑥燃料动力费：是指施工机械在运转作业中所消耗的各种燃料及水、电等。

⑦税费：是指施工机械按照国家规定应缴纳的车船使用税、保险费及年检费等。

（2）仪器仪表使用费

仪器仪表使用费是指工程施工所需使用的仪器仪表的摊销及维修费用。

4）企业管理费

企业管理费是指建筑安装企业组织施工生产和经营管理所需的费用。内容包括管理人员工资、办公费、差旅交通费、固定资产使用费、工具用具使用费、劳动保险和职工福利费、劳动保护费、检验试验费、工会经费、职工教育经费、财产保险费、财务费、税金和其他费用。

（1）管理人员工资

管理人员工资是指按规定支付给管理人员的计时工资、奖金、津贴补贴、加班加点工资及特殊情况下支付的工资等。

（2）办公费

办公费是指企业管理办公用的文具、纸张、账表、印刷、邮电、书报、办公软件、现场监控、会议、水电、烧水和集体取暖降温（包括现场临时宿舍取暖降温）等费用。

（3）差旅交通费

差旅交通费是指职工因公出差、调动工作的差旅费、住勤补助费，市内交通费和误餐补助费，职工探亲路费，劳动力招募费，职工退休、退职一次性路费，工伤人员就医路费，工地转移费以及管理部门使用的交通工具的油料、燃料等费用。

（4）固定资产使用费

固定资产使用费是指管理和试验部门及附属生产单位使用的属于固定资产的房屋、设备、仪器等的折旧、大修、维修或租赁费。

（5）工具用具使用费

工具用具使用费是指企业施工生产和管理使用的不属于固定资产的工具、器具、家具、交通工具和检验、试验、测绘、消防用具等的购置、维修和摊销费。

（6）劳动保险和职工福利费

劳动保险和职工福利费是指由企业支付的职工退职金、按规定支付给离休干部的经费、集体福利费、夏季防暑降温补贴、冬季取暖补贴、上下班交通补贴等。

（7）劳动保护费

劳动保护费是指企业按规定发放的劳动保护用品的支出。如工作服、手套、防暑降温饮料以及在有碍身体健康的环境中施工的保健费用等。

（8）检验试验费

检验试验费是指施工企业按照有关标准规定，对建筑以及材料、构件和建筑安装物进行一般鉴定、检查所发生的费用，包括自设试验室进行试验所耗用的材料等费用。不包括新结构、新材料的试验费，对构件做破坏性试验及其他特殊要求检验试验的费用和建设单位委托检测机构进行检测的费用，对此类检测发生的费用，由建设单位在工程建设其他费用中列支。但对施工企业提供的具有合格证明的材料进行检测不合格的，该检测费用由施工企业支付。

（9）工会经费

工会经费是指企业按《中华人民共和国工会法》规定的全部职工工资总额比例计提的工会经费。

（10）职工教育经费

职工教育经费是指按职工工资总额的规定比例计提，企业为职工进行专业技术和职业技能培训、专业技术人员继续教育、职工职业技能鉴定、职业资格认定以及根据需要对职工进行各类文化教育所发生的费用。

（11）财产保险费

财产保险费是指施工管理用财产、车辆等的保险费用。

（12）财务费

财务费是指企业为施工生产筹集资金或提供预付款担保、履约担保、职工工资支付担保等所发生的各种费用。

（13）税金

税金是指企业按规定缴纳的房产税、车船使用税、土地使用税、印花税等。

（14）其他

其他费用包括技术转让费、技术开发费、投标费、业务招待费、绿化费、广告费、公证费、法律顾问费、审计费、咨询费、保险费等。

5）利润

利润是指施工企业完成所承包工程获得的盈利。

6）规费

规费是指按国家法律、法规规定，由省级政府和省级有关权力部门规定必须缴纳或计取的费用。内容包括社会保险费、住房公积金和工程排污费。

（1）社会保险费

①养老保险费：是指企业按照规定标准为职工缴纳的基本养老保险费。

②失业保险费：是指企业按照规定标准为职工缴纳的失业保险费。

③医疗保险费：是指企业按照规定标准为职工缴纳的基本医疗保险费。

④生育保险费：是指企业按照规定标准为职工缴纳的生育保险费。

⑤工伤保险费：是指企业按照规定标准为职工缴纳的工伤保险费。

（2）住房公积金

住房公积金是指企业按规定标准为职工缴纳的住房公积金。

（3）工程排污费

工程排污费是指按规定缴纳的施工现场工程排污费。

其他应列而未列入的规费，按实际发生计取。

7）税金

税金是指国家税法规定的应计入建筑安装工程造价内的增值税、城市维护建设税、教育费附加以及地方教育附加。

2011年11月16日，经国务院批准，财政部、国家税务总局印发了《营业税改征增值税试点方案》（财税〔2011〕110号），规定在交通运输业、部分现代服务业等生产性服务业开展试点，逐步推广至其他行业。建筑业也纳入了营改增方案试点行业范围。

2016年3月23日，财政部、国家税务总局正式发布《关于全面推开营业税改征增值税试点的通知》（财税〔2016〕36号），"经国务院批准，自2016年5月1日起，在全国范围内全面推开营业税改征增值税（以下称营改增）试点，建筑业、房地产业、金融业、生活服务业等全部营业税纳税人，纳入试点范围，由缴纳营业税改为缴纳增值税。"

4.2.2 按造价形成划分

建筑安装工程费按照工程造价形成，由分部分项工程费、措施项目费、其他项目费、规费、税金组成。分部分项工程费、措施项目费、其他项目费包含人工费、材料费、施工机具使用费、企业管理费和利润。关于上述费用之间的层次关系详见图4.3。

1）分部分项工程费

分部分项工程费是指各专业工程的分部分项工程应予列支的各项费用。

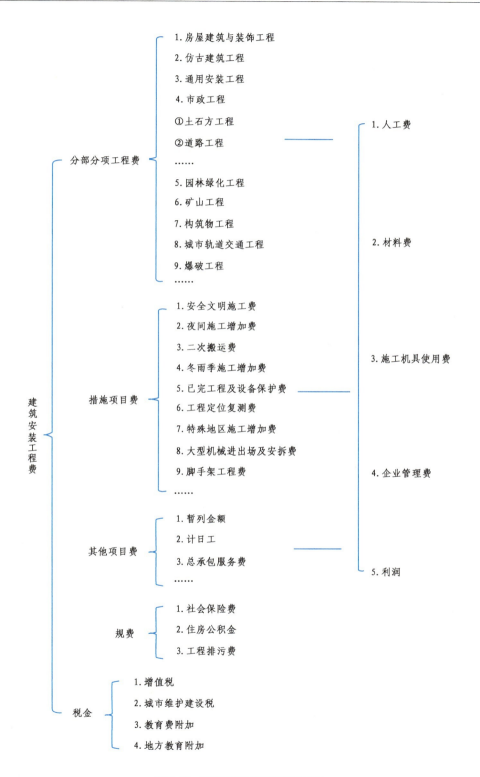

图4.3　按造价形成划分层次图

（1）专业工程

专业工程是指按现行国家计量规范划分的房屋建筑与装饰工程、仿古建筑工程、通用安装工程、市政工程、园林绿化工程、矿山工程、构筑物工程、城市轨道交通工程、爆破工程等各类工程。

（2）分部分项工程

分部分项工程是指按现行国家计量规范对各专业工程划分的项目。如市政工程划分的土石方工程、道路工程、桥涵工程、管网工程等。

各类专业工程的分部分项工程划分见现行国家或行业计量规范。

2）措施项目费

措施项目费是指为完成建设工程施工，发生于该工程施工前和施工过程中的技术、生活、安全、环境保护等方面的费用。其内容包括安全文明施工费、夜间施工增加费、二次搬运费、冬雨季施工增加费、已完工程及设备保护费、工程定位复测费、特殊地区施工增加费、大型机械设备进出场及安拆费、脚手架工程费等。

（1）安全文明施工费

①环境保护费：是指施工现场为达到环保部门要求所需要的各项费用。

②文明施工费：是指施工现场文明施工所需要的各项费用。

③安全施工费：是指施工现场安全施工所需要的各项费用。

④临时设施费：是指施工企业为进行建设工程施工所必须搭设的生活和生产用的临时建筑物、构筑物和其他临时设施费用。包括临时设施的搭设、维修、拆除、清理费或摊销费等。

（2）夜间施工增加费

夜间施工增加费是指因夜间施工所发生的夜班补助费、夜间施工降效、夜间施工照明设备摊销及照明用电等费用。

（3）二次搬运费

二次搬运费是指因施工场地条件限制而发生的材料、构配件、半成品等一次运输不能到达堆放地点，必须进行二次或多次搬运所发生的费用。

（4）冬雨季施工增加费

冬雨季施工增加费是指在冬季或雨季施工需增加的临时设施、防滑、排除雨雪，人工及施工机械效率降低等费用。

（5）已完工程及设备保护费

已完工程及设备保护费是指竣工验收前，对已完工程及设备采取的必要保护措施所发生的费用。

（6）工程定位复测费

工程定位复测费是指工程施工过程中进行全部施工测量放线和复测工作的费用。

（7）特殊地区施工增加费

特殊地区施工增加费是指工程在沙漠或其边缘地区、高海拔、高寒、原始森林等特殊地区施工增加的费用。

（8）大型机械设备进出场及安拆费

大型机械设备进出场及安拆费是指机械整体或分体自停放场地运至施工现场或由一个

施工地点运至另一个施工地点,所发生的机械进出场运输及转移费用及机械在施工现场进行安装、拆卸所需的人工费、材料费、机械费、试运转费和安装所需的辅助设施的费用。

(9)脚手架工程费

脚手架工程费是指施工需要的各种脚手架搭、拆、运输费用以及脚手架购置费的摊销(或租赁)费用。

措施项目及其包含的内容详见市政工程的现行国家或行业计量规范。

3)其他项目费

(1)暂列金额

暂列金额是指建设单位在工程量清单中暂定并包括在工程合同价款中的一笔款项。用于施工合同签订时尚未确定或者不可预见的所需材料、工程设备、服务的采购,施工中可能发生的工程变更、合同约定调整因素出现时的工程价款调整以及发生的索赔、现场签证确认等的费用。

(2)计日工

计日工是指在施工过程中,施工企业完成建设单位提出的施工图纸以外的零星项目或工作所需的费用。

(3)总承包服务费

总承包服务费是指总承包人为配合、协调建设单位进行的专业工程发包,对建设单位自行采购的材料、工程设备等进行保管以及施工现场管理、竣工资料汇总整理等服务所需的费用。

4)规费

定义同"费用构成要素划分"。

5)税金

定义同"费用构成要素划分"。

复习思考题 4

1.基本建设费用由哪几部分组成? 各包括哪些内容?

2.建设用地费、建筑工程费用、可行性研究费、环境影响评价费、建设期贷款利息,各应属于什么费用?

3.市政工程费用按费用构成要素划分应包括哪几个部分? 市政工程费用按工程造价形成划分应包括哪几个部分? 这两种划分方式的区别和联系是什么?

4.分部分项工程费包括哪些内容?

5.什么是规费? 包括哪些内容? 了解当地规费的计算规定。

6.工程造价总组成中的税金与企业管理费中的税金,各包括哪些内容?

7.混凝土搅拌机的进出场及安拆费属于什么费用?

模块 5   市政工程工程量计算

项目 5.1   概   述

5.1.1   工程量的概念

1) 工程量的含义

工程量是指以物理计量单位或自然计量单位表示的分部分项工程项目和措施项目的数量。物理计量单位是指以公制度量表示的长度、面积、体积和质量等计量单位。如安装混凝土路缘石以"m"为计量单位;铺筑混凝土路面以"m²"为计量单位;现浇毛石商品混凝土基础以"m³"为计量单位。自然计量单位是指市政产品表现在自然状态下的简单点数所表示的个、组、套、根等计量单位。如交通信号灯的安装以"套"为计量单位;墙式护栏的铸铁座安装以"个"为计量单位;信号灯灯杆安装以"根"为计量单位等。

2) 工程量的作用

①工程量是确定市政工程造价的重要依据。只有准确计算工程量,才能正确计算工程相关费用,合理确定工程造价。

②工程量是承包方生产经营管理的重要依据。工程量是编制项目管理规划,安排工程施工进度,编制材料供应计划,进行工料分析,编制人工、材料、机械台班需要量,进行工程统计和经济核算的重要依据;也是编制工程形象进度统计报表,向工程建设发包方结算工程价款的重要依据。

③工程量是发包方管理工程建设的重要依据。工程量是编制建设计划、筹集资金、工程招标文件、工程量清单、建筑工程预算、安排工程价款的拨付和结算、进行投资控制的重要依据。

5.1.2   清单工程量的计算

1) 清单工程量的概念

载明工程分部分项工程项目、措施项目、其他项目的名称和相应数量以及规费、税金项目等内容的明细清单称为工程量清单。在工程量清单中,按照招标要求和施工设计图纸要求规定,编制拟建工程的全部工程项目,并按照全国统一的工程量计算规则计算出的工程量称为清单工程量。

2)清单工程量计算的依据

(1)计量规范

计量规范是指中华人民共和国国家标准《建设工程工程量清单计价规范》(GB 50500—2013),包括《房屋建筑与装饰工程工程量计算规范》(GB 50854—2013)、《仿古建筑工程工程量计算规范》(GB 50855—2013)、《通用安装工程工程量计算规范》(GB 50856—2013)、《市政工程工程量计算规范》(GB 50857—2013)、《园林绿化工程工程量计算规范》(GB 50858—2013)、《矿山工程工程量计算规范》(GB 50859—2013)、《构筑物工程工程量计算规范》(GB 50860—2013)、《城市轨道交通工程工程量计算规范》(GB 50861—2013)、《爆破工程工程量计算规范》(GB 50862—2013)共计 9 个专业。

市政工程的计量主要参照《市政工程工程量计算规范》(GB 50857—2013),同时还涉及建筑工程、通用安装工程、园林工程、爆破工程的工程量计算规范中的相关细则。

(2)设计文件及相关资料

设计文件应包括完整的施工设计图纸及其说明。施工图纸全面反映建筑物(或构筑物)的结构构造、各部位的尺寸及工程做法,是工程量计算的重要依据。相关资料包括标准图图集、相关特殊材料说明、设备清单、地勘报告等。

(3)施工组织设计

分项工程的具体施工方法及措施,应按施工组织设计或施工技术措施方案确定。如计算开挖管沟土方的工程量,施工方法是采用人工开挖,还是采用机械开挖,开挖的管沟两边是否需要放坡、预留工作面或做支撑防护等,应以施工组织设计为依据。

3)清单工程量的作用

①清单工程量是发承包阶段计算工程造价的基础数据;

②清单工程量是公平开展投标竞争的基础;

③清单工程量是计算材料用量的基础数据。

4)清单工程量计算的"五统一"原则

根据《建设工程工程量清单计价规范》(GB 50500—2013),清单工程量的计算必须做到"五统一"原则,即"项目名称""项目编码""计量单位""项目特征""计量规则"5 个方面的统一。

(1)项目名称

项目名称是指分项工程的名称,应按规范要求编列。项目名称编列的基本格式见表 5.1。

【例 5.1】　编制某市政道路面层 AC-13 细粒式沥青混凝土面层、AC-16 中粒式沥青混凝土面层的项目名称,见表 5.1。

表 5.1　分部分项工程量清单

工程名称：　　　　　　　　　　　　　　　　　　　　　　　　　　　　　　　第　页　共　页

序号	项目编码	项目名称	项目特征	计量单位	工程量
1	040203006001	沥青混凝土；AC-13 细粒式沥青混凝土面层	1. 沥青品种：石油沥青 AH-70 2. 沥青混凝土种类：细粒式沥青混凝土 3. 石料粒径：碎石 5～20 mm 4. 厚度：30 mm	m²	
2	040203006002	沥青混凝土；AC-16 中粒式沥青混凝土面层	1. 沥青品种：石油沥青 AH-70 2. 沥青混凝土种类：中粒式沥青混凝土 3. 石料粒径：碎石 5～40 mm 4. 厚度：50 mm	m²	
⋮	⋮	⋮	⋮		

（2）项目编码

项目编码是分部分项工程项目或单价措施项目的代码。工程量清单的项目编码采用 5个单元 12 位编码设置。前面 4 个单元共 9 位，实行统一编码；第 5 个单元属于自编码，由工程量清单编制人根据工程具体情况编制，如图 5.1 所示。

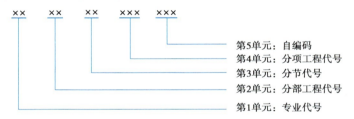

第5单元：自编码
第4单元：分项工程代号
第3单元：分节代号
第2单元：分部工程代号
第1单元：专业代号

图 5.1　项目编码示意图

第 1 单元：即一级编码，共有两位代码，表示工程专业的代号。现行国家计价规范纳入了9 个专业，01 代表"建筑与装饰工程"，02 代表"仿古工程"，03 代表"通用安装工程"，04 代表"市政工程"，05 代表"园林绿化工程"，06 代表"矿山工程"，07 代表"构筑物工程"，08 代表"城市轨道交通工程"，09 代表"爆破工程"。

第 2 单元：即二级编码，共有两位代码，表示各专业工程下属的分部工程的代号。例如，市政工程中 01 代表"土石方工程"，02 代表"道路工程"，03 代表"桥涵工程"，04 代表"隧道工程"，05 代表"管网工程"等。

第 3 单元：即三级编码，共有两位代码，表示各分部工程下属的分节代号。例如，市政工程的道路工程中 01 代表"路基处理"，02 代表"道路基层"，03 代表"道路面层"，04 代表"人行道及其他"，05 代表"交通管理设施"。

第 4 单元：即四级编码，共有 3 位代码，表示章分节中分项工程的项目序号编码。例如，市政工程的道路工程中道路基层的 001 代表"路床（槽）整形"，002 代表"石灰稳定土"，003代表"水泥稳定土"，004 代表"石灰、粉煤灰、土"，005 代表"石灰、碎石、土"，006 代表"石灰、粉煤灰、碎(砾)石"等。

第5单元:即五级编码,共有3位代码,表示各分部分项工程中子目(细目)序号。由工程量清单编制人根据工程实际编制,又称"自编码"。关于"自编码"的设置,应根据拟建工程的工程量清单项目名称和项目特征设置,同一招标工程的项目编码不得有重码。例如,某大型市政建设项目下有道路工程、桥梁护岸工程、道路绿化工程共3个单项工程,而道路工程、桥梁护岸工程、道路绿化工程中均有挖土方这个清单项目,那么道路工程的挖土方项目的项目编码设置为"040101001001",桥梁护岸工程的挖土方项目的项目编码设置为"040101001002",道路绿化工程的挖土方项目的项目编码设置为"040101001003",保证各个单项工程中的清单项目编码中没有重码。

(3)计量单位

工程量的计量单位,必须按计价规范中规定的单位确定。一般情况下,一个项目中仅有一个单位,但个别的项目中可能有多个单位,凡有多个单位的项目应注意按不同的计量需求,遵循简便的原则分别选用不同的单位。例如,桥涵工程分部中的"预制钢筋混凝土方桩"(统一编码:040301001)项目有"m""m^3""根"3个单位可供选择。

(4)项目特征

项目特征是构成分部分项工程、措施项目自身价值的本质特征。项目特征的描述要力求规范、简洁、准确、全面,具体操作中应注意以下原则:

①项目特征描述的内容应按计量规范附录中的规定,结合拟建工程的实际,满足确定综合单价的需要;

②若采用标准图集或施工图纸能够全部或部分满足项目特征描述的要求,推荐的描述可直接采用详见××图集或××图号的方式;

③计量规范附录中对于每个项目的项目特征如何描述,给出了一定的指引,但这个指引仅仅应作为描述项目特征的参考,编制者可以根据工程实际增加和删减描述的细目,前提当然是满足综合单价组价的需求。

特征描述的方式可以划分为"问答式"与"简化式"两种。问答式主要是工程量清单编制人直接采用计量规范附录中提供的特征描述项目,采用问答的方式进行描述。这种方式全面、详细,但较烦琐,表格相对较多。简化式则与问答式相反,对需要描述的项目特征内容根据当地的用语习惯,采用口语化的方式直接表述,省略了规范上的描述要求,简洁明了,表格相对较少。

二者描述方式对比见表5.2。

表5.2 项目特征描述方式对比表

序号	项目编码	项目名称	项目特征描述	
			问答式	简化式
1	040202015001	水泥稳定碎(砾)石	1. 水泥含量:5% 2. 石料规格:符合设计及施工规范要求 3. 厚度:22 cm 4. 拌和方式:路拌法	1.5% 水泥含量 2.22 cm 厚 3. 采用路拌法施工 4. 石料规格应满足相关施工规范要求

续表

序号	项目编码	项目名称	项目特征描述	
			问答式	简化式
2	040203006002	沥青混凝土	1. 沥青品种:普通沥青 2. 沥青混凝土种类:中粒式沥青混凝土 AC-20 3. 厚度:6 cm 4. 拌和方式:厂拌法 5. 其他:本项目包含沥青混合料运输费用,运距由投标人自行考虑	1. 沥青品种为普通沥青 2. 中粒式沥青混凝土 AC-20 3. 采用厂拌法施工 4. 本项目包含沥青混合料运输费用,运距由投标人自行考虑

（5）计量规则

清单工程量必须按《市政工程工程量计算规范》(GB 50857—2013)中的工程量计算规则计算。例如,道路工程中水泥稳定碎石的工程量计算规则是"按设计图示尺寸以面积计算,不扣除各类井所占面积"。

5.1.3 定额工程量的计算

根据定额中的工程量计算规则计算出的工程量称为定额工程量。

1）定额工程量计算的依据

（1）定额的工程量计算规则

一般来说,定额的工程量计算规则按照分部工程的排列顺序,在每个分部工程定额内容之前列出。以《四川省建设工程工程量清单计价定额——市政工程》(2020 版)为例,工程量计算规则在该分项工程项目常规施工工艺的基础上进行描述,要求使用者在使用该定额前具备一定的典型施工工艺的基础知识。

在某些情况下,使用者在运用该定额计算某些市政工程项目工程量时,施工方案中对于某些计算参数并没有给出明确规定,此时定额的工程量计算规则给出了相应情况下的缺省参数。例如,"沟槽、基坑的底宽在施工组织设计无明确规定时,混凝土基础的底宽按基础外缘加两侧工作面宽度计算,混凝土垫层不计工作面宽度。"

（2）设计文件及相关资料

设计文件应包括完整的施工设计图纸及其说明。施工图纸全面反映建筑物(或构筑物)的结构构造、各部位的尺寸及工程做法,是工程量计算的重要依据。相关资料包括标准图图集、相关特殊材料说明、设备清单、地勘报告等。

（3）施工组织设计

分项工程的具体施工方法及措施,应按施工组织设计或施工技术措施方案确定。如计算路基土石方开挖的工程量,施工方法是采用人工开挖,还是采用机械开挖,土石方中土石的比例是多少,开挖后是否作相应的路槽或边坡修整等,应以施工组织设计为依据。

2）定额工程量计算的作用

①定额工程量的计算为清单计价模式下确定项目综合单价奠定了基础。在清单计价模式下，每个项目包含了多个施工过程，每个施工过程的基价是由一个或多个计价定额的基价组合而成的，这个组合的过程称为综合单价的确定。关于综合单价的确定的具体内容详见模块 6 中项目 6.1"综合单价的确定"。总之，要合理确定综合单价，必须先进行定额工程量的计算。

②定额工程量的计算为施工过程中人员合理安排和制订材料采购计划提供数据支撑。在定额中直接列出了人工、材料和机械的消耗量，则可以根据式（5.1）、式（5.2）和式（5.3）计算实际工程项目所消耗的人工、材料和机械的消耗量。在实际工程中，施工管理人员可以将全部的施工项目合理划分，得出阶段性的工程项目所需消耗的全部人工、材料和机械的消耗量，进而为施工过程中人员合理安排和制订材料采购计划提供数据支撑。

$$项目实际消耗的人工 = 定额工程量/定额基本单位 × 定额消耗量 \qquad (5.1)$$
$$项目实际消耗的材料 = 定额工程量/定额基本单位 × 定额消耗量 \qquad (5.2)$$
$$项目实际消耗的机械 = 定额工程量/定额基本单位 × 定额消耗量 \qquad (5.3)$$

③定额工程量的计算为施工单位自身进行成本控制提供数据支撑。施工单位自身的成本控制是一个复杂的系统工程，但成本的组成部分中最主要的 3 个部分为人工费、材料费和机械费，在定额工程量计算的基础上能够得出这些费用。

5.1.4　清单工程量和定额工程量的区别和联系

1）清单工程量和定额工程量的区别

（1）计算依据不同

清单工程量根据《建设工程工程量清单计价规范》（GB 50500—2013）及其各专业工程工程量计算规范进行计算。市政工程的清单工程量主要是根据《市政工程工程量计算规范》（GB 50857—2013）计算，其他各专业工程的工程量计算规范辅助计算。

定额工程量根据各个地区定额的工程量计算规则计算。例如，2020 版的《四川省建设工程工程量清单计价定额》用来计算四川省行政区划内的工程建设项目计价，对于市政工程来说，此套定额有专门的"市政工程"分册。

（2）包含范围不同

清单的范围是项目所包含的全部施工过程，而定额的范围仅仅是清单项目全部施工过程中的一个或几个。下面通过例题加以说明。

【例 5.2】　某道路铺设中粒式沥青混凝土（碎石）路面，铺设面积为 1 000 m²，中粒式沥青混凝土路面厚度为 6 cm。该沥青混凝土路面铺设的整个施工过程为：机械炒拌细粒式沥青混凝土→运输沥青混合料（运距 = 5 km）→机械铺筑 6 cm 厚热沥青混合料。试确定清单项目、清单项目所套定额、清单工程量和定额工程量［本例的定额采用《四川省建设工程工程量清单计价定额——市政工程》（2020 版）］。

【解】　清单项目以及所套定额详见表 5.3。

表 5.3　清单项目与定额项目(包含范围不同)

序　号	编　号	项目名称	工程量	单　位
清单项目	040203006001	沥青混凝土	1 000	m²
定额 1	DB0165	机械炒拌碎石沥青混凝土	60	m³
定额 2	DB0178	热沥青混合物运输 运距＝1 000 m	6	10 m³
定额 3	4DB0179	热沥青混合物运输 运距每增运 1 000 m	6	10 m³
定额 4	DB0161	机械铺筑沥青混凝土 压实厚度＝6 cm	10	100 m²

如表 5.3 所示,清单项目为"沥青混凝土",包含了炒拌、运输和铺筑 3 个方面完整的施工过程。那么,所套的 4 个定额则分别表达了这些施工过程,"定额 1"是指炒拌沥青混合料,"定额 2"和"定额 3"是指将热沥青混合物运输 4 km,"定额 4"是指将热沥青混合物进行铺筑。

(3)作用意义不同

清单项目的工程量是服务于整个清单计价模式而产生的,无论是从项目的设置上,还是从清单工程量的计算规则上,都考虑得较笼统,其表现形式是一个清单项目会包括一个或几个定额;计价定额中的定额项目是为了确定每个清单项目的单价而存在的,项目的划分比较细致,目的是尽可能包含工程项目的所有施工过程。

2)清单工程量和定额工程量的联系

项目的清单工程量是一个包含确定数值和确定单位的量,定额工程量可能会有多个,且单位并不相同。但清单工程量和定额工程量应满足下列两个联系中的至少一个:

(1)清单工程量等于定额工程量

清单工程量应与完成这个项目的主要工作定额的定额工程量相同,这个定额工程量又称为主量。如在【例 5.2】中,定额 4 的定额工程量即和清单工程量相同,均为 1 000 m²,详见表 5.3。

(2)定额工程量是根据清单工程量换算出来的

一个清单项目下可能还会包含完成这个项目所必需的其他定额,这些定额的定额工程量与清单工程量在数值上并不相同,但是它们均是在清单工程量的基础上通过计算得到的,这些定额工程量又称为附量。如在【例 5.2】中,定额 1、定额 2、定额 3 的定额工程量均为 60 m³,是由清单工程量 1 000 m² 乘以路面厚度 6 cm 得到的,详见表 5.3。

下面分别以《市政工程工程量计算规范》(GB 50857—2013)和《四川省建设工程工程量清单计价定额——市政工程》(2020 版)为例,分别阐述市政工程工程量计算。下文中《市政工程工程量计算规范》(GB 50857—2013)简称为《计算规范》,《四川省建设工程工程量清单计价定额——市政工程》(2020 版)简称为《计价定额》。

项目 5.2 土石方工程工程量计算

5.2.1 土方工程

1）清单工程量计算规则解析

土方工程包括挖一般土方、挖沟槽土方、挖基坑土方、暗挖土方和挖淤泥、流砂。

（1）挖一般土方（040101001）

①计算规则。挖一般土方的工程量计算按照设计图示尺寸以体积（指天然密实体积）计算。

②工作内容。挖一般土方的工作内容包括排地表水、土方开挖、围护（挡土板）及拆除、基底钎探和场内运输。

③规则解读。关于挖一般土方、挖沟槽土方和挖基坑土方的界定，《计算规范》描述为：底宽 7 m 以内，底长大于底宽 3 倍以上应按沟槽计算；底长小于底宽 3 倍以下且底面积在 150 m² 以内应按基坑计算；超过上述范围应按一般土石方计算。所以，挖一般土方是指市政工程中除挖沟槽土方和挖基坑土方以外的挖地表土方工程。

④计算方法。挖一般土方常用的计算方法可分为方格网法和横断面法，下面分别介绍。

a. 方格网法。方格网法是根据测量的方格网按多棱柱法计算挖填土方数量的方法。其步骤如下：

第 1 步：根据方格网测量图计算施工高度；

第 2 步：根据施工高度计算零点；

第 3 步：将零点连接形成零线；

第 4 步：用多棱柱法计算挖填土方量。

方格网法

下面以某工程具体实例叙述方格网法计算挖土方工程量的基本方法。

【例 5.3】 根据某工程的地貌方格网测量图（图 5.2），计算该工程的挖填土方工程量。

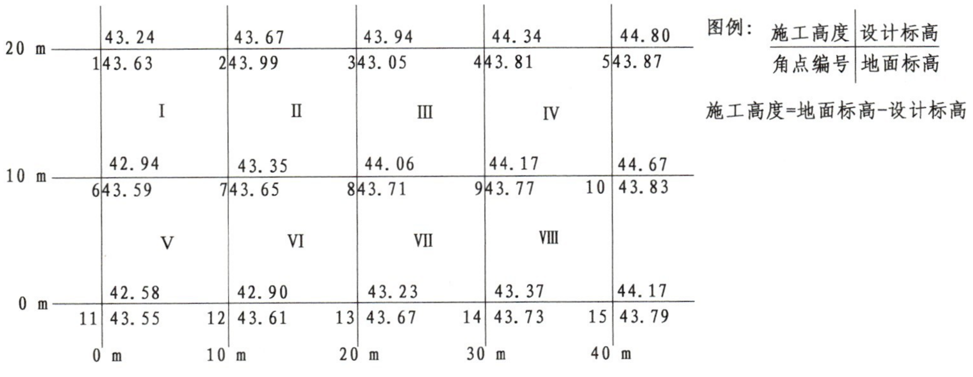

图例： 施工高度｜设计标高
　　　角点编号｜地面标高

施工高度=地面标高-设计标高

20 m	43.24	43.67	43.94	44.34	44.80
	1 43.63	2 43.99	3 43.05	4 43.81	5 43.87
	Ⅰ	Ⅱ	Ⅲ	Ⅳ	
10 m	42.94	43.35	44.06	44.17	44.67
	6 43.59	7 43.65	8 43.71	9 43.77	10 43.83
	Ⅴ	Ⅵ	Ⅶ	Ⅷ	
0 m	42.58	42.90	43.23	43.37	44.17
	11 43.55	12 43.61	13 43.67	14 43.73	15 43.79
	0 m	10 m	20 m	30 m	40 m

图 5.2 场地平整方格网图

【解】 第1步:根据方格网测量图计算施工高度。

$$施工高度 = 地面标高 - 设计标高$$

计算结果由"+"或"-"的一个数值表示,"+"号表示该角点挖土,"-"表示该角点填土,数值分别表示挖土深度或填土高度。

如:

$$1 号角点:施工高度 = 43.63 - 43.24 = +0.39(挖土)$$
$$2 号角点:施工高度 = 43.99 - 43.67 = +0.32(挖土)$$
$$3 号角点:施工高度 = 43.55 - 43.94 = -0.39(填土)$$

······

将计算结果绘制成如图5.3所示的计算图,以便于计算零线,确定挖、填区域。

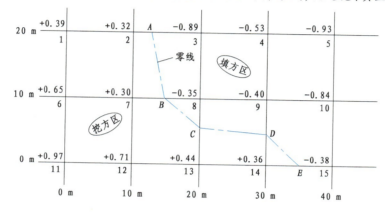

图5.3 场地平整方格网土方计算图

第2步:根据施工高度计算零点。

假设角点与角点之间在地形高低上是连续的,那么在相邻两个施工高度为异号的角点之间的连线上,必定能找到一个点,它的地面标高就等于设计高度,即填高(挖深)均为零,这个点即称为零点。根据施工高度计算零点的方法是:根据相似三角形对应边成比例的原理来求零点。

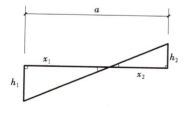

图5.4 三角形相似比定理示意图

例如,角点2的施工高度是+0.32,角点3的施工高度是-0.89,那么为了找到角点2和角点3连线上的零点,可以根据三角形对应边相似比定理做下列计算,计算中参数如图5.4所示。

因 $x_1/h_1 = x_2/h_2$,且 $x_1 + x_2 = a$,$a = 10$ m

故 $x_1 = h_1/(h_1 + h_2) \times a$,$x_2 = a - x_1$

则计算2、3角点的零点为:

$x_1 = 0.32/(0.32 + 0.89) \times 10 = 2.64(m)$

$x_2 = 10 - 2.64 = 7.36(m)$

计算7、8角点的零点为:

$x_1 = 0.30/(0.30 + 0.35) \times 10 = 4.62(m)$

$x_2 = 10 - 4.62 = 5.38(\mathrm{m})$

…

根据计算结果,找出各零点的位置,分别位于图中的 A,B,C,D,E 点,详见图 5.3。

第 3 步,将零点连接形成零线。

零线就是所有零点的连线,找到了零线,就找到了整个挖方和填方的分界线。图 5.3 中绘制出了相应的零线、挖方区和填方区。

第 4 步,用多棱柱法计算挖填方量。

当无零线时,说明方格内部为全填(或全挖)。当零线存在时,零线会将方格分成三角形、四边形(梯形)或五边形,形成三棱柱、四棱柱或五棱柱 3 种体。各自的图形示意和计算公式见表 5.4。

表 5.4　四棱柱法示意图和计算公式

名称	无零线	有零线		
	立方棱柱体	三棱柱	四棱柱	五棱柱
示意图				
计算公式	$V = a^2 \cdot \dfrac{h_1 + h_2 + h_3 + h_4}{4}$	$V = \dfrac{1}{6}b \cdot c \cdot h_1$	$V = \dfrac{a(b+c)(h_2 + h_3)}{8}$	$V = \dfrac{(a^2 + ab + ac - bc)(h_2 + h_3 + h_4)}{10}$

根据表 5.3 中的公式计算图 5.2 的挖土方、填土方的工程量。

Ⅰ 区：$V_挖 = 10 \times 10 \times (0.39 + 0.32 + 0.65 + 0.30)/4 = 41.5(\mathrm{m}^3)$

Ⅱ 区：$V_挖 = 10 \times (2.64 + 4.62) \times (0.32 + 0.30)/8 = 5.63(\mathrm{m}^3)$

　　　$V_填 = 10 \times (7.36 + 5.38) \times (0.89 + 0.35)/8 = 19.75(\mathrm{m}^3)$

Ⅲ 区：$V_填 = 10 \times 10 \times (0.89 + 0.53 + 0.35 + 0.40)/4 = 54.25(\mathrm{m}^3)$

Ⅳ 区：$V_填 = 10 \times 10 \times (0.53 + 0.40 + 0.93 + 0.84)/4 = 67.50(\mathrm{m}^3)$

Ⅴ 区：$V_挖 = 10 \times 10 \times (0.65 + 0.30 + 0.97 + 0.71)/4 = 65.75(\mathrm{m}^3)$

Ⅵ 区：$V_挖 = (10 \times 10 + 10 \times 5.57 + 10 \times 4.62 - 5.57 \times 4.62) \times (0.44 + 0.71 + 0.30)/10 = 25.54$
　　　(m^3)

　　　$V_填 = 2 \times 5.38 \times 4.43 \times 0.35/3 = 5.56(\mathrm{m}^3)$

Ⅶ 区：$V_挖 = 10 \times (5.57 + 4.74) \times (0.44 + 0.36)/8 = 10.31(\mathrm{m}^3)$

　　　$V_填 = 10 \times (4.43 + 5.26) \times (0.35 + 0.40)/8 = 9.08(\mathrm{m}^3)$

Ⅷ 区：$V_挖 = 2 \times 4.86 \times 4.74 \times 0.36/3 = 5.53(\mathrm{m}^3)$

　　　$V_填 = (10 \times 10 + 10 \times 5.26 + 10 \times 5.14 - 5.26 \times 5.14) \times (0.40 + 0.84 + 0.38)/10$
　　　　　$= 28.67(\mathrm{m}^3)$

将上述计算结果汇总至挖填土方工程量汇总表(见表 5.5),计算出总挖填方量。

表5.5　挖填土方工程量汇总表

挖填区域	挖方/m³	填方/m³	合计/m³
Ⅰ区	41.50	0	41.50
Ⅱ区	5.63	19.75	25.38
Ⅲ区	0	54.25	54.25
Ⅳ区	0	67.50	67.50
Ⅴ区	65.75	0	65.75
Ⅵ区	25.54	5.56	31.10
Ⅶ区	10.31	9.08	19.39
Ⅷ区	5.53	28.67	34.20
合计	154.26	184.81	339.07

该工程挖填方总量为339.07 m³。其中,挖方154.26 m³,填方184.81 m³。

b.平均断面法。平均断面法用来计算狭长的、起伏变化较大的地形的挖填土方量。一般多用来计算道路工程的土方工程量。

若相邻两断面均为填方或均为挖方且面积大小相近,则可假定两断面之间为一棱柱体,并通过近似的方法计算这个棱柱体的体积。平均断面法的基本原理可以用图5.5来表达。

可以用下列公式近似地计算出如图5.5所示的四棱柱的体积:

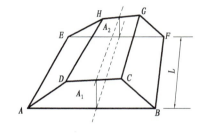

图5.5　平均断面法原理示意图

$$V = \frac{A_1 + A_2}{2} \times L \qquad (5.4)$$

平均断面法

式中　A_1——四边形 $ABCD$ 的面积;

　　　A_2——四边形 $EFGH$ 的面积;

　　　L——四边形 $ABCD$ 和四边形 $EFGH$ 之间的垂直距离。

需要强调的是,式(5.4)要达到较高的精度,需要满足两个条件:一是 A_1 和 A_2 所代表的两个相邻横断面的面积在数值上不能相差太大,否则会降低公式的计算精度;二是 L 的取值不宜过大,且应保证 A_1 和 A_2 的面积同为正或同为负。

在市政工程的道路图纸中,表达道路路基的挖填方情况是用道路土方横断面表达的。沿着道路的前进方向,每隔 20～30 m 取垂直于道路中心线的一个横截面作为土方横断面,这正符合平均断面法的基本原理,我们可以用平均断面法计算道路路基的挖填土方工程量。下面通过一个实例来说明平均断面法用于求解道路路基的挖填土方工程量的具体过程。

【例5.4】　如图5.6所示为某市政道路工程的两个土方横断面图,试根据平均断面法计算该段道路路基的土方工程量。

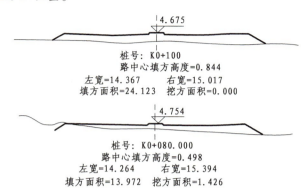

桩号：K0+100
路中心填方高度=0.844
左宽=14.367　　右宽=15.017
填方面积=24.123　挖方面积=0.000

桩号：K0+080.000
路中心填方高度=0.498
左宽=14.264　　右宽=15.394
填方面积=13.972　挖方面积=1.426

图 5.6　土方横断面图

【解】　$V_{挖} = (0.000 + 1.426)/2 \times (100 - 80) = 14.26(\mathrm{m}^3)$

$V_{填} = (24.123 + 13.972)/2 \times (100 - 80) = 380.95(\mathrm{m}^3)$

则该段道路土方的挖方工程量为 14.26 m^3，填方工程量为 380.95 m^3。

在实际操作中，一条市政道路的土方横断面较多，这时可以借助 Excel 电子表格对大量的数据进行归集和计算处理，下面给出一种计算道路土方工程量的表格模型，表格中的计算方法参照平均断面法设计，详见表 5.6。

表 5.6　土方工程量计算汇总表

横断面名称	填方面积/m²	挖方面积/m²	断面间距/m	填方体积/m³	挖方体积/m³
断面 A	A_1	A_2	$L_{\text{A-B}}$	$(A_1 + B_1)/2 \times L_{\text{A-B}}$	$(A_2 + B_2)/2 \times L_{\text{A-B}}$
断面 B	B_1	B_2	$L_{\text{B-C}}$	$(B_1 + C_1)/2 \times L_{\text{B-C}}$	$(B_2 + C_2)/2 \times L_{\text{B-C}}$
断面 C	C_1	C_2	$L_{\text{C-D}}$	$(C_1 + D_1)/2 \times L_{\text{C-D}}$	$(C_2 + D_2)/2 \times L_{\text{C-D}}$
断面 D	D_1	D_2	$L_{\text{D-E}}$	$(D_1 + E_1)/2 \times L_{\text{D-E}}$	$(D_2 + E_2)/2 \times L_{\text{D-E}}$
断面 E	E_1	E_2			
⋮	⋮	⋮	⋮	⋮	⋮
合　计					

（2）挖沟槽土方（040101002）

①计算规则。挖沟槽土方的工程量按设计图示尺寸以基础垫层底面积乘以挖土深度计算。

②工作内容。挖沟槽土方的工作内容包括排地表水、土方开挖、围护（挡土板）及拆除、基底钎探和场内运输。

③规则解读。底宽≤7 m 且底长＞3 倍底宽为沟槽。基础垫层底面积按设计图示尺寸进行计算；挖沟槽的挖土深度，一般指原地面标高至槽底的平均高度；挖沟槽土方因工作面和放坡增加的工程量，是否并入各土方工程量中，按各省、自治区、直辖市或行业建设主管部门的规定实施。

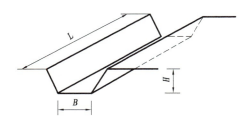

图5.7 挖沟槽土方计算示意图

④计算方法。市政工程中挖沟槽土方计算的示意图如图5.7所示,不考虑放坡的情况下,其计算公式如下:

$$V = B \times H \times L \qquad (5.5)$$

式中 V——沟槽挖土方体积,m^3;

B——沟槽垫层的底宽,m;

H——沟槽的深度,m;

L——沟槽长度,m。

若考虑放坡的情况下,其计算公式如下:

$$V = (KH + B) \times H \times L \qquad (5.6)$$

式中 V——沟槽挖土方体积,m^3;

K——沟槽放坡系数;

B——沟槽垫层的底宽,m;

H——沟槽的深度,m;

L——沟槽长度,m。

⑤计算实例。

【例5.5】 某市政排水管道采用 $d = 600$ mm 钢筋混凝土管,管道长度为 150 m,原地面平均标高为 ±0.000,管内底标高为 −1.400,相关尺寸详见管道埋设断面图(图5.8 中尺寸除标高以"m"计外,其余均以"mm"计),若考虑管壁厚度按管道内径的 1/10 计算,不考虑工作面宽度和放坡坡段,试根据《计算规范》计算该段管道挖沟槽土方的清单工程量。

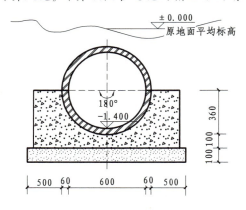

图5.8 管道埋设断面图(不放坡)

【解】 由题意可得,$B = 1.72$ m,$L = 150$ m,$H = 0.000$ m,$h = 0 - (-1.400) + 0.06 + 0.10 + 0.10 = -1.660$(m)。

根据式(5.5),可得:

$V = 1.72 \times 1.66 \times 150.00 = 428.28$($m^3$)

则该段管网挖沟槽土方的清单工程量为 428.28 m^3。

(3)挖基坑土方(040101003)

①计算规则。挖基坑土方的工程量按设计图示尺寸以基础垫层底面积乘以挖土深度

计算。

②工作内容。挖基坑土方的工作内容包括排地表水、土方开挖、围护(挡土板)及拆除、基底钎探和场内运输。

③规则解读。底长≤3 倍底宽且底面积≤150 m² 为基坑。基础垫层底面积按设计图示尺寸进行计算;挖基坑的挖土深度,一般指原地面标高至坑底的平均高度;挖基坑土方因工作面和放坡增加的工程量,是否并入各土方工程量中,按各省、自治区、直辖市或行业建设主管部门的规定实施。

④计算方法。市政工程中挖基坑土方计算的示意图如图 5.9 所示,不考虑放坡的情况下,其计算公式如下:

$$V = a \times b \times H \qquad (5.7)$$

式中　V——沟槽挖土方体积,m³;

　　　a——基础垫层长,m;

　　　b——基础垫层宽,m;

　　　H——沟槽的深度。

若考虑放坡的情况下,其计算公式如下:

$$V = \frac{1}{3}(S_1 + S_2 + \sqrt{S_1 + S_2}) \times H \qquad (5.8)$$

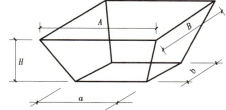

图 5.9　挖基坑土方计算示意图

式中　V——沟槽挖土方体积,m³;

　　　S_1——基坑底面积 $a \times b$,m²;

　　　S_2——基坑顶面积 $A \times B$,m²;

　　　H——沟槽的深度,m。

⑤计算实例。

【例 5.6】　某市政工程桥台开挖示意图如图 5.10 所示,已知桥台基坑底面长为 6.5 m、宽为 4.8 m,原地面标高为 0.000 m,垫层底面标高为 −8.600 m,试根据《计算规范》计算该桥台挖基坑土方的清单工程量。

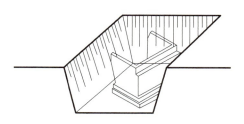

图 5.10　桥台开挖基坑示意图

【解】　由题意可得,$a = 6.5$ m,$b = 4.8$ m,$H = 0.000 - (-8.600) = 8.600(\text{m})$。

根据式(5.7),可得:

$$V = 6.5 \times 4.8 \times 8.6 = 268.32(\text{m}^3)$$

则该桥台挖基坑土方的清单工程量为 268.32 m³。

(4)暗挖土方(040101004)

①计算规则。暗挖土方的工程量按设计图示断面乘以长度以体积计算。

②工作内容。暗挖土方的工作内容包括排地表水、土方开挖、场内运输。

③规则解读。在市政地下工程中,由于地下障碍物和周围环境的限制,土方工程多采用暗挖法进行施工。暗挖法施工因掘进方式不同,可分为众多的具体施工方法,如全断面法、正台阶法、环形开挖预留核心土法、单侧壁导坑法、双侧壁导坑法、中隔壁法、交叉中隔壁法、中洞法等。具体的暗挖法开挖方式如图 5.11 所示。

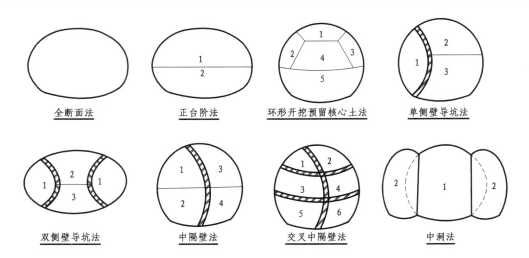

全断面法   正台阶法   环形开挖预留核心土法   单侧壁导坑法

双侧壁导坑法   中隔壁法   交叉中隔壁法   中洞法

图 5.11 暗挖法开挖方式示意图

上述开挖方法的共同特点是事先拟订好开挖的断面,然后进行分段式掘进,土方工程量的计算用图示断面的面积乘以掘进长度即可。

④计算方法。计算公式见式(5.9):

$$V = S_{断面} \times L \tag{5.9}$$

式中　V——暗挖土方体积;

　　　$S_{断面}$——开挖断面的面积;

　　　L——开挖长度。

⑤计算实例。

【例5.7】　如图5.12所示为某隧道开挖断面设计图(图中所示尺寸以 cm 计),若阴影部分的面积 $S = 10.28\ \text{m}^2$,隧道掘进长度为 150 m,试根据《计算规范》计算该隧道暗挖土方的清单工程量。

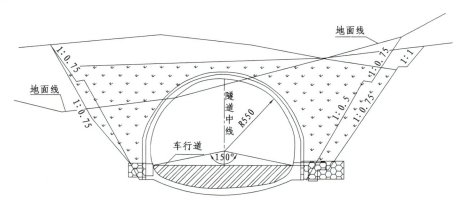

图 5.12 某隧道开挖断面设计图

【解】　由题意可知,$R = 5.5$ m,$L = 150$ m。

根据式(5.9),可得:

$$V = S_{断面} \times L$$
$$= [(3.14 \times 5.5 \times 5.5) \times (360° - 150°)/360° + 5.5 \times 5.5 \times \sin 75° \times \cos 75° + 10.28] \times 150$$
$$= 10\,987.50(\text{m}^3)$$

则该隧道暗挖土方的清单工程量为 10 987.50 m³。

(5)挖淤泥、流砂(040101005)

①计算规则。挖淤泥、流砂的工程量按设计图示位置、界限以体积计算。

②工作内容。挖淤泥、流砂的工作内容包括开挖、运输。

③规则解读。在市政工程的设计图纸中,会绘制出挖淤泥、流砂的界限范围和平均深度,编制招标控制价时,根据相关数据进行大致的估算即可;结算时应按实计算。

2)定额工程量计算规则解析

(1)挖土方一般性原则

①计算规则。本定额的土方挖、推、装、运体积均按挖掘前的天然密实体积计算,不同状态的土、石方体积分别按土方体积折算系数表、石方体积折算系数表中相关系数换算。土方体积折算系数表详见表5.7。

表 5.7　土方体积折算系数表

天然密实体积	虚方体积	夯实后体积	松填体积
0.77	1.00	0.67	0.83
1.00	1.30	0.87	1.08
1.15	1.50	1.00	1.25
0.92	1.20	0.80	1.00

②规则解读。施工过程中,土方工程的挖、推、装、运由于工序不同,会导致土方呈现出不同的状态。同样质量的土方,由于其状态不同,所呈现的体积也会有所不同。《计价定额》是以挖掘前的天然密实体积作为基准来确定土方相关分项工程的基价。下面关于各土方状态的概念作一一说明:

a. 天然密实方:是指未经任何人工、机械扰动过的土方,不同土质都有着其特有的天然密实度。

b. 虚方:是指经扰动的自然土,多指挖出的土、待回填的土和运输过程中的土方。

c. 夯实方:是指按照规范要求经过分层碾压夯实的土。

d. 松填方:是指自然土挖出后用于回填但未经夯实自然堆放的土。

由表5.7可以得出,同质量的土方,不同状态的体积从大到小依次为虚方 > 松填方 > 天然密实方 > 夯实方。

③计算实例。

【例5.8】　某市政工程土石方工程施工经历下列过程:①挖掘机开挖未经扰动的原状地表,开挖底面积为 1 000 m²,深度为 1 m,挖起来的土堆放两边;②自卸汽车将堆放两边的土装车,运输至回填区域;③自卸汽车将土在回填区域倾倒;④将土方分层回填碾压直至达到设计规定压实度为止。试说明上述过程中每个阶段的土方属于什么性质？体积为多少？各个阶段的土方定额工程量又为多少？

【解】 开挖未经扰动的原状地表，土方状态为天然密实方，则土方体积为：

$$V = 1\,000.00 \times 1.00 = 1\,000.00(\text{m}^3)$$

自卸汽车运输堆放两边的坑边土，土方状态为虚方，则土方体积为：

$$V = 1\,000.00 \times 1.30 = 1\,300.00(\text{m}^3)$$

自卸汽车将土在回填区域倾倒，土方状态为松填方，则土方体积为：

$$V = 1\,000.00 \times 1.08 = 1\,080.00(\text{m}^3)$$

将土方进行分层回填碾压，土方状态为夯实方，则土方体积为：

$$V = 1\,000.00 \times 0.87 = 870.00(\text{m}^3)$$

上述各个阶段土方的定额工程量均为 1 000 m³。

（2）挖沟槽、基坑土方

①计算规则。沟槽、基坑挖土方按施工图设计和施工组织设计的图示尺寸计算。

沟槽长度：排水管道主管按管道的设计轴线长度计算，支管按支管沟槽的净长线计算；构筑物按设计轴线长度计算；给水、燃气管道中的井、管道及管座分别计算，主管按设计轴线净长线计算，支管按支管沟槽的净长线计算。

沟槽、基坑深度：构筑物按基础的结构形式和埋深分别计算；当管道基础为带形基础时，按原地面高程减设计管道基础底面高程计算，设计有垫层的，还应加上垫层的厚度；当管道基础为管座时，按原地面高程减设计管底高程加管壁厚度计算。

沟槽、基坑底宽按施工组织设计计算。如无明确规定，按以下规则执行：

a.混凝土基础：按基础外缘加两侧工作面宽度计算，混凝土垫层不计工作面宽度；

b.管道（无基础）：按其管道外径加两侧工作面宽度计算；

c.砂石基础：按设计图示尺寸计算；

d.需支设挡土板的沟槽底宽除按以上规则计算外，每侧另加 0.1 m。

每侧所需工作面宽度按表 5.8 计算。

表 5.8 沟槽、基坑开挖时工作面宽度的参考值

管径/mm	非金属管道/m	金属管道/m	构筑物/m	
			无防潮层	有防潮层
500 以内	0.40	0.30	0.40	0.60
1 000 以内	0.50	0.40		
2 500 以内	0.50	0.40		
2 500 以上	0.60	0.50		

沟槽、基坑放坡应根据施工组织设计要求的坡度计算，如施工组织设计无明确规定时，可按表 5.9 计算。

表 5.9　沟槽、基坑开挖放坡坡度参考值

土类别	放坡起点/m	人工挖土	机械挖土		
			在沟槽、坑内作业	在沟槽侧、坑边上作业	顺沟槽方向坑上作业
一、二类土	1.20	1:0.50	1:0.33	1:0.75	1:0.50
三类土	1.50	1:0.33	1:0.25	1:0.67	1:0.33
四类土	2.00	1:0.25	1:0.10	1:0.33	1:0.25

注:①表中土类别的具体分类标准参见《土壤普氏分类表》;

②沟槽、基坑中土类别不同时,分别按其放坡起点、放坡系数,依不同土类别厚度加权平均计算。

②规则解读。市政工程中涉及沟槽开挖的土方工程多见于管网工程施工中,因此规则在沟槽长度和深度的确定方法上,都以管网工程中的沟槽开挖给出具体阐述;另外,对于在施工图设计和施工组织设计中没有明确规定沟槽、基坑开挖的坡度取值和工作面取值的,定额给出了对应的参考值,这对于编制招标控制价、施工图预算时准确计算工程量具有重要作用。

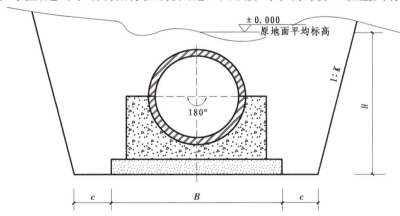

图 5.13　沟槽开挖示意图(有放坡、有工作面)

当沟槽开挖既有放坡,又有工作面时(图 5.13),计算公式为:

$$V = (B + 2c + KH) \times H \times L \tag{5.10}$$

式中　V——沟槽挖土方体积,m³;

K——沟槽放坡系数;

B——沟槽基础底宽,m;

c——沟槽开挖工作面宽度,m;

H——沟槽的开挖深度,m;

L——沟槽长度,m。

当基坑开挖既有放坡,又有工作面时(图 5.14),计算公式为:

$$V = ABH + \frac{4}{3}K^2H^3 + (A + B)KH^2 \tag{5.11}$$

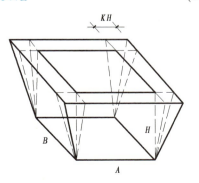

图 5.14　基坑放坡示意图(有放坡、有工作面)

式中　V——基坑挖土方体积,m^3;

　　　K——基坑放坡系数;

　　　A——基坑底长(构筑物底面长 a 与工作面宽度 c 之和),m;

　　　B——基坑底宽(构筑物底面长 b 与工作面宽度 c 之和),m;

　　　H——基坑的深度,m。

③计算实例。

【例 5.9】　某市政排水管道主管采用 $d = 600$ mm 钢筋混凝土管,管道设计轴线长度为 250 m,管道开挖采用人工开挖,土壤类别为三类土,管道开挖相关尺寸及高程数据如图 5.15 所示,管道沟槽垫层采用原槽浇注,若施工设计图和施工组织设计中均未给出关于放坡坡度和工作面宽度的具体取值,试根据《计价定额》计算该段管道挖沟槽土方的定额工程量。

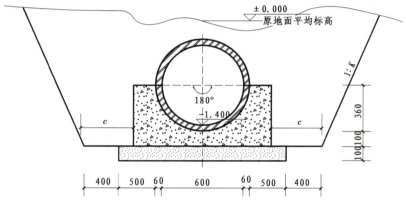

图 5.15　沟槽开挖有放坡、有工作面情况下开挖示意图

【解】　根据题意,沟槽开挖示意图如图 5.15 所示。根据《计价定额》相关规定,可得 $c = 0.5, K = 0.33$。

$$V = \left[(1.72 + 0.4 \times 2) + (1.72 + 0.4 \times 2 + 2 \times 0.33 \times 1.66) \right] \times 1.66 \times 0.5 \times 250$$
$$= 1\ 273.14 (m^3)$$

则该段管道挖沟槽土方的定额工程量为 1 273.14 m^3。

【例 5.10】　如图 5.10 所示,已知桥台基础垫层底面长为 6.5 m、宽为 4.8m,原地面标高为 ± 0.000 m,基础底面标高为 -8.600 m,假设考虑工作面宽度为 1.00 m,开挖土壤为三类土,采用机械在坑内作业挖土,若施工设计图和施工组织设计中均未给出关于放坡坡度具体取值,试根据《计价定额》计算该桥台挖基坑土方的定额工程量。

【解】　根据《计价定额》,可得 $K = 0.25$。根据式(5.11),可得:

$$V = (6.5 + 1.0) \times (4.8 + 1.0) \times 8.6 + 0.25 \times 0.25 \times 8.6 \times 8.6 \times 8.6 \times 3/4 + (6.5 + 1.0 + 4.8 + 1.0) \times 0.25 \times 8.6 \times 8.6 = 649.83 (m^3)$$

5.2.2　石方工程

1)清单工程量计算规则解析

石方工程包括挖一般石方、挖沟槽石方、挖基坑石方。

（1）挖一般石方（040102001）

①计算规则。挖一般石方的工程量按设计图示尺寸以体积计算。

②工作内容。挖一般石方的工作内容包括排地表水，石方开凿，修整底、边和场内运输。

③规则解读。关于挖一般石方的规则应用以及具体计算方法与挖一般土方的相关内容基本相同，这里不再赘述。

（2）挖沟槽石方（040102002）

①计算规则。挖沟槽石方的工程量按设计图示尺寸以基础垫层底面积乘以挖石深度计算。

②工作内容。挖沟槽石方的工作内容包括排地表水，石方开凿，修整底、边和场内运输。

③规则解读。关于挖沟槽石方的规则的应用以及具体计算方法与挖沟槽土方的相关内容基本相同，这里不再赘述。

（3）挖基坑石方（040102003）

①计算规则。挖基坑石方的工程量按设计图示尺寸以基础垫层底面积乘以挖石深度计算。

②工作内容。挖基坑石方的工作内容包括排地表水，石方开凿，修整底、边和场内运输。

③规则解读。关于挖基坑石方的规则应用以及具体计算方法与挖沟槽土方的相关内容基本相同，这里不再赘述。

2）定额工程量计算规则解析

（1）挖石方一般性原则

①计算规则。本定额的石方挖、推、装、运体积均按挖掘前的天然密实体积计算，不同状态的石方体积分别按石方体积折算系数表（见表5.10）中相关系数换算。

表 5.10　石方体积折算系数表

石方类别	天然密实体积	虚方体积	松填体积	码　方
石方	1.00	1.54	1.31	
块石	1.00	1.75	1.43	1.67
砂砾石	1.00	1.07	0.94	

②规则解读。施工过程中，石方由于其开采、加工工艺的不同，会呈现出天然密实方、虚方和松填方等不同状态。相同质量、相同类别的石方，其不同状态的体积数量从大到小依次为虚方体积＞松填体积＞天然密实体积。其中，块石常用于市政工程挡土墙、堤坝等防护工程，因此此种材料会被码砌成相应的构筑物，故表格中的块石类别下有"码方"的类别。《计价定额》是以挖掘前的天然密实体积作为基准来确定石方相关分项工程的基价。下面关于各石方类别的概念作一说明：

a.石方：指除块石和砂砾石以外的石方类别。

b.块石：指的是符合工程要求的岩石，经开采并加工而成的形状大致方正的石块。

c.砂砾石：是一种颗粒状、无黏性的岩石，粒径相对较小。

(2)挖沟槽、基坑石方

挖沟槽、基坑石方的工程量计算规则与挖沟槽、基坑土方的工程量计算规则基本相同,相关内容可参照前述内容,这里不再赘述。

5.2.3 回填方及土石方运输

1)清单工程量计算规则解析

回填方及土石方运输包括回填方和余方弃置。

(1)回填方

①计算规则。回填方的工程量计算规则如下:

a.按挖方清单项目工程量加原地面线至设计要求标高间的体积,减基础、构筑物等埋入体积计算。

b.按设计图示尺寸以体积计算。

②工作内容。回填方的工作内容包括运输、回填和压实。

③规则解读。对于沟槽、基坑等开挖后再进行回填方的清单项目,其工程量计算规则按挖方清单项目工程量减去基础、构筑物等埋入体积计算。由于市政工程中沟槽、基坑的设计要求标高可能高于原地面线,也可能低于原地面线,所以还应加上原地面线至设计要求标高间的体积。具体情况如图5.16所示。

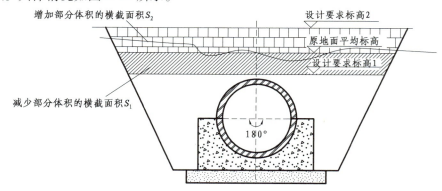

图5.16 沟槽、基坑回填方计算示意图

对于场地填方等按设计图示尺寸以体积计算即可。

④计算公式。

a.对于沟槽、基坑回填方(图5.16),其计算公式为:

$$V_{填} = V_{挖} - V_{原地面平均标高下构筑物体积} + S_1 \times L \tag{5.12}$$

或

$$V_{填} = V_{挖} - V_{原地面平均标高下构筑物体积} - S_2 \times L \tag{5.13}$$

式中　$V_{填}$——沟槽、基坑回填方体积,m^3;

　　　$V_{挖}$——沟槽、基坑挖方清单项目工程量,m^3;

　　　$V_{原地面平均标高下构筑物体积}$——原地面平均标高下所有构筑物的体积,m^3;

　　　S_1——当设计要求标高大于原地面平均标高时,需增加部分体积的横截面积,m^2;

　　　S_2——当设计要求标高小于原地面平均标高时,需减少部分体积的横截面积,m^2;

　　L——沟槽长度,m。

　　b. 对于场地填方,其计算公式为:

$$V_{填} = S_{回填} \times H_{平均}　　　　　　　　　　　　(5.14)$$

式中　$V_{填}$——场地回填方体积,m^3;

　　　$S_{回填}$——场地回填面积,m^2;

　　　$H_{平均}$——平均回填厚度,m。

　　⑤计算实例。

【例5.11】　某市政排水管道采用 $d = 600$ mm 钢筋混凝土管,管道垫层长度为 150 m,原地面平均标高为 ±0.000 m,管内底标高为 −1.400 m,设计要求标高为 0.800 m,相关尺寸详见管道埋设断面图(图5.17),试根据《计算规范》计算该段管道回填方的清单工程量。

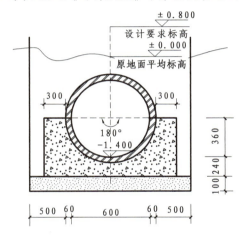

图 5.17　沟槽回填方计算示意图

【解】　先计算挖方清单工程量,根据式(5.5),可得:

$V_{挖} = 1.72 \times (1.4 + 0.24 + 0.1) \times 150 = 448.92(m^3)$

$V_{填} = 448.92 - (1.72 \times 0.1 + 1.32 \times 0.6 + 3.14 \times 0.36 \times 0.36/2) \times 150 + 1.72 \times 0.8 \times 150$

$　　= 480.20(m^3)$

则该段管道回填方的清单工程量为 480.20 m^3。

【例5.12】　某工程场地回填土如图5.18所示,试计算场地回填方的清单工程量。

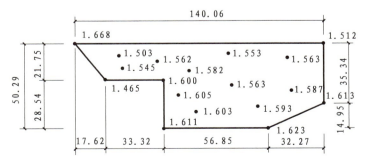

图 5.18　场地回填方计算图

【解】 根据式(5.14),可得:

$$S_{回填} = 140.06 \times 50.29 - 32.27 \times 14.95/2 - (17.62 + 33.32) \times 28.54 - 17.62 \times 21.75/2$$
$$= 5\,156.95(m^2)$$

$$H_{平均} = (1.668 + 1.503 + 1.545 + 1.465 + 1.562 + 1.600 + 1.605 + 1.611 + 1.603 + 1.582 +$$
$$1.553 + 1.563 + 1.593 + 1.623 + 1.563 + 1.587 + 1.512 + 1.613)/18 = 1.575(m)$$

$$V_{填} = 5\,165.95 \times 1.575 = 8\,122.20(m^3)$$

(2)余方弃置

①计算规则。余方弃置的工程量按照挖方清单项目工程量减利用回填方体积以"m^3"计量。

②工作内容。余方弃置的工作内容包括余方点装料运输至弃置点。

③规则解读。市政工程中,经常会有土石方工程的移挖作填,当挖方工程量大于回填方工程量时,就会产生余方弃置;当挖方工程量小于回填方工程量时,说明回填方的数量不足,需要进行缺方内运,此时可以套用"回填方"单独编码列项。

2)定额工程量计算规则解析

(1)土石方回填规则

①计算规则。土石方回填应扣除基础、垫层、构筑物及管径 >200 mm 的管道占位体积。

②规则解读。《计价定额》中土石方工程量的计算基本和《计算规范》中的规则一致,只是《计价定额》给出了一个较简便的做法,即构筑物中若有管径≤200 mm 的管道,考虑其所占的体积较小,可以不用扣除其占位体积。

(2)土石方运输规则

①计算规则。土石方运输距离及运输方式按施工组织设计确定,运距以挖、填区的重心之间直线距离计算,也可按挖方区重心至弃土区重心之间的实际行驶距离计算,或按循环路线的 1/2 距离计算,当弃、置土运距 >15 km 时,不再执行定额项目,按社会运输价计算。

②规则解读。土石方运输距离按照运输机械实际的开行路线长度计算,对于市政道路土石方工程的运输,可以按照道路里程长度的 1/2 进行近似估算。

《计价定额》只考虑了土石方运距距离在 15 km 以内的基价,对于超出 15 km 的土石方运输项目,在实际情况中较少,按社会运输价计算。

项目 5.3 道路工程工程量计算

5.3.1 路基处理

1)清单工程量计算规则解析

路基处理包括预压地基,强夯地基,振冲密实(不填料),掺石灰,掺干土,掺石,抛石挤淤,袋装砂井,塑料排水板,振冲桩(填料),砂石桩,水泥粉煤灰碎石桩,深层水泥搅拌桩,粉喷桩,高压水泥旋喷桩,石灰桩,灰土(土)挤密桩,桩锤冲扩桩,地基注浆,褥垫层,土工合成材料,排水沟、截水沟和盲沟。

（1）预压地基（040201001）

①计算规则。预压地基的工程量按照设计图示尺寸以加固面积计算。

②工作内容。预压地基的工作内容包括设置排水竖井、盲沟、滤水管，铺设砂垫层、密封膜，堆载、卸载或抽气设备安拆、抽真空，材料运输。

③规则解读。预压地基是指在原状土上加载，使土中水排出，以实现土的预先固结，减少构筑物地基后期沉降和提高地基承载力。按加载方法的不同，分为堆载预压、真空预压。预压地基的工程量按待加固面积以"m²"计量。

a. 堆载预压。堆载预压是在原状土体上加载，使土体中的孔隙水沿竖向排水板排出，逐渐固结，地基发生沉降，同时强度逐步提高。堆载预压的原理示意图如图5.19(a)所示。

b. 真空预压。真空预压是在需要加固的软土地基表面先铺设砂垫层，然后埋设垂直排水管道，再用不透气的封闭膜使其与大气隔绝，薄膜四周埋入土中，通过砂垫层内埋设的吸水管道，用真空装置进行抽气，使土体内部形成真空，从而增加地基的有效应力，达到预压的目的。真空预压的原理示意图如图5.19(b)所示。

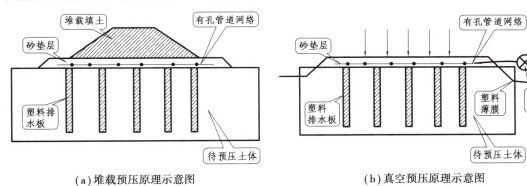

（a）堆载预压原理示意图　　　　　　（b）真空预压原理示意图

图5.19　预压地基的两种加载方法原理示意图

（2）强夯地基（040201002）

①计算规则。强夯地基的工程量按照设计图示尺寸以加固面积计算。

②工作内容。强夯地基的工作内容包括铺设夯填材料、强夯、夯填材料运输。

③规则解读。强夯地基是指用起重机械将大吨位夯锤起吊到一定高度后自由落下，给地基土以强大的冲击能量的夯击，使土层中孔隙水和气体逸出，经时效压密达到固结，从而提高地基承载力的方法。多用于软土地基的处理。强夯地基的工程量按待加固面积以"m²"计量。

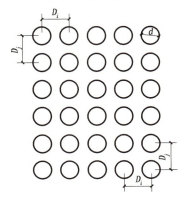

④计算方法。强夯地基的加固面积（图5.20）计算公式如下：

$$S = [D_i \times (N_i - 1) + d] \times [D_j \times (N_j - 1) + d]$$

(5.15)

式中　S——强夯地基的加固面积；

图5.20　强夯地基加固面积示意图

D_i——每行夯点间距；

D_j——每列夯点间距；

N_i——每行夯点的个数；

N_j——每列夯点的个数；

d——夯锤直径。

⑤计算实例。

【例 5.13】 如图 5.21 所示为某市政工程强夯地基施工示意图,试根据《计算规范》计算该强夯地基的清单工程量。

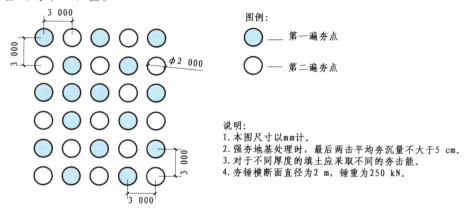

图 5.21 强夯地基施工示意图

【解】 根据题意,$D_i = 3.00$ m,$D_j = 3.00$ m,$N_i = 5$ 个,$N_j = 6$ 个,$d = 2.00$ m。根据式(5.15),可得:

$$S = (3.00 \times 4 + 2.00) \times (3.00 \times 5 + 2.00) = 238.00(\text{m}^2)$$

则强夯地基的清单工程量为 238.00 m²。

(3)振冲密实(不填料)(040201003)

①计算规则。振冲密实(不填料)的工程量按照设计图示尺寸以加固面积计算。

②工作内容。振冲密实(不填料)的工作内容包括振冲加密和泥浆运输。

③规则解读。振冲密实(不填料)是使砂土体在振动及水力浸润、冲切作用下趋于密实,增加砂土地基的密实度,提高砂土地基的承载力。由于该项目表示仅仅对土体施加振动力和冲切力,没有实体填料,故计算规则中考虑计算加固面积作为清单工程量。

(4)掺石灰(040201004)

①计算规则。掺石灰的工程量按照设计图示尺寸以体积计算。

②工作内容。掺石灰的工作内容包括掺石灰、夯实。

③规则解读。土体中掺入石灰的目的是改善膨胀土的胀缩性,同时提高膨胀土的整体强度。在市政工程中,掺石灰一般用作改良市政道路工程的膨胀土路基。应注意将此项目与清单项目"石灰稳定土(040202002)"作区分。对于"掺石灰"项目,掺入石灰的剂量应该视土质的具体情况来确定,用于处理道路结构层以下的土路基,工程量以"m³"计量;而对于"石灰稳定土",掺入石灰的剂量一般为 8% ～ 12%,用于处理道路结构层中的底基层,工程量以"m²"计量。

（5）掺干土（040201005）

①计算规则。掺干土的工程量按照设计图示尺寸以体积计算。

②工作内容。掺干土的工作内容包括掺干土和夯实。

③规则解读。土体中掺入干土的目的是调整土体的含水量至最佳含水率，提高土体的压实度，从而达到提高土体强度的目的。项目考虑掺入了实体干土，故以"m^3"计量。

（6）掺石（040201006）

①计算规则。掺石的工程量按照设计图示尺寸以体积计算。

②工作内容。掺石的工作内容包括掺石和夯实。

③规则解读。土体中掺入石子的目的是调整土体的含水量至最佳含水率，提高土体的压实度，从而达到提高土体强度的目的。项目考虑掺入了实体石子，故以"m^3"计量。

（7）抛石挤淤（040201007）

①计算规则。抛石挤淤的工程量按照设计图示尺寸以体积计算。

②工作内容。抛石挤淤的工作内容包括抛石挤淤、填塞垫平、压实。

③规则解读。抛石挤淤是软弱地基处理的一种方法，在路基底从中部向两侧抛投一定数量的碎石，将淤泥挤出路基范围，以提高路基强度。抛石挤淤适用于下列情况：

a.常年积水的洼地，排水困难，泥炭呈流动状态，表层无硬壳泥沼或厚度为 3 ~ 4 m 的软土；

b.施工场地地面特别软弱，施工机械无法进入；

c.施工场地表面存在大量积水无法排除的情况；

d.石料丰富、运距较短的情况。

抛石挤淤的施工示意图如图 5.22 所示。

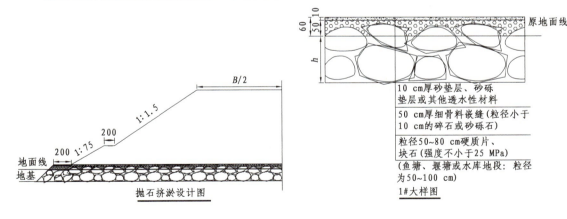

图 5.22　抛石挤淤施工示意图

（8）袋装砂井（040201008）

①计算规则。袋装砂井的工程量按照设计图示尺寸以长度计算。

②工作内容。袋装砂井的工作内容包括制作砂袋，定位沉管，下砂袋和拔管。

③规则解读。袋装砂井是用透水型土工织物长袋装砂砾石，设置在软土地基中形成排水砂柱，以加速软土排水固结的地基处理方法。袋装砂井的施工过程如图 5.23 所示。

袋装砂井的工程量按设计图示尺寸以"m"计量。

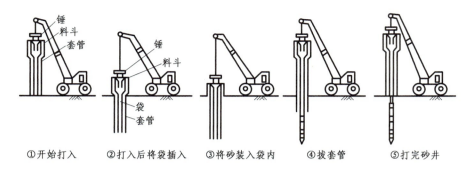

①开始打入　②打入后将袋插入　③将砂装入袋内　④拔套管　⑤打完砂井

图 5.23　袋装砂井的施工过程

（9）塑料排水板（040201009）

①计算规则。塑料排水板的工程量按照设计图示尺寸以长度计算。

②工作内容。塑料排水板的工作内容包括安装排水板、沉管插板和拔管。

③规则解读。塑料排水板又称为塑料排水带。板的中间是挤出成型的塑料芯板，作为排水带的骨架和通道；两面以非织造土工织物包裹，作为滤层。在施工过程中，中间的塑料芯板将滤层渗透进来的水向上排出，多用于处理淤泥、淤质土、冲填土等饱和黏性及杂填土形成的软基。

塑料排水板的施工过程和上述袋装砂井的施工过程基本类似，因此其工程量计算以"m"计量。

（10）振冲桩（填料）（040201010）

①计算规则。振冲桩（填料）的工程量有两种计算方法：当以"m"计量时，按设计图示尺寸以桩长计算；当以"m³"计量时，按设计桩截面乘以桩长以体积计算。

②工作内容。振冲桩（填料）的工作内容包括振冲成孔、填料、振实，材料运输，泥浆运输。

振冲桩（填料）

③规则解读。振冲桩（填料）是指用振动、冲击的方式在软弱地基中成孔，再将填料挤压入孔，形成密实的桩体。与砂石桩项目不同的是，振冲桩（填料）的填料不一定是碎石或砂，还可以是其他材料。

一般来说，桩的工程量以"m"计量是比较常规的，但同时由于涉及填料的缘故，故此项目也可以用"m³"计量。

振冲桩的施工工艺流程可参见图 5.24。

（11）砂石桩（040201011）

①计算规则。砂石桩的工程量有两种计算方法：当以"m"计量时，按设计图示尺寸以桩长（包括桩尖）计算；当以"m³"计量时，按设计桩截面乘以桩长（包括桩尖）以体积计算。

②工作内容。砂石桩的工作内容包括成孔、填充、振实，材料运输。

③规则解读。砂石桩是指用振动、冲击、水冲等方法在地基中成孔，再将碎石或砂挤压入孔，形成大直径的由碎石或砂构成的密实桩体。与振冲桩（填料）项目不同的是，砂石桩项目的成孔方式不一定是振冲法，也可以是其他方式。其工程量计算规则的设置与振冲桩（填料）类似，这里不再赘述。

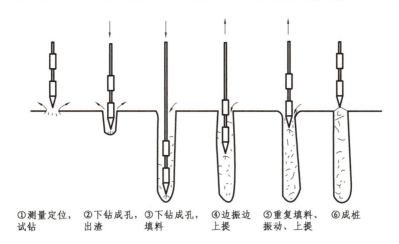

①测量定位，　　②下钻成孔，　　③下钻成孔，　　④边振边　　⑤重复填料、　　⑥成桩
　试钻　　　　　　出渣　　　　　　填料　　　　　　上提　　　　振动、上提

图 5.24　振冲桩的施工工艺流程

（12）水泥粉煤灰碎石桩（040201012）

①计算规则。水泥粉煤灰碎石桩的工程量按设计图示尺寸以桩长（包括桩尖）计算。

②工作内容。水泥粉煤灰碎石桩的工作内容包括成孔，混合料制作、灌注、养护，材料运输。

③规则解读。水泥粉煤灰碎石桩（简称 CFG 桩）是在碎石桩基础上加进一些石屑、粉煤灰和少量水泥，加水拌和制成的具有一定黏结强度的桩。这种桩的长度越长，其承载力越高，适用于多层和高层建筑地基。水泥粉煤灰碎石桩一般和项目编码为"040201020"的褥垫层配合使用。

考虑水泥粉煤灰碎石桩的外形尺寸问题，在计算时应考虑桩尖的长度。

（13）深层水泥搅拌桩（040201013）

①计算规则。深层水泥搅拌桩的工程量按设计图示尺寸以桩长计算。

②工作内容。深层水泥搅拌桩的工作内容包括预搅下钻，水泥浆制作，喷浆搅拌提升成桩，材料运输。

③规则解读。深层水泥搅拌桩是通过特制的深层搅拌机械，在地基深处就地将软土和水泥强制搅拌，利用软土和水泥之间产生的一系列物理、化学反应，使软土硬结成具有整体性的并具有一定承载力的复合地基。由于最后形成的实体桩是水泥浆和本身地基土的混合物，故按长度进行计量。

（14）粉喷桩（040201014）

①计算规则。粉喷桩的工程量按设计图示尺寸以桩长计算。

②工作内容。粉喷桩的工作内容包括预搅下钻，喷粉搅拌提升成桩，材料运输。

③规则解读。粉喷桩与深层水泥搅拌桩的施工工艺相似，不同之处在于深层水泥搅拌桩是将水泥浆与软土进行搅拌，而粉喷桩是将水泥粉或石灰粉和地基土搅拌的粉体喷射搅拌。其工程量计算规则与深层水泥搅拌桩相同。

（15）高压水泥旋喷桩（040201015）

①计算规则。高压水泥旋喷桩的工程量按设计图示尺寸以桩长计算。

②工作内容。高压水泥旋喷桩的工作内容包括成孔，水泥浆制作、高压旋喷注浆，材料

运输。

③规则解读。高压水泥旋喷桩是以高压旋转的喷嘴将水泥浆喷入土层与土体混合,形成连续搭接的水泥加固体。其工程量计算规则与深层水泥搅拌桩、粉喷桩相同。

(16)石灰桩(040201016)

①计算规则。石灰桩的工程量按设计图示尺寸以桩长(包括桩尖)计算。

②工作内容。石灰桩的工作内容包括成孔,混合料制作、运输、夯填。

③规则解读。石灰桩是利用打入钢套管在地基中成孔,然后在孔内灌入新鲜生石灰块,在拔管的同时进行振捣或捣密。利用生石灰吸取桩周土体中水分进行水化反应,使桩周土体的含水量降低,孔隙比减小,使土体挤密和桩柱体硬化。

考虑石灰桩的外形尺寸问题,在计算时应考虑桩尖的长度。

(17)灰土(土)挤密桩(040201017)

①计算规则。灰土(土)挤密桩的工程量按设计图示尺寸以桩长(包括桩尖)计算。

②工作内容。灰土(土)挤密桩的工作内容包括成孔,灰土拌和、运输、填充、夯实。

③规则解读。灰土(土)挤密桩分为灰土挤密桩和土挤密桩,这两种桩都是通过打入钢套管在地基中成孔,通过挤压作用,加密地基,然后在孔内分层填入填料后夯实而成。填料若为素土,则为土挤密桩;填料若为石灰土,则为灰土挤密桩。其工程量计算与石灰桩类似,由于其外形尺寸的问题,在计算时应考虑桩尖的长度。

(18)桩锤冲扩桩(040201018)

①计算规则。桩锤冲扩桩的工程量按设计图示尺寸以桩长计算。

②工作内容。桩锤冲扩桩的工作内容包括安拔套管,冲孔、填料、夯实,桩体材料制作、运输。

③规则解读。桩锤冲扩桩是指反复将柱状重锤提到高处使其自由落下冲击成孔,然后分层夯实填料形成扩大桩体,与桩间土组成复合地基的地基处理方法。其工程量按设计图示尺寸以"m"计量。

(19)地基注浆(040201019)

①计算规则。地基注浆的工程量计算有两种方法:若以"m"计量,按设计图示尺寸以深度计算;若以"m³"计量,按设计图示尺寸以加固体积计算。

②工作内容。地基注浆的工作内容包括成孔,注浆导管制作、安装,浆液制作、压浆,材料运输。

③规则解读。地基注浆是指将配置好的化学浆液或水泥浆液,通过导管注入土体间隙中,与土体结合,发生物理、化学反应,从而提高土体强度。其工程量的计算视待处理的地基形状而定,若处理的地基在深度方向上延展较大,形成桩体,则以"m"计量;若处理的地基在广度方向上延展较大,形成立方体,则以"m³"计量。

(20)褥垫层(040201020)

①计算规则。褥垫层的工程量计算有两种方法:若以"m³"计量,按设计图示尺寸以铺设面积计算;若以"m³"计量,按设计图示尺寸以铺设体积计算。

②工作内容。褥垫层的工作内容包括材料拌和、运输、铺设、压实。

③规则解读。褥垫层是在复合地基的基础与桩之间设置的一层由中砂、粗砂、级配砂石

等粒料类材料构成的垫层。它的主要作用是调整桩和桩间土的应力比,保证桩和桩间土能够共同作用。褥垫层的合理厚度一般为 100～300 mm,其具体图形如图 5.25 所示。《计算规范》设置了两种不同的计算方法,主要是考虑某些工程的褥垫层可能会有不同的厚度,用铺设体积计算较合适;而某些工程的褥垫层厚度均一致,用铺设面积计算较为合适。

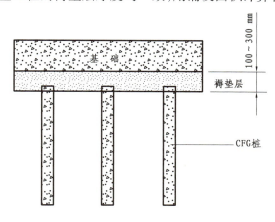

图 5.25　褥垫层示意图

(21)土工合成材料

①计算规则。土工合成材料的工程量按设计图示尺寸以面积计算。

②工作内容。土工合成材料的工作内容包括基层整平、铺设、压实。

③规则解读。土工合成材料是指以聚合物为原料制成的应用于土木工程地基处理的材料。具体类型包括土工布、土工网、土工格栅、土工模袋、土工复合排水材料等。其主要作用有加固软弱地基,加速土的固结,提高土体强度,防止路基翻浆、下沉等。其工程量以“m^2”计量。

(22)排水沟、截水沟(040201022)

①计算规则。排水沟、截水沟的工程量按设计图示以长度计算。

②工作内容。排水沟、截水沟的工作内容包括模板制作、安装、拆除,基础、垫层铺筑,混凝土拌和、运输、浇筑,侧墙浇捣或砌筑,勾缝、抹面,盖板安装。

③规则解读。截水沟又称天沟,指的是为拦截高处边坡流向路基的水,在路堑坡顶以外设置的水沟;排水沟,指的是将截水沟和路基附近、低洼处汇集的水引向路基以外的水沟。

排水沟、截水沟的工程量按设计图示尺寸以“m”计量。

(23)盲沟(040201023)

①计算规则。盲沟的工程量按设计图示以长度计算。

②工作内容。盲沟的工作内容包括铺筑。

③规则解读。盲沟是指在路基或地基内设置的充填碎、砾石等粗粒材料并铺以倒滤层(有的在其中埋设透水管)的排水、截水暗沟。主要用于排除地下水,降低地下水位。在市政道路工程、隧道工程和城市垃圾填埋场等工程中均有应用。

盲沟的工程量按设计图示尺寸以“m”计量。

2)定额工程量计算规则解析

（1）地基强夯

①计算规则。强夯分满夯、点夯，区分不同夯击能量，按设计图示尺寸的夯击范围以面积计算。设计无规定时，按每边超过基础外缘的宽度3 m计算。

②规则解读。满夯是对整个场地进行夯击，目的是增大土质的密实度，进而提高场地的地基承载力；点夯是对某些具体位置进行强夯。一般来说，设计时会明确强夯的区域是满夯还是点夯，规则中给出了当设计无规定时的具体做法，即按每边超过基础外缘的宽度3 m计算。

（2）土工布

①计算规则。土工布的铺设面积按实铺展开面积以"m^2"计算。

②规则解读。实铺展开面积是指在土工布的铺设过程中，如果有折线、跌落、拱形等面层，均按展开面积计算。

5.3.2 道路基层

1)清单工程量计算规则解析

道路基层包括路床（槽）整形，石灰稳定土，水泥稳定土，石灰、粉煤灰、土，石灰、碎石、土，石灰、粉煤灰、碎（砾）石，粉煤灰，矿渣，砂砾石，卵石，碎石，块石，山皮石，粉煤灰三渣，沥青稳定碎（砾）石。

路床（槽）整形

（1）路床（槽）整形（040202001）

①计算规则。路床（槽）整形的工程量按设计道路底基层图示尺寸以面积计算，不扣除各类井所占面积。

②工作内容。路床（槽）整形的工作内容包括放样，整修路拱，碾压成型。

③规则解读。路床是路面的基础，是指路面底面以下80 cm范围内的路基部分。路床、路基和路面结构层中的面层、基层和垫层的彼此关系如图5.26所示。路床（槽）整形的位置在道路底基层之下，因此按设计道路底基层图示尺寸的面积计算。

图5.26 路床、路基和路面结构层的关系

（2）石灰稳定土（040202002）

①计算规则。石灰稳定土的工程量按设计图示尺寸以面积计算，不扣除各类井所占面积。

②工作内容。石灰稳定土的工作内容包括拌和、运输、铺筑、找平、碾压、养护。

③规则解读。在粉碎或原来松散的土中掺入足量的石灰和水，经拌和、压实及养生后得到的混合料，当其抗压强度符合规定要求时，称为石灰稳定土。石灰稳定土适用于低等级市政道路的底基层和基层。

（3）水泥稳定土（040202003）

①计算规则。水泥稳定土的工程量按设计图示尺寸以面积计算，不扣除各类井所占面积。

②工作内容。水泥稳定土的工作内容包括拌和、运输、铺筑、找平、碾压、养护。

③规则解读。在粉碎的或原来松散的土中，掺入足量的水泥和水，经拌和得到的混合料在压实养生后，当其抗压强度符合规定要求时，称为水泥稳定土。水泥稳定土适用于低等级市政道路的底基层和基层。

（4）石灰、粉煤灰、土（040202004）

①计算规则。石灰、粉煤灰、土的工程量按设计图示尺寸以面积计算，不扣除各类井所占面积。

②工作内容。石灰、粉煤灰、土的工作内容包括拌和、运输、铺筑、找平、碾压、养护。

③规则解读。石灰、粉煤灰、土简称二灰稳定土，是将石灰、粉煤灰与其他掺入材料（土、集料）按适当比例拌和制成的混合料，并压实和养护形成的路面结构层。石灰、粉煤灰、土适用于道路路面结构的基层、底基层。

（5）石灰、碎石、土（040202005）

①计算规则。石灰、碎石、土的工程量按设计图示尺寸以面积计算，不扣除各类井所占面积。

②工作内容。石灰、碎石、土的工作内容包括拌和、运输、铺筑、找平、碾压、养护。

③规则解读。石灰、碎石、土是将消石灰、碎石、土按一定的配合比，经过路拌或厂拌均匀后，用机械或人工摊铺到路基上，经碾压、养生后形成的基层。石灰、碎石、土适用于道路路面结构的基层。

（6）石灰、粉煤灰、碎（砾）石（040202006）

①计算规则。石灰、粉煤灰、碎（砾）石的工程量按设计图示尺寸以面积计算，不扣除各类井所占面积。

②工作内容。石灰、粉煤灰、碎（砾）石的工作内容包括拌和、运输、铺筑、找平、碾压、养护。

③规则解读。石灰、粉煤灰、碎（砾）石是将消石灰、粉煤灰、碎石按一定的配合比，经过路拌或厂拌均匀后，用机械或人工摊铺到路基上，经碾压、养生后形成的基层。石灰、粉煤灰、碎（砾）石适用于道路路面结构的基层。

（7）粉煤灰（040202007）

①计算规则。粉煤灰的工程量按设计图示尺寸以面积计算，不扣除各类井所占面积。

②工作内容。粉煤灰的工作内容包括拌和、运输、铺筑、找平、碾压、养护。

③规则解读。粉煤灰是一种应用极为广泛的路面基层材料，具有较高的强度和较好的抗裂性能。粉煤灰适用于道路路面结构的基层。

（8）矿渣（040202008）

①计算规则。矿渣的工程量按设计图示尺寸以面积计算，不扣除各类井所占面积。

②工作内容。矿渣的工作内容包括拌和、运输、铺筑、找平、碾压、养护。

③规则解读。矿渣是高炉冶炼生铁时从高炉中排出的一种废渣。矿渣适用于道路路面结构的底基层。

（9）砂砾石（040202009）

①计算规则。砂砾石的工程量按设计图示尺寸以面积计算，不扣除各类井所占面积。

②工作内容。砂砾石的工作内容包括拌和、运输、铺筑、找平、碾压、养护。

③规则解读。砂砾石是一种颗粒状、无黏性材料。将砂砾石按一定的级配组成，然后掺加少量黏结料，可作为道路结构的基层。天然砂砾石常作为道路的底基层。

(10)卵石(040202010)

①计算规则。卵石的工程量按设计图示尺寸以面积计算，不扣除各类井所占面积。

②工作内容。卵石的工作内容包括拌和、运输、铺筑、找平、碾压、养护。

③规则解读。卵石是自然形成的无棱角岩石颗粒，适用于道路结构的底基层和基层。

(11)碎石(040202011)

①计算规则。碎石的工程量按设计图示尺寸以面积计算，不扣除各类井所占面积。

②工作内容。碎石的工作内容包括拌和、运输、铺筑、找平、碾压、养护。

③规则解读。碎石是由天然岩石、卵石或矿石经机械破碎、筛分制成的岩石颗粒，适用于道路结构的底基层和基层。

(12)块石(040202012)

①计算规则。块石的工程量按设计图示尺寸以面积计算，不扣除各类井所占面积。

②工作内容。块石的工作内容包括拌和、运输、铺筑、找平、碾压、养护。

③规则解读。块石是经开采并加工而成的形状大致方正的石块，适用于道路结构的基层。

(13)山皮石(040202013)

①计算规则。山皮石的工程量按设计图示尺寸以面积计算，不扣除各类井所占面积。

②工作内容。山皮石的工作内容包括拌和、运输、铺筑、找平、碾压、养护。

③规则解读。山皮石是指经过自然风化后的山上的表皮浅层，是比较细小的混合石土。山皮石适用于道路结构的底基层和基层。

(14)粉煤灰三渣(040202014)

①计算规则。粉煤灰三渣的工程量按设计图示尺寸以面积计算，不扣除各类井所占面积。

②工作内容。粉煤灰三渣的工作内容包括拌和、运输、铺筑、找平、碾压、养护。

③规则解读。粉煤灰三渣是由粉煤灰、熟石灰、石渣按一定配合比混合，经过搅拌后形成的一种混合材料。粉煤灰三渣适用于道路结构的底基层和基层。

(15)水泥稳定碎(砾)石(040202015)

①计算规则。水泥稳定碎(砾)石的工程量按设计图示尺寸以面积计算，不扣除各类井所占面积。

②工作内容。水泥稳定碎(砾)石的工作内容包括拌和、运输、铺筑、找平、碾压、养护。

③规则解读。在粉碎的碎石土中，掺入足够数量的水泥和水，通过拌和得到的混合料经摊铺压实及养生后，当其抗压强度和耐久性符合规定要求时，称为水泥稳定碎(砾)石。水泥稳定碎(砾)石适用于道路结构的基层。

(16)沥青稳定碎石(040202016)

①计算规则。沥青稳定碎石的工程量按设计图示尺寸以面积计算，不扣除各类井所占面积。

②工作内容。沥青稳定碎石的工作内容包括拌和、运输、铺筑、找平、碾压、养护。

③规则解读。沥青稳定碎石是将沥青黏结料与碎石进行黏结、稳定而成的混合料。沥青稳定碎石适用于道路结构的基层。

上述16项道路基层的工程量计算规则,在实际计算中应注意道路基层设计截面如为梯形时,应按其截面平均厚度计算面积。为了说明,详见【例5.14】。

【例5.14】 某市政工程道路路面结构层的半断面如图5.27所示,图中尺寸以 cm 计,若此段道路长为500 m,试根据《计算规范》计算道路基层的清单工程量。

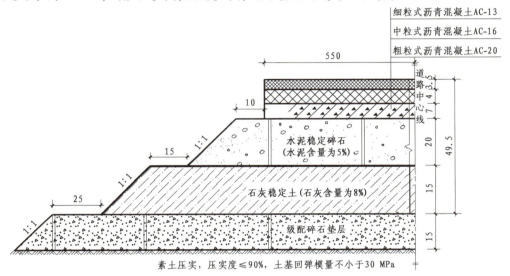

图5.27 某道路路面结构层的半断面图(单位:cm)

【解】 由图中可知,道路垫层为级配碎石垫层,两层基层分别为石灰稳定土(石灰含量为8%)和水泥稳定碎石(水泥含量为5%),根据《计算规范》计算各层的清单工程量为:

级配碎石垫层工程量:$(5.50+0.10+0.20+0.15+0.15+0.25+0.075) \times 2 \times 500 = 6\ 425(m^2)$

石灰稳定土基层工程量:$(5.50+0.10+0.20+0.15+0.075) \times 2 \times 500 = 6\ 025(m^2)$

水泥稳定碎石基层工程量:$(5.50+0.10+0.10) \times 2 \times 500 = 5\ 700(m^2)$

2) 定额工程量计算规则解析

(1)道路基层

①计算规则。道路基层按设计图纸以"m^2"计量,应扣除面积 $>0.30\ m^2$ 的各种占位面积。机动车道和非机动车道基层的铺筑宽度如设计为面层与基层宽度相同时,除手摆大卵石、手摆块石、沥青碎(砾)石外,其他各类基层均按每侧各加宽15 cm 计算工程量。人行道基层按面层铺筑宽度两侧共加宽10 cm 计算工程量。

②规则解读。在市政道路基层中,可能会出现的占位面积主要是市政管网工程的检查井,当检查井的占位面积 $>0.3\ m^2$ 时,需要扣除相应的占位面积。因此,在计算市政道路的基层工程量时,应扣除直径大于600 mm 的检查井的占位面积。

在市政道路路面结构层的设计图中,设计图纸有两种表达方式:一种是机动车道和非机动车道的铺筑宽度在图纸上表达为实际的情况,即从基层到面层,道路结构层从下至上呈现出正置的梯形形状(图5.28);另一种是机动车道和非机动车道的铺筑宽度在图纸上表达为面层与基层宽度相同的情况,即从基层到面层,道路结构层从下至上呈现出长方形形状(图5.28)。

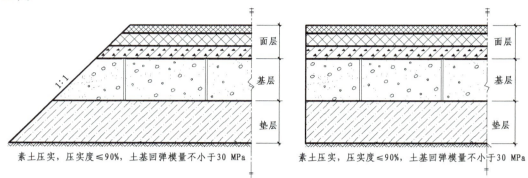

素土压实,压实度≤90%,土基回弹模量不小于30 MPa　　素土压实,压实度≤90%,土基回弹模量不小于30 MPa

图5.28　设计图中表达道路路面结构层的两种方式

当道路基层和面层铺筑宽度不同时,道路基层的工程量按照设计图纸上图示尺寸进行计算;当道路基层和面层铺筑宽度相同时,道路机动车道基层的工程量按照各类基层均按每侧各加宽15 cm计算工程量。但是,由于手摆大卵石、手摆块石、沥青碎(砾)石这3种材质的材料刚性角较大,所以手摆大卵石基层、手摆块石基层和沥青碎(砾)石基层不需要加宽。道路人行道基层的工程量按照各类基层均按每侧加宽5 cm计算工程量。

③计算实例。

【例5.15】　某市政工程道路路面结构层的半断面如图5.29所示,图中尺寸以cm计,若此段道路长为500 m,试根据《计价定额》计算道路基层的定额工程量。

【解】　由图中可知,道路垫层为级配碎石垫层,两层基层分别为石灰稳定土(石灰含量为8%)和水泥稳定碎石(水泥含量为5%),根据《计价定额》计算各层的定额工程量为:

级配碎石垫层工程量:$(5.50 + 0.15) \times 2 \times 500 = 5\ 650.0(m^2)$

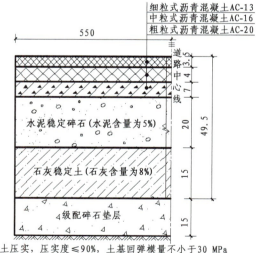

素土压实,压实度≤90%,土基回弹模量不小于30 MPa

图5.29　某道路路面结构层的半断面图(单位:cm)

石灰稳定土基层工程量:$(5.50 + 0.15) \times 2 \times 500 = 5\ 650.0(m^2)$

水泥稳定碎石基层工程量:$(5.50 + 0.15) \times 2 \times 500 = 5\ 650.0(m^2)$

(2)检查井周边基层

①计算规则。井周边基层加强按图纸设计尺寸以"m^3"计量。

②规则解读。市政道路工程中,经常会出现各种检查井周边有10~50 cm不等的路面破坏、下沉、开裂等现象。这些现象多是由于井座、井盖的刚性较大,而沥青路面为柔性,在柔性

与刚性的过渡阶段,同样的碾压遍数,其压实度是不同的,时间长了容易产生收缩裂缝或发生不均匀沉降。为了避免这些现象的发生,需要对检查井周边的基层进行加强。一般来说,在检查井井筒升起后,井框下应坐浆密实,然后在井框周边浇筑一圈细石混凝土三角带,同时通过加强井基、井周回填料的压实度来综合避免上述问题。

井周的填料加强,由于是小范围的,且回填厚度不一定相同,所以按图纸设计尺寸以"m³"计量。

5.3.3　道路面层

1)清单工程量计算规则解析

道路面层包括沥青表面处治,沥青贯入式,透层、粘层,封层,黑色碎石,沥青混凝土,水泥混凝土,块料面层和弹性面层。

(1)沥青表面处治(040203001)

①计算规则。沥青表面处治的工程量按设计图示尺寸以面积计算,不扣除各种井所占面积,带平石的面层应扣除平石所占面积。

②工作内容。沥青表面处治的工作内容包括喷油、布料,碾压。

③规则解读。沥青表面处治是指用沥青和细粒料按层铺或拌和方法施工,铺筑成厚度为1.5~3 cm的薄层路面。沥青表面处治按浇洒沥青和撒布集料的遍数不同,分为单层式、双层式和三层式。

沥青表面处治的工程量按设计图示尺寸以"m²"计量。

(2)沥青贯入式(040203002)

①计算规则。沥青贯入式的工程量按设计图示尺寸以面积计算,不扣除各种井所占面积,带平石的面层应扣除平石所占面积。

②工作内容。沥青贯入式的工作内容包括摊铺碎石,喷油、布料,碾压。

③规则解读。沥青贯入式是指在经碾压的粒径均匀的主层集料上,逐层洒布沥青、嵌缝料并碾压修筑而成的路面,其厚度一般为4~8 cm。

沥青贯入式的工程量按设计图示尺寸以"m²"计量。

(3)透层、粘层(040203003)

①计算规则。透层、粘层的工程量按设计图示尺寸以面积计算,不扣除各种井所占面积,带平石的面层应扣除平石所占面积。

②工作内容。透层、粘层的工作内容包括清理下承面,喷油、布料。

③规则解读。透层是指为使路面沥青层与非沥青材料的基层结合良好,在非沥青材料层上浇洒液化石油沥青、煤沥青或乳化沥青后形成的透入基层表面的薄沥青层。粘层是指为了加强路面沥青层之间或沥青层与水泥混凝土面板之间的黏结而洒布的薄沥青层。

透层、粘层的工程量以"m²"计量。关于透层和粘层在沥青路面结构图中的具体位置如图5.30所示。

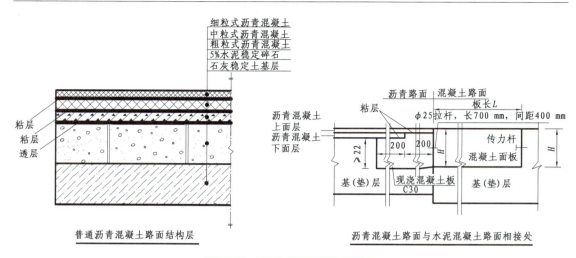

图 5.30　透层、粘层位置示意图

（4）封层（040203004）

①计算规则。封层的工程量按设计图示尺寸以面积计算，不扣除各种井所占面积，带平石的面层应扣除平石所占面积。

②工作内容。封层的工作内容包括清理下承面，喷油、布料和压实。

③规则解读。封层指的是为封闭表面空隙，防止水分浸入面层或基层而铺筑的沥青混合料薄层。铺筑在面层表面的称为上封层；铺筑在面层下面的称为下封层。封层的工程量以"m²"计量。封层在沥青路面结构图中的具体位置如图5.31所示。

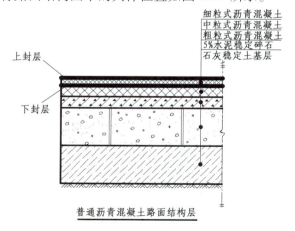

图 5.31　封层位置示意图

（5）黑色碎石（040203005）

①计算规则。黑色碎石的工程量按设计图示尺寸以面积计算，不扣除各种井所占面积，带平石的面层应扣除平石所占面积。

②工作内容。黑色碎石的工作内容包括清理下承面，拌和、运输，摊铺、整形和压实。

③规则解读。黑色碎石，即是沥青碎石。沥青碎石是由几种不同粒径大小的级配矿料，掺有少量矿粉或不加矿粉，用沥青作结合料，按一定比例配合，均匀拌和，经压实成型的路面。

黑色碎石的工程量按设计图示尺寸以"m²"计量。

(6)沥青混凝土(040203007)

三维路面
结构模型

①计算规则。沥青混凝土的工程量按设计图示尺寸以面积计算,不扣除各种井所占面积,带平石的面层应扣除平石所占面积。

②工作内容。沥青混凝土的工作内容包括清理下承面,拌和、运输、摊铺、整形和压实。

③规则解读。沥青混凝土是由适当比例的粗、细集料及填料组成的符合规定级配的矿料,与沥青拌和而制成的符合技术标准的沥青混合料。

沥青混凝土路面的工程量按设计图示尺寸以"m²"计量。

【例5.16】 某市政道路的路面结构图如图5.32所示,图中未给出的单位标注均以"cm"计量。若该段道路的长度为100 m,试根据《计价规范》计算该市政道路的沥青混凝土路面的工程量。

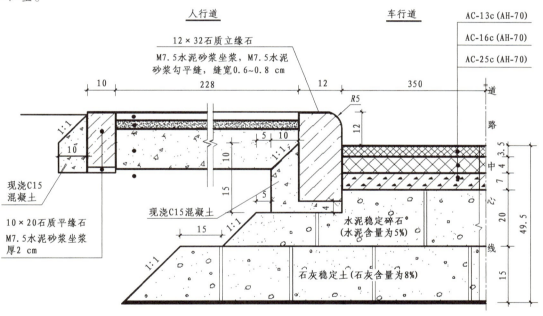

图5.32 沥青混凝土路面示意图(单位:cm)

【解】 该沥青混凝土的工程量为:$3.5 \times 2 \times 100 = 700 (\text{m}^2)$

(7)水泥混凝土(040203007)

①计算规则。水泥混凝土的工程量按设计图示尺寸以面积计算,不扣除各种井所占面积,带平石的面层应扣除平石所占面积。

②工作内容。水泥混凝土的工作内容包括模板制作、安装、拆除,混凝土拌和、运输、浇筑,拉毛,压痕或刻防滑槽,伸缝、缩缝、锯缝、嵌缝、路面养护。

③规则解读。水泥混凝土是指将水泥、砂、石等材料按照一定配合比组成,用水拌和形成的混合料。

水泥混凝土路面的工程量按设计图示尺寸以"m²"计量;水泥混凝土路面中传力杆和拉杆的制作、安装应按钢筋工程中相关项目编码列项。

（8）块料面层（040203008）

①计算规则。块料面层的工程量按设计图示尺寸以面积计算，不扣除各种井所占面积，带平石的面层应扣除平石所占面积。

②工作内容。块料面层的工作内容包括铺筑垫层，铺砌块料，嵌缝、勾缝。

③规则解读。块料面层是指利用石块、水泥混凝土块等铺砌而成的路面。具体材料包括块石、砖块、铁块、木块、橡胶块、沥青混凝土块、水泥混凝土预制块等。块料面层路面的工程量以"m²"计量。

（9）弹性面层（040203009）

①计算规则。弹性面层的工程量按设计图示尺寸以面积计算，不扣除各种井所占面积，带平石的面层应扣除平石所占面积。

②工作内容。弹性面层的工作内容包括配料和铺贴。

③规则解读。弹性面层是指由柔性材料所组成的集料的总称。比较常见的是塑胶面层。塑胶面层是由各种颜料、橡胶颗粒或 EPDM 颗粒为面层，用黑色橡胶颗粒作为底层，由胶黏剂经过高温硫化热压所制成。

弹性面层的工程量按设计图示尺寸以"m²"计量。

2）定额工程量计算规则解析

（1）道路路面

①计算规则。道路路面工程量按设计图纸以"m²"计量，应扣除面积 > 0.30 m² 的各种占位面积。

②规则解读。按设计图纸以"m²"计量时，按道路设计长度乘以路面宽度，再加上道路交叉口转角面积。

交叉口转角面积的计算公式如下：

道路正交时（图5.33）：

$$F = 0.214\ 6R^2 \tag{5.16}$$

道路斜交时（图5.34）：

$$F = R^2\left[\tan(\alpha/2) - 0.008\ 73\alpha\right] \tag{5.17}$$

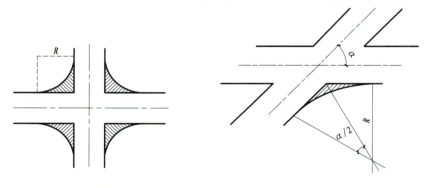

图 5.33　道路正交　　　　　　图 5.34　道路斜交

在市政道路面层中，可能会出现的占位面积主要是市政管网工程的检查井，当检查井的占位面积 > 0.3 m² 时，需要扣除相应的占位面积。因此，在计算市政道路的面层工程量时，应扣除直径大于 600 mm 的检查井的占位面积。

③计算实例。

【例 5.17】 某市政道路工程斜交路口如图 5.35 所示,若图中阴影部分所示转角部位圆曲线的半径 $R = 20$ m,试计算阴影部分的转角面积。

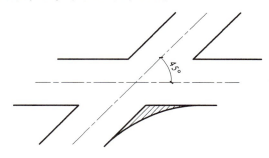

图 5.35 道路斜交转角面积计算示意图

【解】 根据道路斜交时转角面积的计算公式:

$$F = R^2 [\tan(\alpha/2) - 0.008\ 73\alpha]$$
$$= 20 \times 20 \times [\tan(45°/2) - 0.008\ 73 \times 45]$$
$$= 8.55 (m^2)$$

(注:上述公式中尾部的"α"应代为角度值)

(2)混凝土路面伸缩缝

①计算规则。混凝土路面伸缩缝按断面的设计长度乘以设计高度以"m^2"计量。

②规则解读。当温度变化时,水泥混凝土路面板会发生热胀冷缩现象,导致水泥混凝土路面板的隆起和开裂。为防止这种现象的发生,施工过程中应在水泥混凝土路面板中设置横向工作缝和纵向工作缝。

纵缝是指与行车方向平行的接缝;横缝是指与行车方向垂直的接缝。相关的纵、横缝方向示意图如图 5.36 所示。

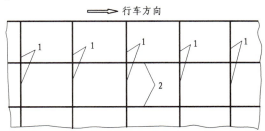

图 5.36 水泥混凝土路面横缝和纵缝方向示意图
1—横缝;2—纵缝

③计算实例。

【例 5.18】 某市政水泥混凝土路面,长度为 500 m,路宽为 28 m,水泥混凝土路面板厚度为 20 cm。道路横缝的设置情况如下:每隔 20 m 设置一道伸缝,采用人工切缝,沥青玛蹄脂灌缝,缝宽 20 mm;每隔 5 m 设置一道缩缝,采用机械锯缝。试根据《计价定额》计算伸缝的工程量。

【解】 根据《计价定额》,伸缝的工程量为:

$$S = (500/20 - 1) \times 28 \times 0.2 = 134.40 (m^2)$$

5.3.4　人行道及其他

1)清单工程量计算规则解析

人行道及其他包括人行道整形碾压,人行道块料铺设,现浇混凝土人行道及进口坡,安砌侧(平、缘)石,现浇侧(平、缘)石,检查井升降,树池砌筑,预制电缆沟铺设等工程项目。

(1)人行道整形碾压

①计算规则。人行道整形碾压的工程量按设计人行道图示尺寸以面积计算,不扣除侧石、树池和各类井所占面积。

②工作内容。人行道整形碾压的工作内容包括放样和碾压。

③规则解读。人行道整形碾压是指人行道在铺筑结构层前对基底进行的必要的挖、填、找平。由于侧石、树池和各类井都在人行道的范围内,故人行道的整形碾压包含它们的占位面积。

人行道整形碾压的工程量按图示尺寸以"m²"计量。

(2)人行道块料铺设

①计算规则。人行道块料铺设的工程量按设计图示尺寸以面积计算,不扣除各类井所占面积,但应扣除侧石、树池所占面积。

②工作内容。人行道块料铺设的工作内容包括基础、垫层铺筑和块料铺设。

③规则解读。在人行道的范围内,人行道的块料铺设只是其中的一部分,大多数的市政道路的人行道结构层除了人行道的块料铺装,还会有侧缘石和树池。因此在计算时,块料铺装层应按实计算,即用人行道的面积扣除侧缘石和树池的占位面积。

【例5.19】　某市政道路标准横断面如图5.37所示,图中尺寸以m计。若该段市政道路长度为500 m,其余参数详见图5.38人行道铺装平面图,图中尺寸均以mm计。试根据《计算规范》计算该段市政道路的人行道块料铺设的清单工程量。

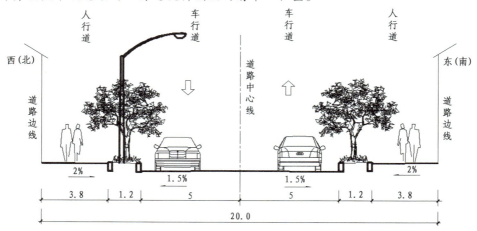

图5.37　某市政道路标准横断面图(单位:m)

【解】　由图中可知,人行道边侧缘石的宽度为200 mm,则

每个树池的面积:1.0×1.0=1.0(m²)

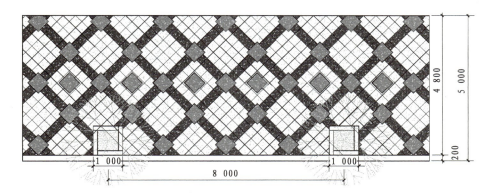

图 5.38　人行道铺装平面图

该段市政道路单边人行道内树池的个数:$int(500/8)+1=63($个$)$

则该段市政道路人行道块料铺设的工程量:$[(5-0.2)\times500-63\times1]\times2=4\ 674(m^2)$

(3)现浇混凝土人行道及进口坡

①计算规则。现浇混凝土人行道及进口坡的工程量按设计图示尺寸以面积计算,不扣除各类井所占面积,但应扣除侧石、树池所占面积。

②工作内容。现浇混凝土人行道及进口坡的工作内容包括模板制作、安装、拆除,基础、垫层铺筑,混凝土拌和、运输、浇筑。

③规则解读。现浇混凝土人行道是指人行道的面层材料由水泥混凝土构成。此项目与人行道块料铺设并列,是人行道面层处理的一种方式。同时,若人行道的基层采用水泥混凝土进行铺筑,也可以采用此项目进行列项。

现浇混凝土进口坡是指在市政道路的交叉口或市政道路与建筑物大门、通道进口等相连的位置,人行道面层材料为混凝土的进口坡。

现浇混凝土人行道及进口坡的工程量按设计图示尺寸以"m^2"计量。

(4)安砌侧(平、缘)石

①计算规则。安砌侧(平、缘)石的工程量按设计图示中心线长度计算。

②工作内容。安砌侧(平、缘)石的工作内容包括开槽,基础、垫层铺筑,侧(平、缘)石安砌。

③规则解读。安砌侧(平、缘)石是指将已经预制好的侧(平、缘)石构件进行安装或砌筑。安砌侧(平、缘)石的工程量按设计图示中心线以"m"计量。

(5)现浇侧(平、缘)石

①计算规则。现浇侧(平、缘)石的工程量按设计图示中心线长度计算。

②工作内容。现浇侧(平、缘)石的工作内容包括模板制作、安装、拆除,开槽,基础、垫层铺筑,混凝土拌和、运输、浇筑。

③规则解读。现浇侧(平、缘)石是指采用现场制拌混凝土或商品混凝土,支模再浇筑侧(平、缘)石的过程。

现浇侧(平、缘)石的工程量按设计图示中心线以"m"计量。

（6）检查井升降

①计算规则。检查井升降的工程量按设计图示路面标高和原有的检查井发生正负高差的检查井的数量以"座"计量。

②工作内容。检查井升降的工作内容包括提升和降低。

③规则解读。在对市政道路结构层的改造过程中，由于原有的路面高程会提升或降低，导致原有检查井的标高相应的提升或降低的施工过程，可以采用"检查井升降"项目。检查井的升降是利用预制的混凝土砌块或混凝土管节作为井口，增加或者减少混凝土砌块或混凝土管节的个数来达到升降检查井标高的目的。具体的装配式混凝土检查井的详图，详见图 5.39。

（7）树池砌筑

①计算规则。树池砌筑的工程量按设计图示数量计算。

②工作内容。树池砌筑的工作内容包括基础、垫层铺筑，树池砌筑和盖面材料运输、安装。

③规则解读。在有铺装的人行道上，利用混凝土、石材、砖等砌体材料分隔出一块没有铺装的土地用来栽种树木，这种构造称为树池。相关的树池构造图详见图 5.40。一般来说，一条市政道路的树池规格造型都是相同的，因此树池砌筑的工程量按设计图示数量以"个"计量。

（8）预制电缆沟铺设

①计算规则。预制电缆沟铺设的工程量按设计图示中心线长度计算。

②工作内容。预制电缆沟铺设的工作内容包括基础、垫层铺筑，预制电缆沟安装和盖板安装。

③规则解读。预制电缆沟是预制场或专业厂家生产的成品，在一个市政工程中用到的均为同一类型的预制电缆沟，因此其工程量按设计图示中心线长度以"m"计量。

2）定额工程量计算规则解析

（1）人行道块料铺设

①计算规则。铺砌人行道方块的工程量按嵌边石与路缘石之间的净面积以"m^2"计量，并扣除 $>0.3\ m^2$ 的占位面积。

②规则解读。此条规则与《计算规范》中的"人行道块料铺设"工程量计算规则不同，《计价定额》中只扣除占位面积 $>0.3\ m^2$ 的树池等构筑物；而《计算规范》中不论树池等构筑物的面积为多大，均得扣除。

（2）路缘石垫层

①计算规则。道路两侧的路缘石垫层按图纸设计尺寸以"m^2"计量，执行道路基层相应定额，但是如路缘石安砌在加宽基层上，则不得再计算垫层工程量。

②规则解读。路缘石的铺筑有两种情况：一种是直接将加宽基层作为铺筑的垫层；另一种是单独设置路缘石铺筑的垫层。当单独设置路缘石铺筑的垫层时，其工程量按路缘石底宽乘以路缘石铺筑长度以"m^2"计量。

③计算实例。

【例 5.20】 某市政道路的路面结构图的半断面如图 5.41 所示，图中未给出的单位标注均以"cm"计量。若该段道路的长度为 100 m，试根据《计价定额》计算该石质立缘石的垫层的工程量。

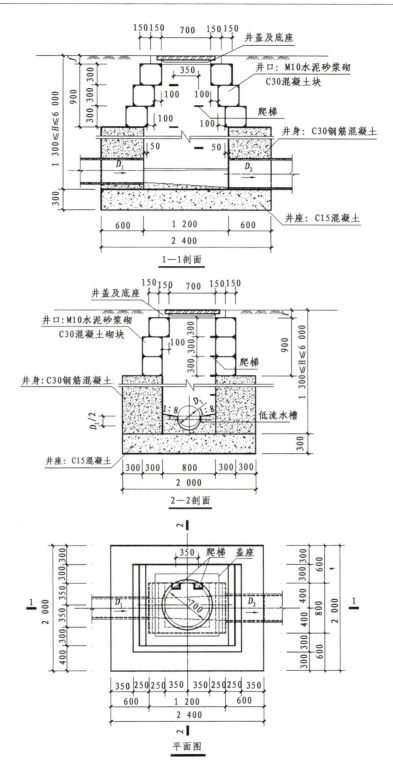

图 5.39 装配式混凝土检查井三视图

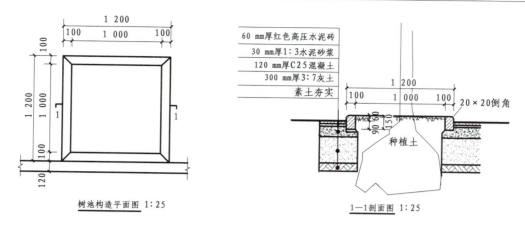

图 5.40　树池构造图

【解】 石质立缘石的垫层的工程量为：$0.12 \times 100 \times 2 = 24(\text{m}^2)$

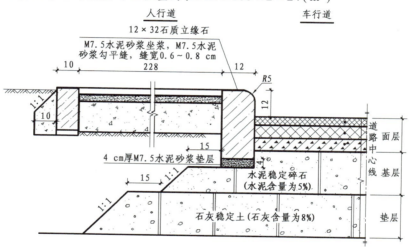

图 5.41　某市政道路的路面结构图的半断面(单位:cm)

5.3.5　交通管理设施

1)清单工程量计算规则解析

交通管理设施包括人(手)孔井,电缆保护管,标杆,标志板,视线诱导器,标线,标记,横道线,清除标线,环形检测线圈,值警亭,隔离护栏,架空走线,信号灯,设备控制机箱,管内配线,防撞筒(墩),警示柱,减速垄,监控摄像机,数码相机,道闸机,可变信息情报板和交通智能系统调试等工程项目。

(1)人(手)孔井(040205001)

①计算规则。人(手)孔井的工程量按设计图示数量计算。

②工作内容。人(手)孔井的工作内容包括基础、垫层铺筑,井身砌筑,勾缝(抹面),井盖安装。

③规则解读。市政工程中为方便线缆敷设,方便穿线建造的构筑物,其中,能进人的井称为人孔井;不能进人,只能伸手进去的井称为手孔井。人(手)孔井的详图如图 5.42 所示。人(手)孔井的工程量按设计图示数量以"座"计量。

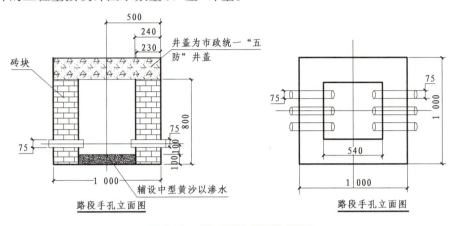

图 5.42　人(手)孔井构造详图

(2)电缆保护管(040205002)

①计算规则。电缆保护管的工程量按设计图示以长度计算。

②工作内容。电缆保护管的工作内容是敷设。

③规则解读。电缆保护管又称为电缆排管,主要安装在通信电缆与电力线交叉的地段,防止电力线发生断线造成短路事故,保护电缆、交换机、机芯板等设备,对电力线磁场干扰也起到一定的隔离作用。电缆保护管按设计图示长度以"m"计量。电缆保护管的施工构造详图如图 5.43 所示。

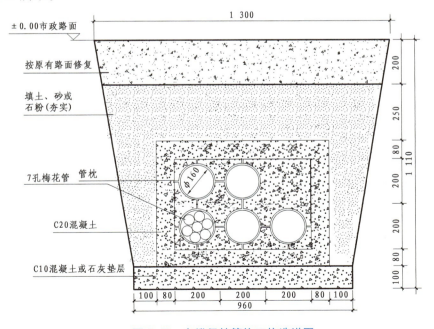

图 5.43　电缆保护管施工构造详图

（3）标杆（040205003）

①计算规则。标杆的工程量按设计图示数量计算。

②工作内容。标杆的工作内容包括基础、垫层铺筑,制作,喷漆或镀锌,底盘、拉盘、卡盘及杆件安装。

③规则解读。标杆是市政道路交通设施中交通信号灯和交通标志的重要组成部分,其材质一般为镀锌钢管。标杆的工程量按设计图示数量以"根"计量。

（4）标志板（040205004）

①计算规则。标志板的工程量按设计图示数量计算。

②工作内容。标志板的工作内容包括制作和安装。

③规则解读。标志板是市政道路交通设施中交通信号灯和交通标志的重要组成部分,其材质一般为镀锌钢管。标志板的工程量按设计图示数量以"块"计量。

（5）视线诱导器（040205005）

①计算规则。视线诱导器的工程量按设计图示数量计算。

②工作内容。视线诱导器的工作内容包括安装。

③规则解读。视线诱导器是一种沿车行道设置的,显示车行道边界和公路线形的安全标志。视线诱导器的工程量按设计图示数量以"只"计量。

（6）标线（040205006）

①计算规则。标线的工程量计算有两种方式:一种是按设计图示以长度计算;另一种是按设计图示尺寸以面积计算。

②工作内容。标线的工作内容包括清扫、放样、画线和护线。

③规则解读。标线是指在市政道路的路面上用线条向交通参与者传递引导、限制、警告等交通信息的标志。其作用是管制和引导交通,可以与标记配合使用,也可单独使用。市政道路工程的标线多种多样,其工程量可以根据标线的特点选择按长度或按面积计算。

（7）标记（040205007）

①计算规则。标记的工程量计算有两种方式:一种是按设计图示数量计算;另一种是按设计图示尺寸以面积计算。

②工作内容。标记的工作内容包括清扫、放样、画线和护线。

③规则解读。标记是指在市政道路的路面上用箭头、文字、立面标记、突起路标和轮廓标等向交通参与者传递引导、限制、警告等交通信息的标志。主要作用是管制和引导交通。市政道路部分标记的详图如图 5.44 所示。对于形状比较复杂的标记可以按设计图示数量以"个"计量;对于形状简单易于计算面积的标记可以按设计图示尺寸以"m^2"计量。

减速让行　停车让行　左转弯　直行　右转弯

图 5.44　部分市政道路标记详图

（8）横道线（040205008）

①计算规则。横道线的工程量按设计图示尺寸以面积计算。

②工作内容。横道线的工作内容包括清扫、放样、画线和护线。

③规则解读。横道线俗称斑马线，是由白色平行线组成的，供行人穿越马路之用。横道线的详图如图 5.45 所示，其工程量按设计图示尺寸以"m^2"计量。

图 5.45　横道线详图

（9）清除标线（040205009）

①计算规则。清除标线的工程量按设计图示尺寸以面积计算。

②工作内容。清除标线的工作内容包括清除。

③规则解读。清除标线是指在市政道路改造过程中，擦除已画的道路标线的工程项目。清除标线的方法包括打磨清除法、铣刨清除法、抛丸清除法、喷砂清除法、刷擦清除法、天然气燃烧法、苏打喷射清除法、高压水射流清除法等。

清除标线的工程量按设计图示尺寸以"m^2"计量。

（10）环形检测线圈（040205010）

①计算规则。环形检测线圈的工程量按设计图示数量计算。

②工作内容。环形检测线圈的工作内容包括安装和调试。

③规则解读。环形检测线圈是一种检测技术，通过运用环形线圈作为检测传感器来检测车辆通过或存在于检测区域的技术。环形检测线圈的工程量按设计图示数量以"个"计量。

（11）值警亭（040205011）

①计算规则。值警亭的工程量按设计图示数量计算。

②工作内容。值警亭的工作内容包括基础、垫层铺筑和安装。

③规则解读。常规情况下，值警亭按半成品现场安装考虑，若实际采用砖砌等形式的，按现行国家标准《房屋建筑与装饰工程工程量计算规范》（GB 50854—2013）中相关项目编码列项。值警亭的工程量按设计图示数量以"个"计量。

（12）隔离护栏（040205012）

①计算规则。隔离护栏的工程量按设计图示以长度计算。

②工作内容。隔离护栏的工作内容包括基础、垫层铺筑，制作、安装。

③规则解读。隔离护栏是市政道路上分隔机动车道或机动车道与非机动车道的隔离装置。材质一般为钢材，其工程量按设计图示长度以"m"计量。隔离护栏的一般构造图如图 5.46 所示。

（13）架空走线（040205013）

①计算规则。架空走线的工程量按设计图示以长度计算。

②工作内容。架空走线的工作内容包括架线。

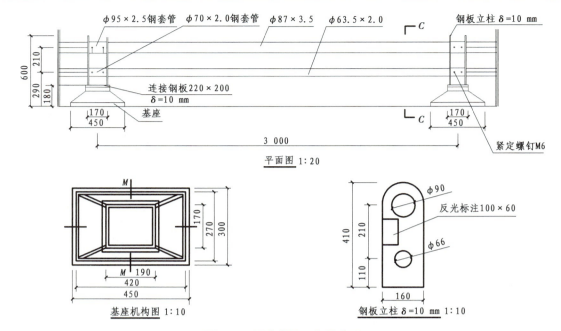

图 5.46　隔离护栏一般构造图

③规则解读。架空走线是指市政管网在不能埋地的情况下,依靠支撑、吊架,使整个管道高于地面的铺设方式。架空走线多用于市政管道沿河流走向或地形起伏很大的布置情况下。架空走线的工程量按设计图示长度以"m"计量。

（14）信号灯（040205014）

①计算规则。信号灯的工程量按设计图示数量计算。

②工作内容。信号灯的工作内容包括基础、垫层铺筑,灯架制作、镀锌、喷漆,底盘、拉盘、卡盘及杆件安装,信号灯安装、调试。

③规则解读。信号灯是指市政道路中为了加强交通管理,减少交通事故的发生,提高道路使用效率,改善交通状况的一种重要工具。它适用于十字、丁字等交叉路口,指导车辆和行人安全有序地通行。信号灯的工程量按设计图示数量以"座"计量。

（15）设备控制机箱（040205015）

①计算规则。设备控制机箱的工程量按设计图示数量计算。

②工作内容。设备控制机箱的工作内容包括基础、垫层铺筑,安装,调试。

③规则解读。设备控制机箱是指放置道路交通信号灯控制机械、路灯控制机械等相关设备的机箱。设备控制机箱的工程量按设计图示数量以"台"计量。

（16）管内配线（040205016）

①计算规则。管内配线的工程量按设计图示以长度计算。

②工作内容。管内配线的工作内容为配线。

③规则解读。管内配线是指市政工程中在埋地的金属管、绝缘塑料管中进行电缆或电线的穿线工程,其工程量按设计图示长度以"m"计量。

（17）防撞筒（墩）（040205017）

①计算规则。防撞筒（墩）的工程量按设计图示数量计算。

②工作内容。防撞筒(墩)的工作内容包括制作和安装。

③规则解读。防撞筒(墩)是指放置在市政道路的转弯、出入口、收费口及其他需要隔离或防撞的危险地段的路面上,起安全隔离、警示、预防碰撞的作用,并能在发生碰撞时起缓冲作用,吸收并降低碰撞冲击力的设施。防撞筒(墩)的工程量按设计图示数量以"个"计量。

(18)警示柱(040205018)

①计算规则。警示柱的工程量按设计图示数量计算。

②工作内容。警示柱的工作内容包括制作和安装。

③规则解读。警示柱是指放置在市政道路的转弯、出入口、收费口及其他需要隔离的路面上,起安全隔离、警示作用的设施。警示柱不能防撞,属于安全警示设施。警示柱的工程量按设计图示数量以"根"计量。

(19)减速垄(040205019)

①计算规则。减速垄的工程量按设计图示以长度计算。

②工作内容。减速垄的工作内容包括制作和安装。

③规则解读。减速垄是指安装在市政道路上使经过的车辆减速的交通设施。其形状一般为条,也有点状,材质主要是橡胶,一般以黄色黑色相间以引起视觉注意,使路面稍微拱起以达到车辆减速目的。减速垄一般设置在市政道路交叉口,工矿企业、学校、住宅小区入口等需要车辆减速慢行的路段和容易引发交通事故的路段,是用于机动车、非机动车行驶速度减速的交通专用安全设置。橡胶减速垄的大样图如图 5.47 所示,其工程量按设计图示长度以"m"计量。

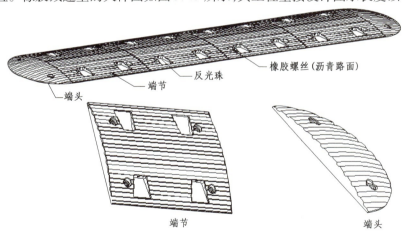

图 5.47　减速垄大样图

(20)监控摄像机(040205020)

①计算规则。监控摄像机的工程量按设计图示数量计算。

②工作内容。监控摄像机的工作内容包括安装和调试。

③规则解读。监控摄像机是市政道路交通安全设施的重要组成部分,它的像素和分辨率比专业的数码相机要低。编制招标控制价时,工程量按设计图示数量计算;编制工程结算时,工程量按实计算。

(21)数码相机(040205021)

①计算规则。数码相机的工程量按设计图示数量计算。

②工作内容。数码相机的工作内容包括安装和调试。

③规则解读。数码相机是市政道路交通安全设施的重要组成部分,它的像素和分辨率比监控摄像机的要高,用于具有特殊要求的市政道路路段。编制招标控制价时,工程量按设计图示数量计算;编制工程结算时,工程量按实计算。

(22)道闸机(040205022)

①计算规则。道闸机的工程量按设计图示数量计算。

②工作内容。道闸机的工作内容包括基础、垫层铺筑,安装和调试。

③规则解读。道闸机是市政道路交通安全设施的重要组成部分,当市政道路与其他轨道交叉使用时,道闸机是防护行人及其他交通工具的手段。编制招标控制价时,工程量按设计图示数量计算;编制工程结算时,工程量按实计算。

(23)可变信息情报板(040205023)

①计算规则。可变信息情报板的工程量按设计图示数量计算。

②工作内容。可变信息情报板的工作内容包括安装和调试。

③规则解读。可变信息情报板是一种智能外场设备,它能根据交通、天气及指挥调度部门的指令及时显示图文信息。如施工地段、谨慎驾驶、注意安全、强风、浓雾等警示标语及简单图形,从而让驾驶人员提前了解道路状况,避免交通阻塞,减少交通事故发生。同时,还可根据路面实际情况通过监控中心来显示限速值,从而有效地对交通流进行诱导,提高路网的交通运输能力。编制招标控制价时,工程量按设计图示数量计算;编制工程结算时,工程量按实计算。

(24)交通智能系统调试(040205024)

①计算规则。交通智能系统调试的工程量按设计图示数量计算。

②工作内容。交通智能系统调试的工作内容包括安装和调试。

③规则解读。交通智能系统是将先进的科学技术(信息技术、计算机技术、数据通信技术、传感器技术、电子控制技术、运筹学、人工智能等)有效地综合运用于市政道路的交通运输、服务控制等领域,加强车辆、道路、使用者三者之间的联系,从而形成一种保障安全、提高效率、改善环境、节约能源的综合运输系统。

交通智能系统调试是指对整套系统的联合安装、调试等工作。编制招标控制价时,工程量按设计图示数量计算;编制工程结算时,工程量按实计算。

2)定额工程量计算规则解析

(1)标线

①计算规则。道路标线中的纵向实线、虚线、横道线、黄侧石线、车道停止线、减让线、机动车禁停网状线、导流线、导向标记按设计实漆面积计算。

②规则解读。标线的工程量按实际漆面的面积以"m²"计量。

③计算实例。

【例5.21】 某市政道路的车行道分界虚实线的大样图如图5.48所示,图中尺寸单位以"cm"计。若需要设置这种样式的车行道分界虚实线的长度共计600 m,试根据《计价定额》计算该段标线的工程量。

图 5.48　车行道分界虚实线大样图(单位:cm)

【解】　根据《计价定额》,该段车行道分界虚实线的工程量为:

$S = 600 \times 1.5 + 2 \times 1.5 \times (600/6) = 1\ 200 (m^2)$

(2)标记

①计算规则。文字、图案标记、人行横道预告标示按其外截矩形面积计算。

②规则解读。标记的工程量由于图案复杂的问题,按标记的外截矩形面积以"m^2"计量。

③计算实例。

【例 5.22】　某市政道路的"停车让行"和"人行横道线与预告标志"的大样图如图 5.49 所示,图中尺寸单位以"cm"计。若需要设置的"停车让行"和"人行横道线与预告标志"的个数分别为 2 个和 6 个,试根据《计价定额》计算这些标记的工程量。

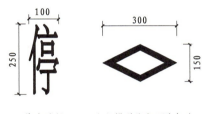

停车让行　　　　人行横道线与预告标志

图 5.49　"停车让行"和"人行横道线与预告标志"大样图(单位:cm)

【解】　根据《计价定额》,这些标记的工程量为:

"停车让行"标记的工程量:$S = 1.0 \times 2.5 \times 2 = 5 (m^2)$

"人行横道线与预告标志"标记的工程量:$S = 3.0 \times 1.5 \times 6 = 27 (m^2)$

项目 5.4　桥涵工程工程量计算

5.4.1　桩基

1)清单工程量计算规则解析

桩基的清单项目包括预制钢筋混凝土方桩,预制钢筋混凝土管桩,钢管桩,泥浆护壁成孔灌注桩,沉管灌注桩,干作业成孔灌注桩,挖孔桩土(石)方,人工挖孔灌注桩,钻孔压浆桩,灌注桩后注浆,截桩头,声测管。

(1)预制钢筋混凝土方桩(040301001)

①计算规则。预制钢筋混凝土方桩的工程量有 3 种计算方式:以"m"计量,按设计图示尺寸以桩长(包括桩尖)计算;以"m^3"计量,按设计图示桩长(包括桩尖)乘以桩的断面积计算;以"根"计量,按设计图示数量计算。

②工作内容。预制钢筋混凝土方桩的工作内容包括工作平台搭拆,桩就位,桩机移位,沉桩、接桩和送桩。

③规则解读。预制钢筋混凝土方桩的清单工程量可以视工程项目的实际情况换算按长度、体积或数量进行计算。若实际市政工程中所有预制钢筋混凝土方桩均为相同截面、相同长度,则工程量以"根"计量;若实际市政工程中所有预制钢筋混凝土方桩为相同截面、不同长度,则工程量以"m"计量;若实际市政工程中所有预制钢筋混凝土方桩不同截面、不同长度,则工程量以"m³"计量。预制钢筋混凝土方桩示意图如图5.50所示。

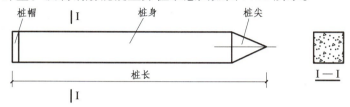

图5.50　预制钢筋混凝土方桩示意图

(2)预制钢筋混凝土管桩(040301002)

①计算规则。预制钢筋混凝土管桩的工程量有3种计算方式:以"m"计量,按设计图示尺寸以桩长(包括桩尖)计算;以"m³"计量,按设计图示桩长(包括桩尖)乘以桩的断面积计算;以"根"计量,按设计图示数量计算。

②工作内容。预制钢筋混凝土管桩的工作内容包括工作平台搭拆,桩就位,桩机移位,桩尖安装,沉桩、接桩、送桩、桩芯填充。

③规则解读。预制钢筋混凝土管桩的工程量计算原理与预制钢筋混凝土方桩一致,其示意图如图5.51所示。

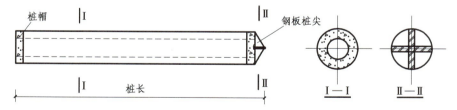

图5.51　预制钢筋混凝土管桩示意图

(3)钢管桩(040301003)

①计算规则。钢管桩的工程量有两种计算方式:以"t"计量,按设计图示尺寸以质量计算;以"根"计量,按设计图示数量计算。

②工作内容。钢管桩的工作内容包括工作平台搭拆,桩就位,桩机移位,沉桩、接桩、送桩,切割钢管、精割盖帽,管内取土、余土弃置和管内填芯、刷防护涂料。

③规则解读。钢管桩的清单工程量可以视工程项目的实际情况换算按质量或数量进行计算。若实际市政工程中钢管桩均为相同规格,则工程量以"根"计量;若实际市政工程中钢管桩为不同规格,则工程量以"t"计量。

(4)泥浆护壁成孔灌注桩(040301004)

①计算规则。泥浆护壁成孔灌注桩的工程量有3种计算方式:以"m"计量,按设计图示尺寸以桩长(包括桩尖)计算;以"m³"计量,按不同截面在桩长范围内以体积计算;以"根"计

量,按设计图示数量计算。

②工作内容。泥浆护壁成孔灌注桩的工作内容包括工作平台搭拆,桩机移位,护筒埋设,成孔、固壁,混凝土制作、运输、灌注、养护,土方、废浆外运,打桩场地硬化及泥浆池、泥浆沟。

③规则解读。泥浆护壁成孔灌注桩是指在泥浆护壁条件下成孔,采用水下灌注混凝土的桩。其成孔方法包括冲击钻成孔、冲抓锥成孔、回旋钻成孔、潜水钻成孔、泥浆护壁的旋挖成孔等。泥浆护壁成孔灌注桩的施工流程如图 5.52 所示。若实际市政工程中泥浆护壁成孔灌注桩均为相同截面、相同长度,则工程量以"根"计量;若实际市政工程中泥浆护壁成孔灌注桩为相同截面、不同长度,则工程量以"m"计量;若实际市政工程中泥浆护壁成孔灌注桩不同截面、不同长度,则工程量以"m³"计量。

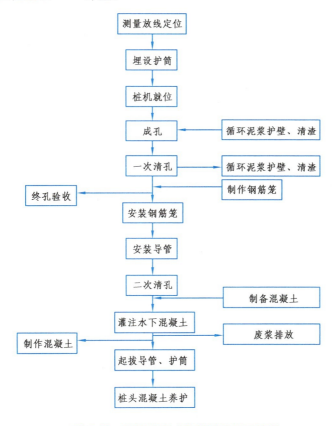

图 5.52　泥浆护壁成孔灌注桩施工流程

(5)沉管灌注桩(040301005)

①计算规则。沉管灌注桩的工程量有 3 种计算方式:以"m"计量,按设计图示尺寸以桩长(包括桩尖)计算;以"m³"计量,按设计图示桩长(包括桩尖)乘以桩的断面积计算;以"根"计量,按设计图示数量计算。

②工作内容。沉管灌注桩的工作内容包括工作平台搭拆,桩机移位,打(沉)拔钢管,桩尖安装,混凝土制作、运输、灌注、养护。

③规则解读。沉管灌注桩的沉管方法包括锤击沉管法、振动沉管法、振动冲击沉管法、内夯沉管法等。若实际市政工程中沉管灌注桩均为相同截面、相同长度,则工程量以"根"计量;

若实际市政工程中沉管灌注桩为相同截面、不同长度,则工程量以"m"计量;若实际市政工程中沉管灌注桩不同截面、不同长度,则工程量以"m³"计量。沉管灌注桩的施工过程如图 5.53所示。

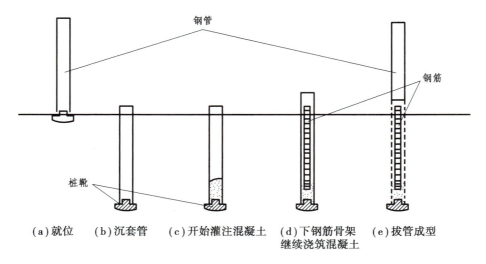

图 5.53 沉管灌注桩的施工过程

(6)干作业成孔灌注桩(040301006)

①计算规则。干作业成孔灌注桩的工程量有 3 种计算方式:以"m"计量,按设计图示尺寸以桩长(包括桩尖)计算;以"m³"计量,按设计图示桩长(包括桩尖)乘以桩的断面积计算;以"根"计量,按设计图示数量计算。

②工作内容。干作业成孔灌注桩的工作内容包括工作平台搭拆,桩机移位,成孔、扩孔和混凝土制作、运输、灌注、振捣、养护。

③规则解读。干作业成孔灌注桩是指不用泥浆护壁和套管护壁的情况下,用钻机成孔后,下钢筋笼,灌注混凝土的桩,适用于地下水位以下的土层使用。其成孔方法包括螺旋钻成孔、螺旋钻成孔扩底、干作业的旋挖成孔等。若实际市政工程中干作业成孔灌注桩均为相同截面、相同长度,则工程量以"根"计量;若实际市政工程中干作业成孔灌注桩为相同截面、不同长度,则工程量以"m"计量;若实际市政工程中干作业成孔灌注桩不同截面、不同长度,则工程量以"m³"计量。干作业成孔灌注桩的施工流程如图 5.54 所示。

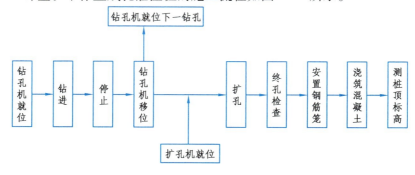

图 5.54 干作业成孔灌注桩施工流程

（7）挖孔桩土（石）方（040301007）

①计算规则。挖孔桩土（石）方的工程量按设计图示尺寸（含护壁）截面积乘以挖孔深度以"m^3"计算。

②工作内容。挖孔桩土（石）方的工作内容包括排地表水，挖土、凿石，基底钎探和土（石）方外运。

③规则解读。挖孔桩土（石）方是指干作业成孔灌注桩（040301006）和人工挖孔灌注桩（040301008）项目施工过程中产生的土石方。由于挖孔灌注桩施工过程中需要安装护壁，防止坍孔，所以挖孔桩土（石）方的工程量计算中需要包含护壁的占位截面积。

（8）人工挖孔灌注桩（040301008）

①计算规则。人工挖孔灌注桩的工程量有两种计算方式：以"m^3"计量，按桩芯混凝土体积计算；以"根"计量，按设计图示数量计算。

②工作内容。人工挖孔灌注桩的工作内容包括护壁制作、安装和混凝土制作、运输、灌注、振捣、养护。

③规则解读。人工挖孔灌注桩是指用人力挖土，成孔，利用护壁防止坍孔，并浇筑混凝土形成的灌注桩。以"m^3"计量时，仅计算桩芯混凝土的体积；当市政工程中采用同一种规格尺寸的人工挖孔灌注桩，按设计图示数量计算。人工挖孔灌注桩的示意图如图 5.55 所示。

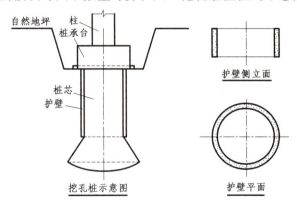

图 5.55　人工挖孔灌注桩示意图

（9）钻孔压浆桩（040301009）

①计算规则。钻孔压浆桩的工程量计算有两种方式：以"m"计量，按设计图示尺寸以桩长计算；以"根"计量，按设计图示数量计算。

②工作内容。钻孔压浆桩的工作内容包括钻孔，下注浆管，投放骨料和浆液制作、运输、压浆。

③规则解读。钻孔压浆桩是通过长螺旋钻机钻到设计深度后，边通过长螺旋钻杆泵送压入混凝土，边缓慢提升钻杆所形成的桩体。当市政工程中的钻孔压浆桩均为同一长度，以"根"计量；当市政工程中的钻孔压浆桩为不同长度，以"m"计量。

（10）灌注桩后注浆（040301010）

①计算规则。灌注桩后注浆的工程量按设计图示以注浆孔数计算。

②工作内容。灌注桩后注浆的工作内容包括注浆导管制作、安装和浆液制作、运输、

压浆。

③规则解读。灌注桩后注浆是在混凝土灌注桩成桩后的一定时间,通过预设在桩身内的注浆管与桩侧或桩端注浆阀相连注入水泥浆,使桩端和桩侧土体得到加固,达到提高单桩承载力、降低沉降的目的。换句话说,灌注桩后注浆并不是成桩的施工工艺,而是成桩后为提升桩的承载力采取的一种辅助手段。灌注桩后注浆的工程量按设计图示以"孔"计量。

(11)截桩头(040301011)

①计算规则。截桩头的工程量有两种计算方式:以"m³"计量,按设计桩截面乘以桩头长度以体积计算;以"根"计量,按设计图示数量计算。

②工作内容。截桩头的工作内容包括截桩头、凿平和废料外运。

③规则解读。灌注桩施工时,桩底的沉渣和灌注过程中泥浆中沉淀的杂质会在混凝土表面形成一层浮浆。为保证桩身整体质量,灌注时进行一定量的超灌,待混凝土凝固后,再将超灌部分进行凿除。同时,这个施工过程也是为了将桩顶的主筋露出来,以便进行后续承台的施工。

若市政工程中截桩头的桩均为同一截面尺寸,以"根"计量;若市政工程中截桩头的桩为不同截面尺寸,以"m³"计量。

(12)声测管(040301012)

①计算规则。声测管的工程量计算有两种方式:按设计图示尺寸以质量计算;按设计图示尺寸以长度计算。

②工作内容。声测管的工作内容包括检测管截断、封头,套管制作、焊接和定位、固定。

③规则解读。声测管是灌注桩进行超声检测法时探头进入桩身内部的通道。常用的声测管的材质有钢管、钢质波纹管和塑料管。若材质选用钢管或钢质波纹管,工程量以"t"计量;若材质选用塑料管,工程量以"m"计量。

2)定额工程量计算规则解析

(1)打桩、送桩和接桩

①计算规则。打预制钢筋混凝土方桩、打预制钢筋混凝土管桩,按设计图示尺寸以桩长(包括桩尖)计算;送预制钢筋混凝土方桩、送预制钢筋混凝土管桩,按设计桩顶至自然地坪另加 0.5 m 以长度计算;接桩,按设计图示以接头数量计算。

②规则解读。打桩是指将预制桩击打入土中。在打桩时,由于打桩架底盘离地面有一定距离,不能将桩打入地面以下设计位置,而需要用打桩机和送桩机将预制桩共同送入土中,这一过程称为送桩。换句话说,送桩是为了把桩打到地面以下而用一根专门的桩来"送"一下,这一根专门的桩称为"打送桩"。"打送桩"在桩基施打完毕后是要回收的。

预制桩受运输条件和打桩架的高度限制,一般分为数节制作,分节打入,将各节桩连接在一起的施工工艺,称为接桩。常用的接桩方式有焊接、法兰连接及硫磺胶泥锚接。

打送桩及接桩施工示意图如图 5.56 所示。

③计算实例。

【例5.23】 某市政桥梁工程采用截面尺寸为 300 mm×300 mm 的预制钢筋混凝土方桩,设计桩深 30 m,预制钢筋混凝土方桩成品每根长度为 7 m,自然地坪标高为 −0.300 m,设计桩顶标高为 −1.500 m,试根据《计价定额》计算该桩的送桩和接桩的工程量。

【解】 送桩的工程量: $-0.300-(-1.500)+0.5=1.70(\mathrm{m})$

接桩的工程量: $\mathrm{int}(30/7-1)=4(\text{处})$

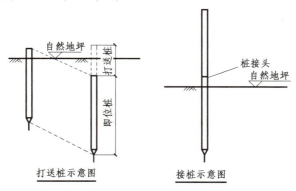

图 5.56   打送桩及接桩施工示意图

（2）预制桩截（凿）桩头

①计算规则。凿桩头按设计截面积乘以桩头长度以体积计算。桩头长度按设计或规范规定的预留长度计算,设计或规范无要求时,预制桩桩头长度按桩体高 $40d$ (d 为桩体主筋直径,主筋直径不同时取大者)计算,灌注桩桩头长度按超灌高度计算。

②规则解读。在《计价定额》中关于预制桩截（凿）桩头的工程量计算与《计算规范》中是一致的,按设计截面乘以桩头长度以体积计算。但在《计价定额》中明确规定当设计或规范没有给出明确的桩头长度说明时,不同类型的桩的桩头长度按表 5.11 计算。

表 5.11   不同类型的桩的桩头长度计算表

桩的类型	预制桩	灌注桩
桩头长度	超出桩体高 $40d$ (d 为桩体主筋直径,主筋直径不同时取大者)	按具体超灌高度

（3）钢护筒

①计算规则。钢护筒按护筒设计质量计算。

②规则解读。钢护筒又称为钢护壁,是在进行人工挖孔桩的过程中,对孔桩进行保护采取的措施。其工程量以"t"计量,当设计未提供钢护筒的质量时,可参照表 5.12 所示的相应质量进行计算,桩径不同时采用内插法计算。编制招标控制价时,根据勘察报告,钢护筒长度按地表下松散地层平均厚度加 200 mm 计算。

表 5.12   钢护筒单位质量和桩径对应表

桩径/mm	400	600	800	1 000	1 200	1 600	2 000	2 400
钢护筒单位质量/($\mathrm{kg \cdot m^{-1}}$)	64.06	90.02	138.83	169.89	234.25	350.33	487.06	580.24

③计算实例。

【例5.24】 某市政工程桥梁基础采用人工挖孔桩,桩径为 1 500 mm,桩长为 30 m。若设计图纸上没有提供钢护筒的质量,试根据《计价定额》计算钢护筒的工程量。

【解】 根据《计价定额》,参照表 5.12,利用内插法计算。则桩径为 1 500 mm 的钢护筒单位质量为：

(350. 33 - 234. 25) × 0. 3/0. 4 + 234. 25 = 321. 31(kg/m)

则钢护筒的工程量为：321. 31 × 302 = 97 035. 62(kg) = 97. 036(t)

5.4.2 基坑和边坡支护

1)清单工程量计算规则解析

基坑和边坡支护包括圆木桩,预制钢筋混凝土板桩,地下连续墙,咬合灌注桩,型钢水泥土搅拌墙,锚杆(索),土钉和喷射混凝土等项目。

(1)圆木桩(040302001)

①计算规则。圆木桩的工程量计算有两种方式:以"m"计量,按设计图示尺寸以桩长(包括桩尖)计算;以"根"计量,按设计图示数量计算。

②工作内容。圆木桩的工作内容包括工作平台搭拆,桩机移位,桩制作、运输、就位,桩靴安装和沉桩。

③规则解读。圆木桩是指用机械将长约6 m、直径约为0. 2 m的一头为尖状的圆木,按队列式的布置打入到边坡中形成的边坡支护结构。市政工程中若采用同一种规格尺寸的圆木桩,工程量以"根"计量;市政工程中若采用不同规格尺寸的圆木桩,工程量以"m"计量。

(2)预制钢筋混凝土板桩(040302002)

①计算规则。预制钢筋混凝土板桩的工程量有两种计算方式:以"m³"计量,按设计图示桩长(包括桩尖)乘以桩的断面积计算;以"根"计量,按设计图示数量计算。

②工作内容。预制钢筋混凝土板桩的工作内容包括工作平台搭拆,桩就位,桩机移位,沉桩、接桩和送桩。

③规则解读。预制钢筋混凝土板桩不仅仅是单独的板桩式构件,而是指由钢筋混凝土板桩构件沉桩后形成的组合桩体。市政工程中,若采用的预制钢筋混凝土板桩均为同一种截面尺寸、同一长度,工程量以"根"计量;市政工程中若采用的预制钢筋混凝土板桩为不同截面尺寸、不同长度,工程量以"m³"计量。

(3)地下连续墙(040302003)

①计算规则。地下连续墙的工程量按设计图示墙中心线长乘以厚度乘以槽深以体积计算。

②工作内容。地下连续墙的工作内容包括导墙挖填、制作、安装、拆除,挖土成槽、固壁、清底置换,混凝土制作、运输、灌注、养护,接头处理,土方、废浆外运,打桩场地硬化及泥浆池、泥浆沟。

③规则解读。地下连续墙是以专门的挖槽设备,沿着深基或地下构筑物周边,采用触变泥浆护壁,按设计的宽度、长度和深度开挖沟槽,待槽段形成后,在槽内设置钢筋笼,采用导管法浇筑混凝土,筑成一个单元槽段的混凝土墙体。依次继续挖槽、浇筑施工,并将相邻单元槽段墙体连接起来形成一道连续的地下钢筋混凝土墙或帷幕,以作为防渗、挡土、承重的地下墙体结构。地下连续墙的施工程序如图5. 57所示。其工程量以"m³"计量。

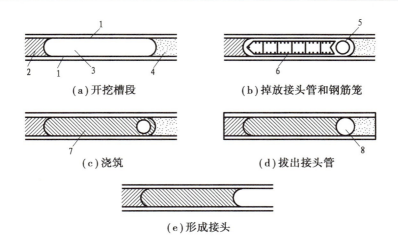

图 5.57　地下连续墙施工程序

1—导墙;2—已浇筑混凝土的单元槽段;3—开挖的槽段;4—未开挖的槽段;5—接头管;
6—钢筋笼;7—正浇筑混凝土的单元槽段;8—接头管拔出后的孔洞

(4)咬合灌注桩(040302004)

①计算规则。咬合灌注桩的工程量有两种计算方式:以"m"计量,按设计图示尺寸以桩长计算;以"根"计量,按设计图示数量计算。

②工作内容。咬合灌注桩的工作内容包括桩机移位、成孔、固壁,混凝土制作、运输、灌注、养护,套管压拔,土方、废浆外运,打桩场地硬化及泥浆池、泥浆沟。

③规则解读。咬合灌注桩是在灌注桩与灌注桩之间形成相互咬合排列的一种基坑围护结构。咬合灌注桩的平面布置示意图如图 5.58 所示。图中带字母 A 的桩为第一批浇筑的桩,字母 B 的桩为第二批浇筑的桩,数字顺序代表每批桩浇筑的顺序。市政工程中,若咬合灌注桩的截面尺寸和长度都一致,以"根"计量;若咬合灌注桩的长度不一致,以"m"计量。

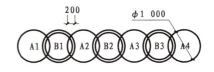

图 5.58　ϕ1 000 咬合桩平面示意图

(5)型钢水泥土搅拌墙(040302005)

①计算规则。型钢水泥土搅拌墙的工程量按设计图示尺寸以体积计算。

②工作内容。型钢水泥土搅拌墙的工作内容包括钻机移位,钻进,浆液制作、运输、压浆,搅拌、成桩,型钢插拔,土方、废浆外运。

③规则解读。型钢水泥土搅拌墙又称为 SMW 桩,也称为加筋水泥地下连续墙,是以多轴型钻掘搅拌机在施工现场按照设计深度进行钻掘,同时在钻头处喷出水泥系强化剂,与地基土自上而下、自下而上反复混合搅拌,在各施工单元之间采取重叠搭接方法使之连接,然后在水泥土混合体未结硬之前插入 H 型钢或钢板桩作为应力补强材料,直到水泥土硬结,便形成一道具有一定强度和刚度的、连续完整的、无接缝的地下墙体。其工程量以"m³"计量。

(6)锚杆(索)(040302006)

①计算规则。锚杆(索)的工程量有两种计算方式:以"m"计量,按设计图示尺寸以钻孔深度计算;以"根"计量,按设计图示数量计算。

②工作内容。锚杆(索)的工作内容包括钻孔,浆液制作、运输、压浆,锚杆(索)制作、安

装,张拉锚固,锚杆(索)施工平台搭设、拆除。

③规则解读。锚杆(索)是通过拉力杆将表层不稳定岩土体的荷载传递至岩土体深部稳定位置,从而实现被加固岩土体的稳定。市政工程中的锚杆(索)均为相同长度,以"根"计量;市政工程中的锚杆(索)为不同长度,以"m"计量。锚杆(索)布置示意图如图5.59(a)所示。

(7)土钉(040302007)

①计算规则。土钉的工程量有两种计算方式:以"m"计量,按设计图示尺寸以钻孔深度计算;以"根"计量,按设计图示数量计算。

②工作内容。土钉的工作内容包括钻孔,浆液制作、运输、压浆,土钉制作、安装,土钉施工平台搭设、拆除。

③规则解读。土钉是一种土体加筋技术,以密集排列的加筋体作为土体补强手段,提高被加固土体的强度和自稳能力。土钉一般会和喷射混凝土面层结合使用,共同作用来加强基坑坑壁和边坡土体。市政工程中的土钉均为相同长度,以"根"计量;市政工程中的土钉为不同长度,以"m"计量。土钉布置示意图如图5.59(b)所示。

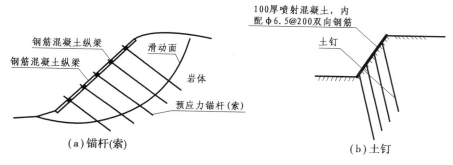

图5.59 锚杆(索)和土钉布置示意图

(8)喷射混凝土(040302008)

①计算规则。喷射混凝土的工程量按设计图示尺寸以面积计算。

②工作内容。喷射混凝土的工作内容包括修整边坡,混凝土制作、运输、喷射、养护,钻排水孔、安装排水管,喷射施工平台搭设、拆除。

③规则解读。喷射混凝土是用压力喷枪喷涂灌注细石混凝土的工法。常用于灌注隧道内衬、坑壁等薄壁结构以及钢结构的保护层。在基坑坑壁支护中,喷射混凝土一般和土钉墙组合使用,共同形成围护工程。其工程量按设计图示尺寸以"m^2"计量。

2)定额工程量计算规则解析

锚杆(索):

①计算规则。锚杆(锚索)、高压喷射扩大头锚杆(锚索)制作安装按设计图示钢筋(钢绞线)长度(包括外锚段)、根数乘以单位理论质量计算。如果设计图纸未标明外锚段长度时,预应力锚杆钢筋外锚段按0.5 m计算,非预应力锚杆钢筋外锚段按0.2 m计算,预应力锚索外锚段按1.0 m计算。

②规则解读。若采用高强度精轧螺纹钢筋为锚固主钢,则称为锚杆;若采用预应力钢绞线作为锚固主钢,则称为锚索。锚杆(索)的定额工程量计算公式为:

$$M = L \times N \times \rho$$

(5.18)

式中　M——锚杆(索)的质量,kg;

　　　L——单根锚杆的总长度(应包括锚固段、自由段和外锚段之和),m;

　　　N——工程锚杆(索)的总根数;

　　　ρ——钢筋单位理论质量,kg/m。当采用高强度精轧螺纹钢筋时,$\rho=0.006\,165d^2$;当采用预应力钢绞线时,应根据现场实际称量确定,$\rho\approx1.21\sim1.24$ kg/m。

③计算实例。

【例 5.25】　某市政边坡支护工程采用非预应力锚杆支护,锚杆支护的断面布置图和平面布置图如图 5.60 所示(图中数据以 cm 计)。若整个支护面积为 500 m^2,每根锚杆的直径为20 mm,每根锚杆的自由段和锚固段的长度总和为 13 m。试根据《计价定额》计算该工程锚杆的工程量。

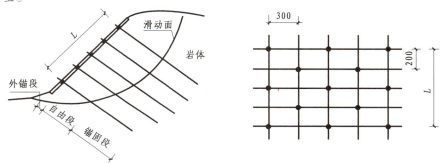

图 5.60　锚杆支护断面布置图及平面布置示意图

【解】　如图中平面布置示意图所示:

$12\times8=96(m^2)$

在 96 m^2 的面积上布置了 13 根锚杆,测算在 500 m^2 的面积上布置的锚杆的根数应为:

$N=\text{int}(500/96)\times13+4=69(根)$

根据式(5.18),该工程锚杆的工程量为:

$M=(13+0.2)\times69\times0.006\,165\times20\times20=2\,246.03(kg)$

5.4.3　现浇混凝土构件

1)清单工程量计算规则解析

现浇混凝土构件包括混凝土垫层,混凝土基础,混凝土承台,混凝土墩(台)帽,混凝土墩(台)身,混凝土支撑梁及横梁,混凝土墩(台)盖梁,混凝土拱桥拱座,混凝土拱桥拱肋,混凝土拱上构件,混凝土箱梁,混凝土连续板,混凝土板梁,混凝土板拱,混凝土挡墙墙身,混凝土挡墙压顶,混凝土楼梯,混凝土防撞护栏,桥面铺装,混凝土桥头搭板,混凝土搭板枕梁,混凝土桥塔身,混凝土连系梁,混凝土其他构件,钢管拱混凝土等清单项目。

(1)混凝土垫层(040303001)

①计算规则。混凝土垫层的工程量按设计图示尺寸以体积计算。

②工作内容。混凝土垫层的工作内容包括模板制作、安装、拆除,混凝土拌和、运输、浇筑、养护。

③规则解读。当桥涵工程采用钢筋混凝土扩大基础或条形基础时,施工时在基础与地基

土之间需设置一层素混凝土垫层,作用是使其表面平整便于在上面绑轧钢筋,也起到保护基础的作用。混凝土垫层的工程量按设计图示尺寸以"m³"计量。

（2）混凝土基础（040303002）

①计算规则。混凝土基础的工程量按设计图示尺寸以体积计算。

②工作内容。混凝土基础的工作内容包括模板制作、安装、拆除,混凝土拌和、运输、浇筑、养护。

③规则解读。桥涵工程的常用基础形式有明挖重力式扩大基础、钢筋混凝土条形基础、桩基础、沉井基础、地下连续墙基础、组合式基础等。除了桩基础按"桩基"部分进行列项以外,其余的基础类型均按混凝土基础考虑。市政桥梁混凝土基础的构造示意图如图 5.61 所示。混凝土基础的工程量以"m³"计量。

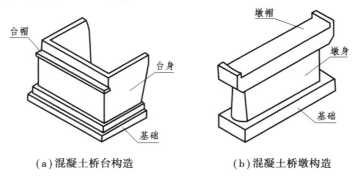

（a）混凝土桥台构造　　　　　　　（b）混凝土桥墩构造

图 5.61　混凝土桥台、桥墩构造示意图

（3）混凝土承台（040303003）

①计算规则。混凝土承台的工程量按设计图示尺寸以体积计算。

②工作内容。混凝土承台的工作内容包括模板制作、安装、拆除,混凝土拌和、运输、浇筑、养护。

③规则解读。混凝土承台指的是为了承受、分布由墩身传递的荷载,在桩基顶部设置的连接各桩顶的钢筋混凝土平台。混凝土承台的示意图如图 5.62 所示。

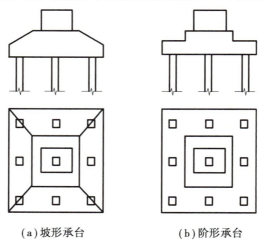

（a）坡形承台　　　　　　　　（b）阶形承台

图 5.62　混凝土承台示意图

（4）混凝土墩（台）帽（040303004）

①计算规则。混凝土墩（台）帽的工程量按设计图示尺寸以体积计算。

②工作内容。混凝土墩（台）帽的工作内容包括模板制作、安装、拆除，混凝土拌和、运输、浇筑、养护。

③规则解读。混凝土墩帽是市政桥梁桥墩的一部分，也是桥墩顶端的传力部分，它通过支座承托上部结构的荷载并传递给墩身；混凝土台帽是市政桥梁桥台的一部分，也是桥台顶端的传力部分，它通过支座承托上部结构的荷载并传递给台身。

混凝土墩（台）帽的示意图如图 5.61 所示。其工程量按设计图示尺寸以"m³"计量。

（5）混凝土墩（台）身（040303005）

①计算规则。混凝土墩（台）身的工程量按设计图示尺寸以体积计算。

②工作内容。混凝土墩（台）身的工作内容包括模板制作、安装、拆除，混凝土拌和、运输、浇筑、养护。

③规则解读。混凝土墩身是市政桥梁桥墩的一部分，它承受墩帽传递的桥梁上部结构的荷载并将其进一步扩散并传递给下部的基础结构。混凝土台身是市政桥梁桥台的一部分，它承受台帽传递的桥台上部结构的荷载并将其进一步扩散并传递给下部的基础结构。

混凝土墩（台）身的示意图如图 5.61 所示。其工程量按设计图示尺寸以"m³"计量。

（6）混凝土支撑梁及横梁（040303006）

①计算规则。混凝土支撑梁及横梁的工程量按设计图示尺寸以体积计算。

②工作内容。混凝土支撑梁及横梁的工作内容包括模板制作、安装、拆除，混凝土拌和、运输、浇筑、养护。

③规则解读。混凝土支撑梁是指市政桥梁工程中，设置在单跨小跨径桥梁的轻型桥台之间的与河床齐平的水平梁，设置的目的是防止两侧桥台的水平变形。其工程量按设计图示尺寸以"m³"计量。

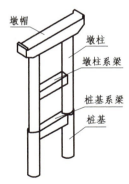

混凝土横梁又称为混凝土系梁，根据其所在位置又可以分为桩基系梁和墩帽柱系梁。桩基系梁是在桩与墩柱交界的位置设置，其目的是增加桥墩（台）的横向稳定性，使桩基整体承受上部荷载；墩柱系梁是桥墩高度较高时，设置于桥墩墩柱之间，其目的是增加桥墩的横向稳定性。桩基系梁和墩柱系梁的示意图如图 5.63 所示。其工程量按设计图示尺寸以"m³"计量。

图 5.63　混凝土横梁示意图

（7）混凝土墩（台）盖梁（040303007）

①计算规则。混凝土墩（台）盖梁的工程量按设计图示尺寸以体积计算。

②工作内容。混凝土墩（台）盖梁的工作内容包括模板制作、安装、拆除，混凝土拌和、运输、浇筑、养护。

梁桥主要构造展示

③规则解读。混凝土墩盖梁从功能作用上来说，和混凝土墩帽是一样的构件。细分来看，对双柱以上桥墩，可以称为盖梁；对于薄壁墩，因墩身截面尺寸小，为满足支撑上部构造要求，需扩大墩顶，此时称为墩帽。混凝土墩盖梁和混凝土墩帽的具体区别如图 5.64 所示。混凝土墩（台）盖梁的工程量按设计图示尺寸以"m³"计量。

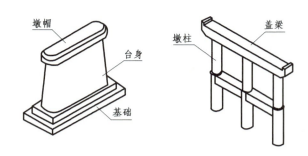

图 5.64　墩盖梁和墩帽的具体区别示意图

（8）混凝土拱桥拱座（040303008）

①计算规则。混凝土拱桥拱座的工程量按设计图示尺寸以体积计算。

②工作内容。混凝土拱桥拱座的工作内容包括模板制作、安装、拆除，混凝土拌和、运输、浇筑、养护。

③规则解读。混凝土拱桥拱座是指在拱圈与墩台及拱圈与空腹式拱上建筑的腹孔墩相连接处设置的现浇混凝土构造物，主要承受拱圈所传递的轴向推力。混凝土拱桥拱座示意图如图 5.65 所示，其工程量按设计图示尺寸以"m^3"计量。

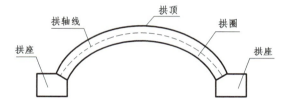

图 5.65　拱座示意图

（9）混凝土拱桥拱肋（040303009）

①计算规则。混凝土拱桥拱肋的工程量按设计图示尺寸以体积计算。

②工作内容。混凝土拱桥拱肋的工作内容包括模板制作、安装、拆除，混凝土拌和、运输、浇筑、养护。

③规则解读。混凝土拱桥拱肋是拱桥主拱圈的骨架，拱桥的拱圈是由拱肋和填槽共同构成的，其工程量按设计图示尺寸以"m^3"计量。

（10）混凝土拱上构件（040303010）

①计算规则。混凝土拱上构件的工程量按设计图示尺寸以体积计算。

②工作内容。混凝土拱上构件的工作内容包括模板制作、安装、拆除，混凝土拌和、运输、浇筑、养护。

③规则解读。混凝土拱上构件是指拱桥拱圈以上由混凝土组成的各部分结构的总称。一般多指空腹式拱上结构的腹孔和腹孔墩。空腹式拱上结构示意图如图 5.66 所示，其工程量按设计图示尺寸以"m^3"计量。

（11）混凝土箱梁（040303011）

①计算规则。混凝土箱梁的工程量按设计图示尺寸以体积计算。

②工作内容。混凝土箱梁的工作内容包括模板制作、安装、拆除，混凝土拌和、运输、浇筑。养护。

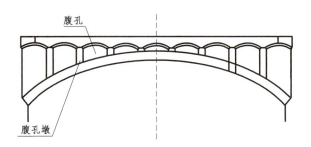

图 5.66　空腹式拱上结构示意图

③规则解读。混凝土箱梁是桥梁工程中梁的一种,内部为空心状,上部两侧有翼缘,类似箱子,故称之为箱梁。从结构形式上又可分为单箱梁、多箱梁等。混凝土箱梁的示意图如图5.67 所示,其工程量按设计图示尺寸以"m³"计量。

（12）混凝土连续板（040303012）

①计算规则。混凝土连续板的工程量按设计图示尺寸以体积计算。

②工作内容。混凝土连续板的工作内容包括模板制作、安装、拆除,混凝土拌和、运输、浇筑、养护。

③规则解读。混凝土连续板是指将两跨或两跨以上简支板（梁）体在支点处连续形成的桥梁上部结构。此种结构适用于地基条件良好的桥梁。混凝土连续板结构示意如图5.67 所示,其工程量按设计图示尺寸以"m³"计量。

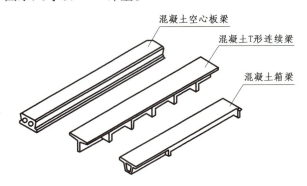

图 5.67　混凝土空心板梁、T 形连续梁、箱梁示意图

（13）混凝土板梁（040303013）

①计算规则。混凝土板梁的工程量按设计图示尺寸以体积计算。

②工作内容。混凝土板梁的工作内容包括模板制作、安装、拆除,混凝土拌和、运输、浇筑、养护。

③规则解读。混凝土板梁是指由矩形截面的钢筋混凝土或预应力混凝土板形成的桥梁上部结构。其主要表现形式有空心板梁、肋板式板梁等。混凝土板梁结构的示意图如图5.67 所示,其工程量按设计图示尺寸以"m³"计量。

（14）混凝土板拱（040303014）

①计算规则。混凝土板拱的工程量按设计图示尺寸以体积计算。

②工作内容。混凝土板拱的工作内容包括模板制作、安装、拆除,混凝土拌和、运输、浇筑、养护。

③规则解读。混凝土板拱是指拱桥或组合体系桥中由混凝土形成的拱圈部分,其工程量按设计图示尺寸以"m^3"计量。

(15)混凝土挡墙墙身(040303015)

①计算规则。混凝土挡墙墙身的工程量按设计图示尺寸以体积计算。

②工作内容。混凝土挡墙墙身的工作内容包括模板制作、安装、拆除,混凝土拌和、运输、浇筑、养护,抹灰,泄水孔制作、安装,滤水层铺筑和沉降缝。

③规则解读。混凝土挡墙墙身是混凝土挡土墙的组成部分,主要有现浇混凝土挡土墙和预制混凝土块体挡土墙等。其工程量按设计图示尺寸以"m^3"计量。

(16)混凝土挡墙压顶(040303016)

①计算规则。混凝土挡墙压顶的工程量按设计图示尺寸以体积计算。

②工作内容。混凝土挡墙压顶的工作内容包括模板制作、安装、拆除,混凝土拌和、运输、浇筑、养护,抹灰,泄水孔制作、安装,滤水层铺筑和沉降缝。

③规则解读。混凝土挡墙压顶是指在砌体结构的挡土墙顶部浇筑的混凝土结构,主要是为了压住墙顶,防止其砌块因砌筑砂浆风化或遭振动、碰撞而松动掉落。混凝土挡墙压顶按设计图示尺寸以"m^3"计量。

(17)混凝土楼梯(040303017)

①计算规则。混凝土楼梯的工程量有两种计算方式:以"m^2"计量,按设计图示尺寸以水平投影面积计算;以"m^3"计量,按设计图示尺寸以体积计算。

②工作内容。混凝土楼梯的工作内容包括模板制作、安装、拆除,混凝土拌和、运输、浇筑和养护。

③规则解读。混凝土楼梯是指市政桥梁中由混凝土浇筑而成的,供行人上下桥梁的竖向通道。若工程量以"m^2"计量,工程量应考虑为混凝土楼梯的自然层水平投影面积的总和进行计算;若工程量以"m^3"计量,则按设计图示尺寸进行计算。

(18)混凝土防撞护栏(040303018)

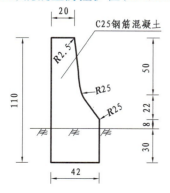

图 5.68 混凝土防撞护栏横断面图(单位:cm)

①计算规则。混凝土防撞护栏的工程量按设计图示尺寸以长度计算。

②工作内容。混凝土防撞护栏的工作内容包括模板制作、安装、拆除,混凝土拌和、运输、浇筑和养护。

③规则解读。混凝土防撞护栏是指由混凝土制成的,设置于市政桥梁上的护栏。混凝土防撞护栏的横断面如图5.68所示,其工程量按设计图示尺寸以"m"计量。

(19)桥面铺装(040303019)

①计算规则。桥面铺装的工程量按设计图示尺寸以面积计算。

②工作内容。桥面铺装的工作内容包括模板制作、安装、拆除,混凝土拌和、运输、浇筑、养护,沥青混凝土铺装和碾压。

③规则解读。桥面铺装是指用沥青混凝土、水泥混凝土等材料铺筑在桥面板上的保护层,其作用是保护桥面板,防止车轮或履带直接磨耗桥面,保护主梁免受雨水侵蚀,并借以分散车轮的集中荷载。桥面铺装按设计图示尺寸以"m²"计量。

(20)混凝土桥头搭板(040303020)

①计算规则。混凝土桥头搭板的工程量按设计图示尺寸以体积计算。

②工作内容。混凝土桥头搭板的工作内容包括模板制作、安装、拆除,混凝土拌和、运输、浇筑和养护。

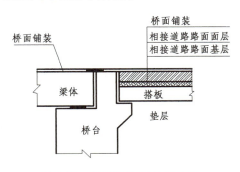

图 5.69　桥头搭板布置示意图

③规则解读。混凝土桥头搭板是由混凝土浇筑而成的用于防止桥端连接部分的沉降而采取的措施,位于机动车道区域内桥台或悬臂梁板端部和填土之间,随着填土的沉降而能够转动,即使台背填土沉降也不至于产生凹凸不平。桥台搭板的布置示意图如图 5.69 所示,其工程量按设计图示尺寸以"m³"计量。

(21)混凝土搭板枕梁(040303021)

①计算规则。混凝土搭板枕梁的工程量按设计图示尺寸以体积计算。

②工作内容。混凝土搭板枕梁的工作内容包括模板制作、安装、拆除,混凝土拌和、运输、浇筑和养护。

③规则解读。混凝土搭板枕梁由混凝土浇筑而成,是混凝土搭板的组成部分。混凝土搭板枕梁的布置示意图如图 5.70 所示,其工程量按设计图示尺寸以"m³"计量。

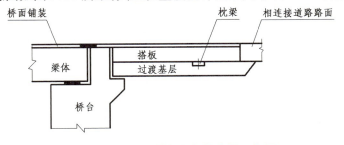

图 5.70　混凝土搭板枕梁的布置示意图

(22)混凝土桥塔身(040303022)

①计算规则。混凝土桥塔身的工程量按设计图示尺寸以体积计算。

②工作内容。混凝土桥塔身的工作内容包括模板制作、安装、拆除,混凝土拌和、运输、浇筑和养护。

③规则解读。混凝土桥塔身是指悬索桥或斜拉桥支承主索的塔形构造物,其工程量按设计图示尺寸以"m³"计量。

（23）混凝土连系梁（040303023）

①计算规则。混凝土连系梁的工程量按设计图示尺寸以体积计算。

②工作内容。混凝土连系梁的工作内容包括模板制作、安装、拆除，混凝土拌和、运输、浇筑和养护。

③规则解读。混凝土连系梁是指混凝土桥塔身中部联系结构构件之间的系梁，作用是增加结构的整体性，并增大混凝土桥塔身的横向和纵向刚度，其工程量按设计图示尺寸以"m³"计量。

（24）混凝土其他构件（040303024）

①计算规则。混凝土其他构件的工程量按设计图示尺寸以体积计算。

②工作内容。混凝土其他构件的工作内容包括模板制作、安装、拆除，混凝土拌和、运输、浇筑和养护。

③规则解读。混凝土其他构件是指除上述梁桥、拱桥、斜拉桥、悬索桥的墩台基础、下部结构和桥跨结构以外，其他的一些由混凝土构成的小型混凝土构件，如桥墩墩帽挡块、盖梁挡块、支座垫石等构件。防震挡块和支座垫石的示意图如图 5.71 所示。混凝土其他构件的工程量按设计图示尺寸以"m³"计量。

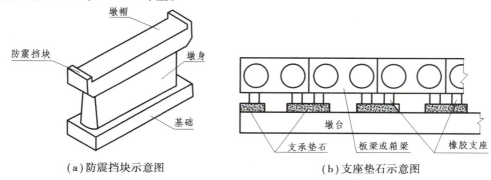

（a）防震挡块示意图　　　　（b）支座垫石示意图

图 5.71　混凝土防震挡块和支座垫石示意图

（25）钢管拱混凝土（040303025）

①计算规则。钢管拱混凝土的工程量按设计图示尺寸以体积计算。

②工作内容。钢管拱混凝土的工作内容包括混凝土拌和、运输和压注。

③规则解读。钢管拱混凝土是指将钢管内填充混凝土，利用钢管的径向约束而限制受压混凝土的膨胀，使混凝土处于三向受压状态，从而显著提高混凝土的抗压强度。钢管拱混凝土主要用于钢管拱混凝土拱桥的拱圈结构中，其工程量按设计图示尺寸以"m³"计量。

2）定额工程量计算规则解析

（1）现浇混凝土空心构件

①计算规则。现浇混凝土空心构件均按图示尺寸扣除空心体积，以实体积计算，不扣除构件内钢筋、螺栓、预埋铁件和单个面积≤0.3 m² 的孔洞所占体积，但应扣除型钢混凝土构件中型钢所占体积。

②规则解读。现浇混凝土空心构件主要是指混凝土空心板（梁）或混凝土箱梁。在计算工程量时，应将中空部分的体积扣除掉，按实体积进行计算。现浇混凝土空心构件中的钢筋、螺栓、预埋铁件和单个面积在 0.3 m² 之内的孔洞，由于其所占体积太小，故在计算工程量时忽略不计。

型钢混凝土是指将型钢埋入在钢筋混凝土中形成的桥梁构件,型钢所占的体积比较大,且型钢本身的价值量太大,不可与混凝土相提并论,故应扣除型钢混凝土中型钢所占体积,按相关"钢结构"分部单独列项计量。

③计算实例。

【例5.26】　某市政斜拉桥全长285 m,桥面宽16 m,最大跨度165 m,桥梁立面图如图5.72所示,引桥主梁截面如图5.73所示。试根据《计价定额》计算引桥主梁(空心板梁)工程量。

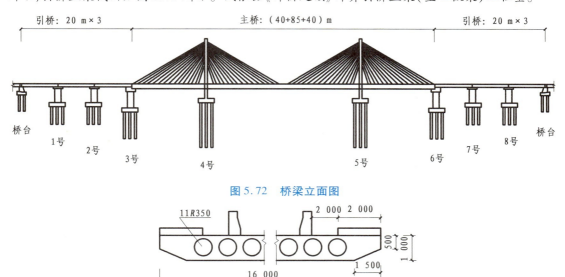

图5.72　桥梁立面图

图5.73　引桥主梁截面(单位:mm)

【解】　引桥主梁工程量:$V = [16 \times 1 - 0.5 \times 1.5 \times (1 - 0.5) \times 2 - 11 \times 3.14 \times 0.35 \times 0.35] \times 20 \times 3 \times 2 = 1\,321.94\,(\mathrm{m}^3)$

(2)现浇预应力混凝土构件

①计算规则。预应力混凝土构件的封锚混凝土数量并入构件混凝土工程量计算。

②规则解读。封锚是指有黏结预应力在张拉工作完成后,将已经卡住钢绞线的锚具采用高强度水泥砂浆封闭的施工工序。封锚既能保护预应力以防止腐蚀,而且能使预应力筋与构件混凝土黏结成一体。封锚混凝土的数量应并入预应力构件的混凝土工程量中。

5.4.4　预制混凝土构件

1)清单工程量计算规则解析

预制混凝土构件包括预制混凝土梁、预制混凝土柱、预制混凝土板、预制混凝土挡土墙墙身、预制混凝土其他构件等清单项目。

(1)预制混凝土梁(040304001)

①计算规则。预制混凝土梁的工程量按设计图示尺寸以体积计算。

②工作内容。预制混凝土梁的工作内容包括模板制作、安装、拆除,混凝土拌和、运输、浇筑、养护,构件安装,接头灌缝,砂浆制作和运输。

③规则解读。预制混凝土梁的工程量按设计图示尺寸以"m^3"计量。

（2）预制混凝土柱（040304002）

①计算规则。预制混凝土柱的工程量按设计图示尺寸以体积计算。

②工作内容。预制混凝土柱的工作内容包括模板制作、安装、拆除，混凝土拌和、运输、浇筑、养护，构件安装，接头灌缝，砂浆制作和运输。

③规则解读。预制混凝土柱的工程量按设计图示尺寸以"m^3"计量。

（3）预制混凝土板（040304003）

①计算规则。预制混凝土板的工程量按设计图示尺寸以体积计算。

②工作内容。预制混凝土板的工作内容包括模板制作、安装、拆除，混凝土拌和、运输、浇筑、养护，构件安装，接头灌缝，砂浆制作和运输。

③规则解读。预制混凝土板的工程量按设计图示尺寸以"m^3"计量。

（4）预制混凝土挡土墙墙身（040304004）

①计算规则。预制混凝土挡土墙墙身的工程量按设计图示尺寸以体积计算。

②工作内容。预制混凝土挡土墙墙身的工作内容包括模板制作、安装、拆除，混凝土拌和、运输、浇筑、养护，构件安装，接头灌缝，泄水孔制作、安装，滤水层铺设，砂浆制作和运输。

③规则解读。预制混凝土挡土墙墙身的工程量按设计图示尺寸以"m^3"计量。

（5）预制混凝土其他构件（040304005）

①计算规则。预制混凝土其他构件的工程量按设计图示尺寸以体积计算。

②工作内容。预制混凝土其他构件的工作内容包括模板制作、安装、拆除，混凝土拌和、运输、浇筑、养护，构件安装，接头灌浆，砂浆制作和运输。

③规则解读。预制混凝土其他构件的工程量按设计图示尺寸以"m^3"计量。

上述编码为040304001～040304005的清单项目，与现浇混凝土构件的主要区别是施工方式为先将柱、梁、板等构件在工厂或专门预制场地制作完成后再进行安装，其工程量与编码为040303001～040304025的清单项目的工程量计算规则是一样的。

2）定额工程量计算规则解析

（1）预制混凝土空心构件

①计算规则。预制混凝土空心构件均按图示尺寸扣除空心体积，以实体积计算，不扣除构件内钢筋、螺栓、预埋铁件、张拉孔道和单个面积≤0.3 m^2的孔洞所占体积，但应扣除型钢混凝土构件中型钢所占体积。

②规则解读。预制混凝土空心构件与现浇混凝土空心构件的计算规则是一致的。

（2）预制构件运输

①计算规则。预制构件运输工程量按设计图示尺寸以运输距离计算。

②规则解读。运输距离包括施工现场的场外运距和施工现场内的场内运距之和。场外运距为预制场（厂）至施工现场的最近入口的最短实际行驶距离；场内运距为工程里程的1/2。

5.4.5　砌筑

1)清单工程量计算规则解析

砌筑包括垫层、干砌块料、浆砌块料、砖砌体和护坡等清单项目。

（1）垫层（040305001）

①计算规则。垫层的工程量按设计图示尺寸以体积计算。

②工作内容。垫层的工作内容包括垫层铺筑。

③规则解读。垫层是设置于市政桥涵工程中圬工结构的基础以下的结构层,其主要作用是隔水、排水、防冻,并改善基层和土基的工作条件。此项目是指除混凝土垫层以外的粒料类垫层和无机结合料稳定土垫层,其工程量按设计图示尺寸以"m^3"计量。

（2）干砌块料（040305002）

①计算规则。干砌块料的工程量按设计图示尺寸以体积计算。

②工作内容。干砌块料的工作内容包括砌筑,砌体勾缝,砌体抹面,泄水孔制作、安装,滤层铺设和沉降缝。

③规则解读。干砌块料是指直接用块石、片石或混凝土预制块码砌起来的构筑物,其工程量按设计图示尺寸以"m^3"计量。

（3）浆砌块料（040305003）

①计算规则。浆砌块料的工程量按设计图示尺寸以体积计算。

②工作内容。浆砌块料的工作内容包括砌筑,砌体勾缝,砌体抹面,泄水孔制作、安装,滤层铺设和沉降缝。

③规则解读。浆砌块料是指用砂浆作为黏结材料,将块石、片石或混凝土预制块砌筑起来的构筑物,其工程量按设计图示尺寸以"m^3"计量。

（4）砖砌体（040305004）

①计算规则。砖砌体的工程量按设计图示尺寸以体积计算。

②工作内容。砖砌体的工作内容包括砌筑,砌体勾缝,砌体抹面,泄水孔制作、安装,滤层铺设和沉降缝。

③规则解读。砖砌体和浆砌块料类似,特指砌体材料为砖的构筑物。砖砌体的工程量按设计图示尺寸以"m^3"计量。

（5）护坡（040305005）

①计算规则。护坡的工程量按设计图示尺寸以面积计算。

②工作内容。护坡的工作内容包括修正边坡、砌筑、砌体勾缝和砌体抹面。

③规则解读。护坡是指为了保持边坡稳定,防止边坡受冲刷,在坡面上所做的各种铺砌的总称。该项目用于桥台与路基相接处设置的锥形护坡的列项。护坡示意图如图 5.74 所示,其工程量按设计图示尺寸以"m^2"计量。

2)定额工程量计算规则解析

（1）砌体

①计算规则。砌体工程量按图示尺寸以实体积计算,不扣除嵌入砌体的钢筋、铁件以及单个面积≤0.3 m^2 的孔洞。

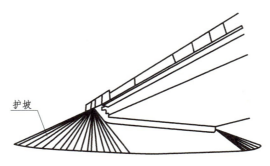

图5.74　桥梁护坡示意图

②规则解读。上述计算规则与前叙《计算规范》中的相关砌体工程量计算规则类似,均按设计图示尺寸以"m³"计量。对于砌体内的钢筋、铁件以及单个面积在0.3 m²以内的孔洞,因其占位体积太小而忽略不计。

(2)石踏步、石梯带

①计算规则。石踏步、石梯带砌体以"m"计算,石平台以"m²"计算,踏步、梯带平台板以下的隐蔽部分以"m³"计算,按相应定额项目执行。

②规则解读。石台阶及相关构造示意图如图5.75所示,踏步、梯带平台板以下的隐蔽部分由于其形状不规则,故按体积以"m³"计量。

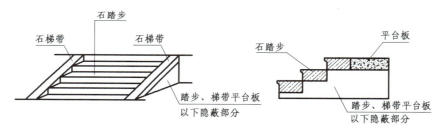

图5.75　石台阶及相关构造示意图

5.4.6　立交箱涵

1)清单工程量计算规则解析

立交箱涵包括透水管、滑板、箱涵底板、箱涵侧墙、箱涵顶板、箱涵顶进、箱涵接缝等清单项目。

(1)透水管(040306001)

①计算规则。透水管的工程量按设计图示尺寸以长度计算。

②工作内容。透水管的工作内容包括基础铺筑和管道铺设、安装。

③规则解读。所谓立交箱涵,是指洞身以钢筋混凝土箱形管节修建的涵洞,在交通位置布置上与市政道路形成立体交叉,或上跨,或下穿,在城市交通交汇点建立上下分层、互不干扰的交通体系。立交箱涵示意图如图5.76所示。

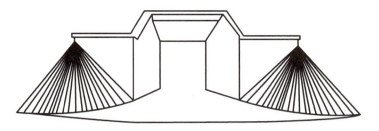

盖板涵
施工工艺

图 5.76　立交箱涵示意图

立交箱涵采用透水管进行排水。透水管是一种具有倒滤透(排)水作用的新型管材,它克服了其他排水管材的诸多弊病,利用"毛细"现象和"虹吸"原理,兼具吸水、透水和排水三项功能。其工程量按设计图示尺寸以"m"计算。

与之类似的涵洞还有很多类型,如盖板涵、拱涵、圆管涵等。

(2)滑板(040306002)

①计算规则。滑板的工程量按设计图示尺寸以体积计算。

②工作内容。滑板的工作内容包括模板制作、安装、拆除,混凝土拌和、运输、浇筑、养护,涂石蜡层和铺塑料薄膜。

③规则解读。当基坑开挖到设计要求时进行滑板制作,箱涵在滑板上进行预制,然后利用油压千斤顶的顶进使箱涵在滑板上滑行,逐渐进入前方土体。换句话说,滑板是一种施工辅助构件,是指立交箱涵在顶进时,既作为箱涵的支撑面,又对箱涵受顶推开始滑动起决定作用的构件。

滑板须承受箱涵自重和箱涵顶进时克服滑板与箱涵间摩阻力而产生的拉力,因此必须有足够的抗拉强度。为了尽量减小箱涵与滑板产生的摩阻力,滑板表面必须满足一定的平整度要求,且施工时应在滑板表面涂上润滑剂。

箱涵顶进示意图如图 5.77 所示,滑板工程量按设计图示尺寸以"m^3"计量。

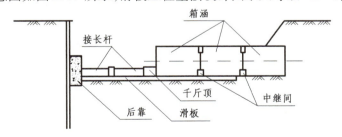

图 5.77　箱涵顶进示意图

(3)箱涵底板(040306003)

①计算规则。箱涵底板的工程量按设计图示尺寸以体积计算。

②工作内容。箱涵底板的工作内容包括模板制作、安装、拆除,混凝土拌和、运输、浇筑、养护和防水层铺筑。

③规则解读。箱涵的透视图如图 5.78 所示,箱涵底板的工程量按设计图示尺寸以"m^3"计量。

（4）箱涵侧墙（040306004）

①计算规则。箱涵侧墙的工程量按设计图示尺寸以体积计算。

②工作内容。箱涵侧墙的工作内容包括模板制作、安装、拆除，混凝土拌和、运输、浇筑、养护和防水层铺筑。

③规则解读。箱涵的透视图如图5.78所示，箱涵侧墙的工程量按设计图示尺寸以"m^3"计量。

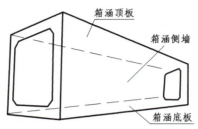

图5.78　箱涵透视图

（5）箱涵顶板（040306005）

①计算规则。箱涵顶板的工程量按设计图示尺寸以体积计算。

②工作内容。箱涵顶板的工作内容包括模板制作、安装、拆除，混凝土拌和、运输、浇筑、养护和防水层铺筑。

③规则解读。箱涵的透视图如图5.78所示，箱涵顶板的工程量按设计图示尺寸以"m^3"计量。

【例5.27】　某市政立交箱涵标准断面如图5.79所示，若该标准断面的箱涵长度共为78 m，试根据《计算规范》计算该立交箱涵的箱涵底板、箱涵侧墙和箱涵顶板工程量。

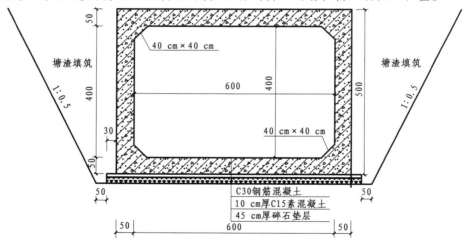

图5.79　箱涵标准断面图（单位：cm）

【解】　根据《计算规范》，则

箱涵底板的工程量：$7.00 \times 0.50 \times 78.00 = 273.00(m^3)$

箱涵侧墙的工程量：$(4.00 \times 0.5 + 0.4 \times 0.4) \times 2 \times 78.00 = 336.96(m^3)$

箱涵顶板的工程量：$7.00 \times 0.50 \times 78.00 = 273.00(m^3)$

（6）箱涵顶进（040306006）

①计算规则。箱涵顶进的工程量按设计图示尺寸以被顶箱涵的质量,乘以箱涵的位移距离分节累计计算。

②工作内容。箱涵顶进的工作内容包括顶进设备安装、拆除,气垫安装、拆除,气垫使用,钢刃角制作、安装、拆除,挖土实顶,土方场内外运输和中继间安装、拆除。

③规则解读。箱涵顶进是指在预制工作区域做好顶进的箱体,制作好滑板和润滑隔离剂,然后后背夯实顶进的施工过程。箱涵顶进的施工示意图如图 5.77 所示。

箱涵顶进施工,是将预制好的管节依次顶推就位后形成完整的箱体,故在计算箱涵顶进的工程量时,应用被顶箱涵的质量乘以箱涵的位移距离分节累计以"kt·m"计量。

（7）箱涵接缝（040306007）

①计算规则。箱涵接缝的工程量按设计图示止水带长度计算。

②工作内容。箱涵接缝的工作内容包括接缝。

③规则解读。箱涵接缝是指管节与管节之间的接缝。接缝一般采用止水带封闭孔隙,主要起防水的作用。箱涵的止水带接缝示意图如图 5.80 所示,其工程量按设计图示尺寸以"m"计量。

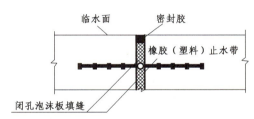

图 5.80　箱涵止水带接缝示意图

2）定额工程量计算规则解析

定额工程量计算规则略。

5.4.7　钢结构

1）清单工程量计算规则解析

钢结构包括钢箱梁、钢板梁、钢桁梁、钢拱、劲性钢结构、钢结构叠合梁、其他钢构件、悬（斜拉）索、钢拉杆等清单项目。

（1）钢箱梁（040307001）

①计算规则。钢箱梁的工程量按设计图示尺寸以质量计算,不扣除孔眼的质量,焊条、铆钉、螺栓等不另增加质量。

②工作内容。钢箱梁的工作内容包括拼装、安装、探伤、涂刷防火涂料和补刷油漆。

③规则解读。钢箱梁又称为钢板箱形梁,是大跨径桥梁常用的结构形式。一般由顶板、底板、腹板和横隔板、纵隔板及加劲肋等通过全焊接的方式连接而成。钢箱梁示意图如图 5.81 所示,其工程量按设计图示尺寸以"t"计量。

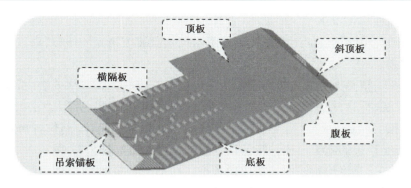

图 5.81 钢箱梁示意图

（2）钢板梁（040307002）

①计算规则。钢板梁的工程量按设计图示尺寸以质量计算,不扣除孔眼的质量,焊条、铆钉、螺栓等不另增加质量。

②工作内容。钢板梁的工作内容包括拼装、安装、探伤、涂刷防火涂料和补刷油漆。

③规则解读。钢板梁是由钢板焊接而成的梁型结构件。钢板梁由主梁、横梁、腹板、翼板、平联、加劲肋等钢构件共同组成。钢板梁示意图如图 5.82 所示,其工程量按设计图示尺寸以"t"计量。

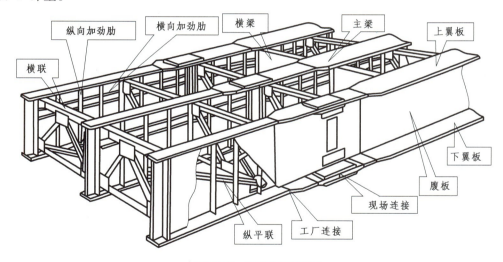

图 5.82 钢板梁示意图

（3）钢桁梁（040307003）

①计算规则。钢桁梁的工程量按设计图示尺寸以质量计算,不扣除孔眼的质量,焊条、铆钉、螺栓等不另增加质量。

②工作内容。钢桁梁的工作内容包括拼装、安装、探伤、涂刷防火涂料和补刷油漆。

③规则解读。钢桁梁指其主梁由位于多个平面内的钢桁架连接形成整体稳定结构,来承受荷载作用的空腹式受弯结构。钢桁梁由主桁、横梁、纵梁、中间横联和桥门架等构件组成,如图 5.83 所示。钢桁梁的工程量按设计图示尺寸以"t"计量。

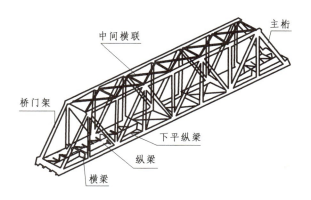

图 5.83　钢桁梁示意图

（4）钢拱（040307004）

①计算规则。钢拱的工程量按设计图示尺寸以质量计算，不扣除孔眼的质量，焊条、铆钉、螺栓等不另增加质量。

②工作内容。钢拱的工作内容包括拼装、安装、探伤、涂刷防火涂料和补刷油漆。

③规则解读。钢拱就是拱形桁架，是一种具有水平推力的桁架结构，其下弦杆为拱形，上弦杆一般与桥道结构组合成一个整体而共同作用。比较常见的桁架拱桥为斜腹杆式，根据斜杆布置角度不同，又分为斜压杆式、斜拉杆式和三角形式，具体详图如图5.84所示。钢拱的工程量按设计图示尺寸以"t"计量。

（5）劲性钢结构（040307005）

①计算规则。劲性钢结构的工程量按设计图示尺寸以质量计算，不扣除孔眼的质量，焊条、铆钉、螺栓等不另增加质量。

②工作内容。劲性钢结构的工作内容包括拼装、安装、探伤、涂刷防火涂料和补刷油漆。

③规则解读。劲性钢结构是指在市政桥梁工程

斜压杆式

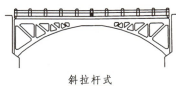

斜拉杆式

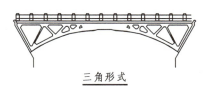

三角形式

图 5.84　桁架拱桥的三种常见结构形式

中，在钢结构外面包裹混凝土的结构，又称为型钢混凝土，这种结构和单独的混凝土结构或单独的钢结构相比有诸多优点，能够充分利用混凝土受压能力强、钢结构受拉能力强的特点，更好地发挥自身作用。劲性钢结构的工程量按设计图示尺寸以"t"计量。

（6）钢结构叠合梁（040307006）

①计算规则。钢结构叠合梁的工程量按设计图示尺寸以质量计算，不扣除孔眼的质量，焊条、铆钉、螺栓等不另增加质量。

②工作内容。钢结构叠合梁的工作内容包括拼装、安装、探伤、涂刷防火涂料和补刷油漆。

③规则解读。钢结构叠合梁是指在预制成型后的混凝土构件上再叠加安装钢结构梁。

钢结构叠合梁的工程量按设计图示尺寸以"t"计量。

(7)其他钢构件(040307007)

①计算规则。其他钢构件的工程量按设计图示尺寸以质量计算,不扣除孔眼的质量,焊条、铆钉、螺栓等不另增加质量。

②工作内容。其他钢构件的工作内容包括拼装、安装、探伤、涂刷防火涂料和补刷油漆。

③规则解读。其他钢构件是指在钢结构桥梁中,除钢箱梁、钢板梁、钢桁梁、钢拱等大型主体钢构件以外的小型、非主体的钢构件,如钢支撑、钢平台、钢护栏等。其他钢构件的工程量按设计图示尺寸以"t"计量。

上述项目编码为040307001～040307007的清单项目,在工程量计算中,考虑平衡性,均不扣除孔眼的质量,焊条、铆钉、螺栓等也不另加质量。

(8)悬(斜拉)索(040307008)

①计算规则。悬(斜拉)索的工程量按设计图示尺寸以质量计算。

②工作内容。悬(斜拉)索的工作内容包括拉索安装、张拉、索力调整、锚固,防护壳制作、安装。

③规则解读。悬索是指悬索桥中通过索塔悬挂并锚固于两岸的钢缆索。悬索一般呈抛物线,从悬索上垂下许多吊杆,把桥面吊住,因此悬索桥又称为吊桥。悬索桥的示意图如图5.85所示,悬索的工程量按设计图示尺寸以"t"计量。

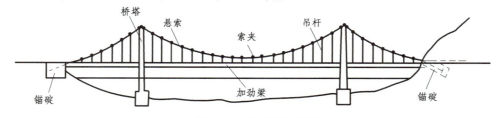

图5.85 悬索桥示意图

斜拉索是指斜拉桥中将主梁固结在桥塔上的拉索。斜拉桥是由承压的塔、受拉的索和承受弯距的梁体组合起来的一种结构体系。斜拉桥示意图如图5.86所示,斜拉索的工程量按设计图示尺寸以"t"计量。

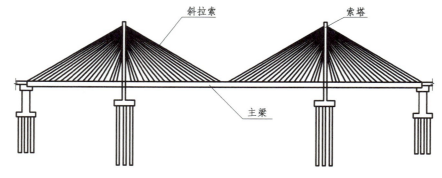

图5.86 斜拉桥示意图

(9)钢拉杆(040307009)

①计算规则。钢拉杆的工程量按设计图示尺寸以质量计算。

②工作内容。钢拉杆的工作内容包括连接、紧锁件安装,钢拉杆安装,钢拉杆防腐,钢拉杆防护壳制作、安装。

③规则解读。钢拉杆是指悬索桥中的吊杆,如图 5.85 所示。钢拉杆的工程量按设计图示尺寸以"t"计量。

2)定额工程量计算规则解析

(1)金属构件

①计算规则。金属构件均按设计图示尺寸乘以单位理论质量计算,除钢网架外,不扣除单个≤0.3 m² 的孔洞,焊条、铆钉、螺栓等不另增加质量。

②规则解读。《计价定额》中的工程量计算规则与《计算规范》中的计算规则基本一致,不同的是《计价定额》中给出了更严格的限制,即除钢网架外,不扣除单个面积在 0.3 m² 以内的孔眼面积。

③计算实例。

【例5.28】　某市政钢结构便桥的纵向主钢梁采用 H300×200×10×12,H 型钢的截面图如图 5.87 所示。该类型 H 型钢共计 2 根,每根长度为 10 m,试根据《计价定额》计算该钢结构便桥的主钢梁的定额工程量。

【解】　查《五金手册》,H300×200×10×12 的单位理论质量为 57.30 kg/m。

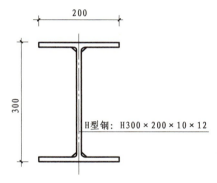

图 5.87　H 型钢截面图(单位:mm)

则钢结构便桥的主钢梁的定额工程量为:

$57.30 \times 10 \times 2 = 1\ 146.00\,(\text{kg}) = 1.146\,(\text{t})$

(2)金属探伤

①计算规则。金属探伤按探伤部位以"延长米"计算。

②规则解读。金属探伤是一种检验金属构件内部缺陷(如隐蔽的裂纹、砂眼、杂质等)的手段。主要的检验方法有磁性探伤、X 射线探伤、γ 射线探伤和超声波探伤等。金属探伤的工程量按探伤部位的范围以"延长米"计量。

5.4.8　装饰

1)清单工程量计算规则解析

装饰包括水泥砂浆抹面、剁斧石饰面、镶贴面层、涂料和油漆等清单项目。

(1)水泥砂浆抹面(040308001)

①计算规则。水泥砂浆抹面的工程量按设计图示尺寸以面积计算。

②工作内容。水泥砂浆抹面的工作内容包括基层清理和砂浆抹面。

③规则解读。水泥砂浆抹面是指在市政桥涵工程中,涂抹在桥涵结构表面的水泥砂浆,起保护基层和美观的作用。水泥砂浆抹面的工程量按设计图示尺寸以"m²"计量。

(2)剁斧石饰面(040308002)

①计算规则。剁斧石饰面的工程量按设计图示尺寸以面积计算。

②工作内容。剁斧石饰面的工作内容包括基层清理和饰面。

③规则解读。剁斧石饰面是指用石粉、石屑、水泥等加水拌和,抹在市政桥梁的表面,半凝固后,用斧子剁出像经过细凿的石头那样的纹理,故也称为剁假石或斩假石。剁斧石饰面的工程量按设计图示尺寸以"m²"计量。

(3)镶贴面层(040308003)

①计算规则。镶贴面层的工程量按设计图示尺寸以面积计算。

②工作内容。镶贴面层的工作内容包括基层清理、镶贴面层和勾缝。

③规则解读。镶贴面层是在市政桥涵工程表面利用砂浆等黏结剂镶贴块料面层,块料主要包括瓷砖、石材、马赛克等。镶贴面层的工程量按设计图示尺寸以"m²"计量。

(4)涂料(040308004)

①计算规则。涂料的工程量按设计图示尺寸以面积计算。

②工作内容。涂料的工作内容包括基层清理和涂料涂刷。

③规则解读。涂料是指在市政桥梁工程中,涂覆在被保护或被装饰的物体表面,形成黏附牢固、具有一定强度、连续的固态薄膜。这样形成的膜统称涂膜,又称漆膜或涂层。涂料的工程量按设计图示尺寸以"m²"计量。

(5)油漆(040308005)

①计算规则。油漆的工程量按设计图示尺寸以面积计算。

②工作内容。油漆的工作内容包括除锈和刷油漆。

③规则解读。油漆是涂料的一种,用植物油和天然树脂加工而成的涂料就称为油漆。油漆的工程量按设计图示尺寸以"m²"计量。

2)定额工程量计算规则解析

(1)抹灰

①计算规则。抹灰工程量均按设计结构尺寸(有保温隔热、防潮层者,按其外表面尺寸)计算。

②规则解读。设计结构尺寸是指市政桥涵工程的结构构件的尺寸。换句话说,是桥涵构件还没有装饰之前的尺寸。当要做装饰的桥涵结构构件的表面有保温隔热层或防潮层时,则应按照其外表面尺寸进行计算。

③计算实例。

【例5.29】 某市政桥梁工程两侧设置防撞护栏共计44.08 m,防撞护栏的横断面如图5.88所示,已知防撞护栏断面周长为286 cm,若对防撞护栏内侧抹水泥砂浆,试根据《计价定额》计算抹水泥砂浆的工程量。

【解】 根据《计价定额》,防撞护栏内侧抹水泥砂浆的工程量为:

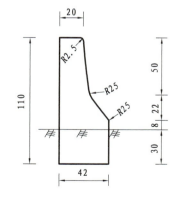

图5.88 防撞护栏断面图(单位:cm)

$$S = (2.86 - 0.3 - 0.42 - 1.10 - 0.20) \times 44.08 = 37.03(\text{m}^2)$$

(2)镶贴块料

①计算规则。镶贴块料面层按设计图示尺寸以镶贴表面积计算,扣除单个面积>0.3 m²

的孔洞所占面积。

②规则解读。镶贴表面积是指镶贴块料后的完成尺寸所形成的表面积,镶贴表面积如果在内侧,比按结构尺寸计算的面积要小;镶贴表面积如果在外侧,比按结构尺寸计算的面积要大。

③计算实例。

【例5.30】　某市政桥梁墩柱镶贴 800 mm×800 mm 仿大理石瓷砖,其计算示意图如图5.89所示,若桥梁墩柱高 5 m,试根据《计价定额》计算镶贴块料的定额工程量。

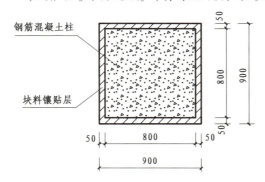

图 5.89　镶贴块料面积计算示意图

【解】　根据《计价定额》,则镶贴块料的工程量为:
$$S = 0.9 \times 4 \times 5 = 18(\text{m}^2)$$

5.4.9　其他

其他包括金属栏杆、石质栏杆、混凝土栏杆、橡胶支座、钢支座、盆式支座、桥梁伸缩装置、隔声屏障、桥面排(泄)水管和防水层等清单项目。

(1)金属栏杆(040309001)

①计算规则。金属栏杆的工程量计算有两种方式:一种是按设计图示尺寸以质量计算;另一种是按设计图示尺寸以"延长米"计算。

②工作内容。金属栏杆的工作内容包括制作、运输、安装,除锈、刷油漆。

③规则解读。金属栏杆是桥涵工程上的安全防护设施,一般有不锈钢、镀锌钢管、铸铁等材质。金属栏杆的工程量既可以按设计图示尺寸以"t"计量,也可以按栏杆范围以"延长米"计量。

(2)石质栏杆(040309002)

①计算规则。石质栏杆的工程量按设计图示尺寸以长度计算。

②工作内容。石质栏杆的工作内容包括制作、运输和安装。

③规则解读。石质栏杆是桥涵工程上的安全防护设施,其材质是天然石材或人造石材,根据工程实际情况,栏杆上多辅以雕刻各种图案作为装饰。石质栏杆的工程量按设计图示尺寸以"m"计量。

(3)混凝土栏杆(040309003)

①计算规则。混凝土栏杆的工程量按设计图示尺寸以长度计算。

②工作内容。混凝土栏杆的工作内容包括制作、运输和安装。

③规则解读。混凝土栏杆是桥涵工程上的安全防护设施,其材质是普通混凝土,根据工程实际情况,栏杆上多辅以雕刻各种图案作为装饰。混凝土栏杆的工程量按设计图示尺寸以"m"计量。

(4)橡胶支座(040309004)

①计算规则。橡胶支座的工程量按设计图示数量计算。

②工作内容。橡胶支座的工作内容包括支座安装。

③规则解读。橡胶支座是安置在桥台(墩)之上,承受并传递桥面板(梁)上的荷载的构造。橡胶支座是橡胶和薄钢板紧密结合而成的,其位置布置示意图及其大样图如图5.90所示。其工程量按设计图示数量以"个"计量。

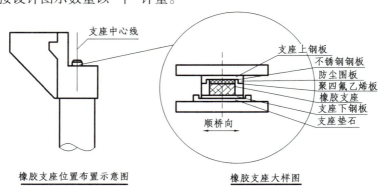

图 5.90　橡胶支座位置示意及大样图

(5)钢支座(040309005)

①计算规则。钢支座的工程量按设计图示数量计算。

②工作内容。钢支座的工作内容包括支座安装。

③规则解读。钢支座是指由钢材制作,通过球面传力,将上部桥面板(梁)的荷载传递给桥台(墩)的支座。其特点是传力可靠、转动灵活。球形钢支座的示意图如图5.91所示,其工程量按设计图示数量以"个"计量。

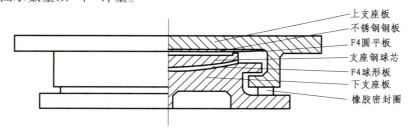

图 5.91　球形钢支座示意图

(6)盆式支座(040309006)

①计算规则。盆式支座的工程量按设计图示数量计算。

②工作内容。盆式支座的工作内容包括支座安装。

③规则解读。盆式支座是利用被半封闭在钢制盆腔内的弹性橡胶块来实现桥梁上部的转动。盆式支座的工程量按设计图示数量以"个"计量。

（7）桥梁伸缩装置（040309007）

①计算规则。桥梁伸缩装置的工程量按设计图示尺寸以"延长米"计算。

②工作内容。桥梁伸缩装置的工作内容包括制作、安装、混凝土拌和、运输、浇筑。

③规则解读。桥梁伸缩装置是指在两梁端之间、梁端与桥台之间或桥梁的铰接位置上设置的伸缩装置，其作用是保证桥面变形的要求。桥梁伸缩装置构造示意图如图 5.92 所示，其工程量按设计图示尺寸以"延长米"计量。

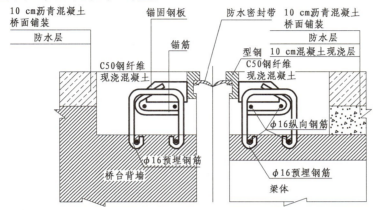

图 5.92　桥梁伸缩装置构造示意图

（8）隔声屏障（040309008）

①计算规则。隔声屏障的工程量按设计图示尺寸以面积计算。

②工作内容。隔声屏障的工作内容包括制作、安装，除锈、刷油漆。

③规则解读。隔声屏障是为减轻行车噪声对附近居民的影响而设置在市政道路或桥梁侧旁的墙式构造物。隔声屏障的工程量按设计图示尺寸以"m^2"计量。

（9）桥面排（泄）水管（040309009）

①计算规则。桥面排（泄）水管的工程量按设计图示以长度计算。

②工作内容。桥面排（泄）水管的工作内容包括进水口、排（泄）水管制作、安装。

③规则解读。桥面排（泄）水管是指为迅速排除桥面积水，将桥面纵横坡的雨、污水排到桥体以外的管道。桥面排（泄）水管的一般构造如图 5.93 所示，其工程量按设计图示尺寸以"m"计量。

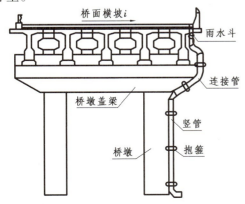

图 5.93　桥面排（泄）水管构造示意图

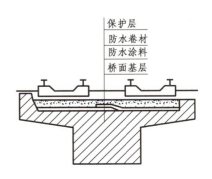

图 5.94　混凝土桥面防水层一般构造图

（10）防水层（040309010）

①计算规则。防水层的工程量按设计图示尺寸以面积计算。

②工作内容。防水层的工作内容包括防水层铺涂。

③规则解读。防水层是指市政桥涵工程中，为了防止雨水、污水进入桥面铺装层而设置的材料层。防水层材料可以分为涂料防水和卷材防水两种类型。防水层一般构造图如图5.94所示，其工程量按设计图示尺寸以"m²"计量。

项目5.5　管网工程工程量计算

5.5.1　管道铺设

1）清单工程量计算规则解析

管道铺设部分包括混凝土管，钢管，铸铁管，塑料管，直埋式预制保温管，管道架空穿越，隧道（沟、管）内管道，水平导向钻进，夯管，顶（夯）管工作坑，预制混凝土工作坑，顶管，土壤加固，新旧管连接，临时放水管线，砌筑方沟，混凝土方沟，砌筑渠道，混凝土渠道，警示（示踪）带铺设等清单项目。

道路排水
工程构造

（1）混凝土管（040501001）

①计算规则。混凝土管的工程量按设计图示中心线长度以"延长米"计量，不扣除附属构筑物、管件及阀门等所占长度。

②工作内容。混凝土管的工作内容包括垫层、基础铺筑及养护，模板制作、安装、拆除，混凝土拌和、运输、浇筑、养护，预制管枕安装，管道铺设、管道接口和管道检验及试验。

③规则解读。混凝土管是市政管网工程中排水管的主要管材。混凝土管的优点是刚度大、不受地底温度影响，不受埋设深度限制；缺点是自重大、体积大、运输成本高、施工难度大。混凝土管的工程量计算规则中不扣除的构件包括附属构筑物、管件和阀门，其中附属构筑物主要是指管道上的检查井、出水口、雨水口等构筑物，管件是指管道的三通、弯头、管箍等构件。混凝土管的工程量按设计图示中心线长度以"延长米"计量。

（2）钢管（040501002）

①计算规则。钢管的工程量按设计图示中心线长度以"延长米"计量，不扣除附属构筑物、管件及阀门等所占长度。

②工作内容。钢管的工作内容包括垫层、基础铺筑及养护，模板制作、安装、拆除，混凝土拌和、运输、浇筑、养护，管道铺设、管道检验及试验和集中防腐运输。

③规则解读。钢管是市政管网工程中给水管的主要管材。钢管的优点是强度高，接口方便，承压力大；缺点是接头较多，埋地易受腐蚀，且造价较高。钢管的工程量按设计图示中心线长度以"延长米"计量。

（3）铸铁管（040501003）

①计算规则。铸铁管的工程量按设计图示中心线长度以"延长米"计量，不扣除附属构筑

物、管件及阀门等所占长度。

②工作内容。铸铁管的工作内容包括垫层、基础铺筑及养护,模板制作、安装、拆除,混凝土拌和、运输、浇筑、养护,管道铺设、管道检验及试验和集中防腐运输。

③规则解读。铸铁管是市政管网工程给水管、天然气管的主要管材。铸铁管的常用类型是球墨铸铁管。球墨铸铁管的优点是易加工,防腐蚀,密封性强;缺点是不宜使用在高压管网上,且施工安装难度较大。铸铁管的工程量按设计图示中心线长度以"延长米"计量。

(4)塑料管(040501004)

①计算规则。塑料管的工程量按设计图示中心线长度以"延长米"计量,不扣除附属构筑物、管件及阀门等所占长度。

②工作内容。塑料管的工作内容包括垫层、基础铺筑及养护,模板制作、安装、拆除,混凝土拌和、运输、浇筑、养护,管道铺设和管道检验及试验。

③规则解读。塑料管是市政管网工程给水管、排水管的主要管材。塑料管的类型有很多,常见的有硬聚氯乙烯管(UPVC)、高密度聚乙烯管(HDPE)、无规共聚聚丙烯管(PPR)、聚乙烯管(PE)、聚丙烯管(PP)等。塑料管的优点是保温,耐腐蚀,承压能力较强;缺点是接口要求高,工程造价较贵。塑料管的工程量按设计图示中心线长度以"延长米"计量。

(5)直埋式预制保温管(040501005)

①计算规则。直埋式预制保温管的工程量按设计图示中心线长度以"延长米"计量,不扣除附属构筑物、管件及阀门等所占长度。

②工作内容。直埋式预制保温管的工作内容包括垫层铺筑及养护,管道铺设,接口处保温和管道检验及试验。

③规则解读。直埋式预制保温管是市政管网工程中给水管的主要管材。其优点是受潮时不变质,耐热性能好,易于加工;缺点是承压能力较弱,容易损坏。直埋式预制保温管的工程量按设计图示中心线长度以"延长米"计量。

(6)管道架空穿越(040501006)

①计算规则。管道架空穿越的工程量按设计图示中心线长度以"延长米"计量,不扣除附属构筑物、管件及阀门等所占长度。

②工作内容。管道架空穿越的工作内容包括管道架设、管道检验及试验和集中防腐运输。

③规则解读。管道架空穿越是指采用支架、桁架、拉索、拱管或者将管道附设于桥梁上跨越河道或障碍物的管道布设方式。管道架空穿越的工程量按设计图示中心线长度以"延长米"计量。

(7)隧道(沟、管)内管道(040501007)

①计算规则。隧道(沟、管)内管道的工程量按设计图示中心线长度以"延长米"计量,不扣除附属构筑物、管件及阀门等所占长度。

②工作内容。隧道(沟、管)内管道的工作内容包括基础铺筑、养护,模板制作、安装、拆除,混凝土拌和、运输、浇筑、养护,管道铺设、管道检测及试验和集中防腐运输。

③规则解读。隧道(沟、管)内管道是指隧道内、沟内安设的给、排水管道,其工程量按设计图示中心线长度以"延长米"计量。

（8）水平导向钻进（040501008）

①计算规则。水平导向钻进的工程量按设计图示长度以"延长米"计量，扣除附属构筑物（检查井）所占的长度。

②工作内容。水平导向钻进的工作内容包括设备安装、拆除，定位、成孔，管道接口，拉管、纠偏、监测，泥浆制作、注浆，管道检测及试验，集中防腐运输，泥浆、土方外运。

③规则解读。水平导向钻进是一种能够快速铺装地下管线的方法。根据预先设计的铺管路线，驱动定向钻杆按照预定的方向绕过地下障碍钻进，直至抵达目的地。然后，卸下钻头换装适当尺寸的扩孔器，使之能够在拉回钻杆的同时将钻孔扩大至所需直径，并将需要铺装的管线同时返程牵回钻孔入口处。水平导向钻进的工程量按设计图示长度以"延长米"计量。

（9）夯管（040501009）

①计算规则。夯管的工程量按设计图示长度以"延长米"计量，扣除附属构筑物（检查井）所占的长度。

②工作内容。夯管的工作内容包括设备安装、拆除，定位、夯管，管道接口，纠偏、监测，管道检测及试验，集中防腐运输和土方外运。

③规则解读。夯管的工程量是一种用夯管锤将待铺的钢管沿设计路线直接夯入地层实现非开挖铺管的技术。夯管锤铺管施工原理图如图5.95所示。夯管的工程量按设计图示长度以"延长米"计量。

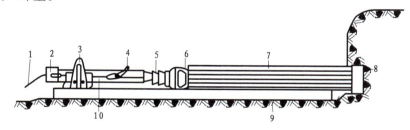

图5.95　夯管锤铺管施工原理图

1—压缩空气管；2—增压板；3—滑架；4—棘轮拉手；5—套插椎体；6—排土椎体；
7—钢管；8—切削护环；9—钢管起始支架；10—夯管锤

（10）顶（夯）管工作坑（040501010）

①计算规则。顶（夯）管工作坑的工程量按设计图示数量计算。

②工作内容。顶（夯）管工作坑的工作内容包括支撑、围护，模板制作、安装、拆除，混凝土拌和、运输、浇筑、养护，工作坑内设备、工作台安装及拆除。

③规则解读。顶（夯）管工作坑是顶管施工时或夯管施工时，在待布设的管的起点和终点位置设置，为方便施工准备、作业的工作基坑。顶（夯）管工作坑的工程量按设计图示数量以"座"计量。

（11）预制混凝土工作坑（040501011）

①计算规则。预制混凝土工作坑的工程量按设计图示数量计算。

②工作内容。预制混凝土工作坑的工作内容包括混凝土工作坑制作，下沉，定位，模板制作、安装、拆除，混凝土拌和、运输、浇筑、养护，工作坑内设备、工作台安装及拆除和混凝土构件运输。

③规则解读。预制混凝土工作坑是指市政管网工程中,厂家事先制备好的,在施工中为方便施工准备工作或施工作业直接安装的工作基坑。预制混凝土工作坑的工程量按设计图示数量以"座"计量。

(12)顶管(040501012)

①计算规则。顶管的工程量按设计图示长度以"延长米"计量,扣除附属构筑物(检查井)所占的长度。

②工作内容。顶管的工作内容包括管道顶进,管道接口,中继间、工具管及附属设备安装拆除,管内挖、运土及土方提升,机械顶管设备调向,纠偏、监测,触变泥浆制作、注浆,洞口止水,管道检测及试验,集中防腐运输和泥浆、土方外运。

③规则解读。顶管是一种非开挖顶进施工方法,借助于主顶油缸及管道间、中继间等推力,将工具管从起点工作坑内穿过土层一直推进到接收坑内,待铺设管道以管节形式放置在工具管后逐节顶入土层就位的施工工艺。采用顶管施工,具有施工时可不阻断交通、不破坏道路和植被、减少地下开槽土方量等特点。顶管施工示意图如图5.96所示。顶管的工程量按设计图示长度以"延长米"计量。

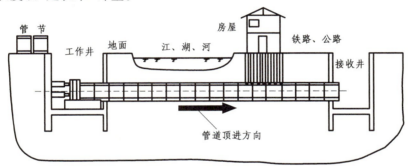

图5.96　顶管施工示意图

(13)土壤加固(040501013)

①计算规则。土壤加固的工程量有两种计量方式:按设计图示加固段长度以"延长米"计量;按设计图示加固段体积以"m^3"计量。

②工作内容。土壤加固的工作内容包括打孔、调浆、灌注。

③规则解读。土壤加固是指通过注浆、加筋、化学手段、热处理和机械力等措施使土壤变得更加坚固、稳固和密实,以满足工程建设的要求。土壤加固的工程量要视加固的土壤范围而定,若加固的土壤范围是一个长条状,则按加固段长度的范围以"延长米"计量;若加固的土壤范围是一个大面积的范围,则按加固面积乘以深度以"m^3"计量。

(14)新旧管连接(040501014)

①计算规则。新旧管连接的工程量按设计图示数量计算。

②工作内容。新旧管连接的工作内容包括切管、钻孔、连接。

③规则解读。新旧管连接是指市政管网工程维修改造时或者市政道路延伸时,新建管道与旧管道之间的连接。新旧管连接的工程量按设计图示数量以"处"计量。

(15)临时放水管线(040501015)

①计算规则。临时放水管线的工程量按放水管线长度以"延长米"计量,不扣除管件、阀

门所占长度。

②工作内容。临时放水管线的工作内容包括管线铺设和拆除。

③规则解读。临时防水管线是指在市政管道改造工程中,为将原给(排)水管道中余水放净所设置的放水管线。临时放水管线的工程量按放水管线长度以"延长米"计量。

(16)砌筑方沟(040501016)

①计算规则。砌筑方沟的工程量按设计图示尺寸以"延长米"计量。

②工作内容。砌筑方沟的工作内容包括模板制作、安装、拆除,混凝土拌和、运输、浇筑、养护,砌筑、勾缝、抹面,盖板安装,防水、止水和混凝土构件运输。

③规则解读。方沟是指埋在地下的,有盖板的排水通道。砌筑方沟是指市政管网工程中用砂浆砌筑砖、石、砌块形成的方沟。砌筑方沟的工程量按设计图示尺寸以"延长米"计量。

(17)混凝土方沟(040501017)

①计算规则。混凝土方沟的工程量按设计图示尺寸以"延长米"计量。

②工作内容。混凝土方沟的工作内容包括模板制作、安装、拆除,混凝土拌和、运输、浇筑、养护,盖板安装,防水、止水和混凝土构件运输。

③规则解读。方沟是指埋在地下的,有盖板的排水通道。混凝土方沟是指市政管网工程中采用混凝土浇筑的方沟,其工程量按设计图示尺寸以"延长米"计量。

(18)砌筑渠道(040501018)

①计算规则。砌筑渠道的工程量按设计图示尺寸以"延长米"计量。

②工作内容。砌筑渠道的工作内容包括模板制作、安装、拆除,混凝土拌和、运输、浇筑、养护,渠道砌筑、勾缝、抹面和防水、止水。

③规则解读。渠道是指露出地面的,横截面积较宽,没有盖板的排水通道。砌筑渠道是指市政管网工程中用砂浆砌筑砖、石、砌块形成的渠道。砌筑渠道的工程量按设计图示尺寸以"延长米"计量。

(19)混凝土渠道(040501019)

①计算规则。混凝土渠道的工程量按设计图示尺寸以"延长米"计量。

②工作内容。混凝土渠道的工作内容包括模板制作、安装、拆除,混凝土拌和、运输、浇筑、养护,防水、止水和混凝土构件运输。

③规则解读。渠道是指露出地面的,横截面积较宽,没有盖板的排水通道。混凝土渠道是指市政管网工程中采用混凝土浇筑的渠道,其工程量按设计图示尺寸以"延长米"计量。

(20)警示(示踪)带铺设(040501020)

①计算规则。警示(示踪)带铺设的工程量按铺设长度以"延长米"计量。

②工作内容。警示(示踪)带铺设的工作内容包括铺设。

③规则解读。警示(示踪)带铺设是指市政管网工程中光纤、光缆、天然气管道等重要管线,在地面上方沿走向铺设的警示带,对后续工程施工开挖起警示作用。警示(示踪)带铺设的工程量按铺设长度以"延长米"计量。

2)定额工程量计算规则解析

(1)排水管道接口

①计算规则。接口钢丝网水泥砂浆抹带按每一个接口设计的抹带砂浆量乘以接口数量

以"m³"计量。钢丝网按每一个接口铺设的面积乘以接口数量以"m²"计量。

现浇混凝土套环接口按每一个接口设计的混凝土量乘以接口数量以"m³"计量。钢筋网按每一个接口设计的钢筋质量乘以接口数量以"kg"计量。止水带按每一个接口止水带长度乘以接口个数以"m"计量。

混凝土管道接口的个数按相同管径的管道净长除以单根管材长度计算,尾数不足一个时按一个计算。

②规则解读。一般来说,钢筋混凝土管或混凝土管道的接口有两种主要形式:钢丝网水泥砂浆抹带接口和现浇混凝土套环接口,其做法分别如图 5.97 和图 5.98 所示。

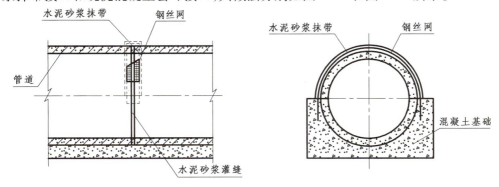

图 5.97 钢丝网水泥砂浆抹带接口做法图

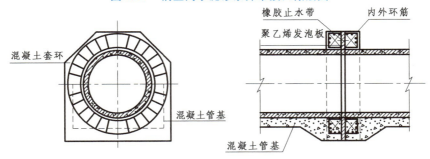

图 5.98 现浇混凝土套环接口做法图

③计算实例。

【例 5.31】 某市政排水管道工程采用内径为 600 mm 的 Ⅱ 级钢筋混凝土平口管,管道连接间采用现浇混凝土套环柔性接口,每个接口的材料用量:止水带,3.20 m/个;钢筋,26.53 kg/个;混凝土,0.66 m³/个。若铺设管道净长度共计 2 000 m,购买的单根管道长度为 6 m,试根据《计价定额》计算该市政排水管道铺设过程中的现浇混凝土套环的工程量、钢筋网的工程量和止水带的工程量。

【解】 根据《计价定额》相关规则,则

接口个数:2 000/6 = 333.33 ≈ 334(个)

现浇混凝土套环的工程量:0.66 × 334 = 220.44(m³)

钢筋网的工程量:26.53 × 334 = 8 861.02(kg)

止水带的工程量:3.20 × 334 = 1 068.80(m)

(2)排水管道铺设

①计算规则。管底坡度大于10%时,管长按斜长计算。管道闭水试验按实际闭水长度计算,不扣除各种井所占长度。

管道长度按平面图的井距长度(中—中),减去井室净空及其他构筑物所占长度计算。管道应减井室的长度L,规定如下:

当井室为矩形时,L = 井室净距 −0.1 m;

当井室为圆形时,按表5.13所示相应长度扣除。

表5.13　圆井中接入管应扣长度表

接入管内径/mm	接入不同井内径时应扣除的长度/mm					
	$D = 700$	$D = 1\ 000$	$D = 1\ 250$	$D = 1\ 500$	$D = 2\ 000$	$D = 2\ 500$
200	660	970	1 230	1 480	1 980	2 490
300	600	930	1 200	1 460	1 970	2 470
400	510	880	1 150	1 420	1 940	2 450
500		800	1 100	1 370	1 910	2 430
600		690	1 020	1 320	1 870	2 390
700			920	1 240	1 820	2 350
800			800	1 150	1 750	2 310
900				1 040	1 680	2 250
1 000				900	1 600	2 190
1 100					1 500	2 120
1 200					1 390	2 040
1 300						1 950
1 400						1 850
1 500						1 690
1 600						1 600

上述表格中的数字的计算公式为:

$$长度 = \sqrt{\left(\frac{井内径}{2}\right)^2 - \left(\frac{管外径}{2}\right)^2} \tag{5.19}$$

$$管外径 = 管内径 + \frac{管内径}{10} \times 2 \tag{5.20}$$

另外,在使用表5.13时还应注意:单向接入圆井的管道,按表中应扣长度的1/2计算;当接入圆井两端的管径不同时,分别计算扣减长度。

②规则解读。由于排水管道属于重力流管道,故沿管道走向上需设置一定的坡度利于排水,一般将坡度控制在3%以内。但有时碍于地形限制,导致铺设坡度超过10%。《计价定

额》规定,当坡度超过 10% 时,需要计算斜长。

闭水试验是指根据相关标准和规范,市政的给排水、污水管道完成后应做检测性试验:各种承压管道系统和设备应做水压试验,各种材质的给水管道系统试验压力均为工作压力的 1.5 倍,但不得小于 0.6 MPa;非承压管道系统和设备应做灌水试验。因为管道及其检查井和附属构筑物一起做闭水试验,故其工程量按实际闭水长度确定。

在计算管道铺设长度时,应扣除井室的长度,计算思路与《计算规范》是一致的。在《计价定额》中,给出了应扣井室长度的经验数据,按表 5.13 执行。

③计算实例。

【例 5.32】　某市政污水管道工程,其平面布置图如图 5.99 所示。图中检查井均为内径 $D = 1\ 000$ mm 的钢筋混凝土圆形检查井,污水管道为 $D = 600$ mm 的钢筋混凝土管。试根据《计价定额》的相关规则,计算该段市政污水管道的工程量。

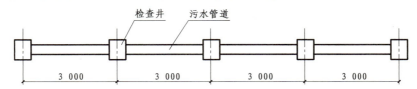

图 5.99　污水管道平面布置图(单位:cm)

【解】　根据《计价定额》,则

市政污水管道的工程量:$30 \times 4 - 0.69 \times 4 = 117.24$(m)

(3)给水、燃气管道铺设

①计算规则。水压试验、冲洗消毒工程量按设计中心线的管道长度计算。强度试验和气密性试验的工程量按设计中心线长度计算。

②规则解读。市政给水管道在铺设完毕后,应做水压试验和冲洗消毒;市政燃气管道在铺设完毕后,应做强度试验和气密性试验。

(4)管道防腐

①计算规则。管道防腐面积的工程量按管道内外防腐的设计图示尺寸以"m²"计量。

②规则解读。管道防腐指的是为减缓或防止管道在内外介质的化学、电化学作用下或由微生物代谢活动而被侵蚀和变质的措施。常见的管道外防腐措施有涂抹煤焦沥青漆、石油沥青、氯磺化聚乙烯、粘胶带、缠塑料布等;管道内防腐措施有涂刷环氧树脂等。管道防腐的工程量计算式如下:

$$管道外防腐面积 = 管外径 \times 3.142 \times 设计长度 \tag{5.21}$$
$$管道内防腐面积 = 管内径 \times 3.142 \times 设计长度 \tag{5.22}$$

5.5.2　管件、阀门及附件安装

下面主要介绍清单工程量计算规则解析。

管件、阀门及附件安装包括铸铁管管件,钢管管件制作、安装,塑料管管件,转换件,阀门,法兰,盲堵板制作、安装,套管制作、安装,水表,消火栓,补偿器(波纹管),除污器组成、安装,凝水缸,调压器,过滤器,分离器,安全水封,检漏(水)管等清单项目。

（1）铸铁管管件（040502001）

①计算规则。铸铁管管件按设计图示数量计算。

②工作内容。铸铁管管件的工作内容包括安装。

③规则解读。铸铁管管件按设计图示数量以"个"计量。

（2）钢管管件制作、安装（040502002）

①计算规则。钢管管件制作、安装的工程量按设计图示数量计算。

②工作内容。钢管管件制作、安装的工作内容包括制作和安装。

③规则解读。钢管管件制作、安装按设计图示数量以"个"计量。

（3）塑料管管件（040502003）

①计算规则。塑料管管件的工程量按设计图示数量计算。

②工作内容。塑料管管件的工作内容包括安装。

③规则解读。塑料管管件按设计图示数量以"个"计量。

上述编码 040502001～040502003 的清单项目,均指不同材料种类管道的管件。所谓管件,是指将同种管材连接成管路的零件,如弯头、三通、四通、大小头等。

（4）转换件（040502004）

①计算规则。转换件的工程量按设计图示数量计算。

②工作内容。转换件的工作内容包括安装。

③规则解读。转换件也是管件,不同之处在于转换件特指不同管材之间连接时的过渡转换零件。转换件的工程量按设计图示数量以"个"计量。

（5）阀门（040502005）

①计算规则。阀门的工程量按设计图示数量计算。

②工作内容。阀门的工作内容包括安装。

③规则解读。阀门是管道系统中的控制部件,具有截止、调节、导流、防止逆流、稳压、分流或溢流泄压等功能。阀门的工程量按设计图示数量以"个"计量。

（6）法兰（040502006）

①计算规则。法兰的工程量按设计图示数量计算。

②工作内容。法兰的工作内容包括安装。

③规则解读。法兰是用于管端之间连接或阀门之间相互连接的管道附件。法兰的工程量按设计图示数量以"个"计量。

（7）盲堵板制作、安装（040502007）

①计算规则。盲堵板制作、安装的工程量按设计图示数量计算。

②工作内容。盲堵板制作、安装的工作内容包括制作和安装。

③规则解读。盲堵板也称为法兰盖,是中间不带孔的法兰,用于封堵管道口。盲堵板的工程量按设计图示数量以"个"计量。

（8）套管制作、安装（040502008）

①计算规则。套管制作、安装的工程量按设计图示数量计算。

②工作内容。套管制作、安装的工作内容包括制作和安装。

③规则解读。套管也称为穿墙管、墙体预埋管,是用来保护管道或者方便管道安装的管圈。套管的材质有刚性和柔性,同时也兼作防水用。套管制作、安装的工程量按设计图示数量以"个"计量。

（9）水表（040502009）

①计算规则。水表的工程量按设计图示数量计算。

②工作内容。水表的工作内容包括安装。

③规则解读。水表是测量水流量的仪表，其工程量按设计图示数量以"个"计量。

（10）消火栓（040502010）

①计算规则。消火栓的工程量按设计图示数量计算。

②工作内容。消火栓的工作内容包括安装。

③规则解读。消火栓是一种固定式消防设施，主要作用是控制可燃物，隔绝助燃物，消除着火源。根据其安装地点不同，分为室内消火栓和室外消火栓。消火栓的工程量按设计图示数量以"个"计量。

（11）补偿器（波纹管）（040502011）

①计算规则。补偿器（波纹管）的工程量按设计图示数量计算。

②工作内容。补偿器（波纹管）的工作内容包括安装。

③规则解读。补偿器也称为膨胀节、伸缩节，其主要组成部分为波纹管（一种弹性元件），辅以端管、支架、导管等附件组成。补偿器的工作原理是利用其工作主体波纹管的有效伸缩变形，以吸收管线、导管、容器等由热胀冷缩等原因产生的尺寸变化，或补偿管线、导管、容器等的轴向、横向和角向位移。补偿器（波纹管）的工程量按设计图示数量以"个"计量。

（12）除污器组成、安装（040502012）

①计算规则。除污器组成、安装的工程量按设计图示数量计算。

②工作内容。除污器组成、安装的工作内容包括组成和安装。

③规则解读。除污器是市政油气管道上的管道附件，主要安装在设备、阀门入口处。它的主要作用是防止管道介质中的杂质进入传动设备或精密部位，保证管道系统和设备不发生故障或影响产品的质量。除污器组成、安装的工程量按设计图示数量以"套"计量。

（13）凝水缸（040502013）

①计算规则。凝水缸的工程量按设计图示数量计算。

②工作内容。凝水缸的工作内容包括制作和安装。

③规则解读。凝水缸设置于燃气管道中，其作用是收集燃气管道中的积水。凝水缸的工程量按设计图示数量以"组"计量。

（14）调压器（040502014）

①计算规则。调压器的工程量按设计图示数量计算。

②工作内容。调压器的工作内容包括安装。

③规则解读。调压器是安装在燃气管道上的管道附件。它的主要作用是调节管段范围内的燃气压力，保证燃气在使用时有稳定的压力。调压器的工程量按设计图示数量以"组"计量。

（15）过滤器（040502015）

①计算规则。过滤器的工程量按设计图示数量计算。

②工作内容。过滤器的工作内容包括安装。

③规则解读。过滤器是市政给水管道上的管道附件，通常安装在减压阀、泄压阀或设备的进口端位置。它的主要作用是防止液体中杂质进入管道系统或设备中。过滤器的工程量按设计图示数量以"组"计量。

（16）分离器（040502016）

①计算规则。分离器的工程量按设计图示数量计算。

②工作内容。分离器的工作内容包括安装。

③规则解读。分离器是市政燃气管道上的管道附件。它的主要作用是去除燃气中的杂质,达到分离净化的目的。分离器的工程量按设计图示数量以"组"计量。

（17）安全水封（040502017）

①计算规则。安全水封的工程量按设计图示数量计算。

②工作内容。安全水封的工作内容包括安装。

③规则解读。安全水封是市政燃气管道上的管道附件。它的主要作用是将管道或者设备中的可燃气体或者有毒有害气体密封住,使其不能扩散到大气中,以保证环境或者设备、人身的安全。安全水封的工程量按设计图示数量以"组"计量。

（18）检漏（水）管（040502018）

①计算规则。检漏（水）管的工程量按设计图示数量计算。

②工作内容。检漏（水）管的工作内容包括安装。

③规则解读。检漏（水）管是对管道进行维护检修而专门设置的管道。检漏（水）管的工程量按设计图示数量以"组"计量。

5.5.3　支架制作及安装

下面主要介绍清单工程量计算规则解析。

支架制作及安装包括砌筑支墩,混凝土支墩,金属支架制作、安装、金属吊架制作、安装等清单项目。

（1）砌筑支墩

①计算规则。砌筑支墩的工程量按设计图示尺寸以体积计算。

②工作内容。砌筑支墩的工作内容包括模板制作、安装、拆除,混凝土拌和、运输、浇筑、养护,砌筑、勾缝、抹面。

③规则解读。支墩是指为防止管内水压引起水管配件接头移位而砌筑的礅座。砌筑支墩是指用砖、石等砌体材料,添加砂浆等黏结材料砌筑的支墩。非整体连接管道在垂直和水平方向转弯处、分叉处、管道端部堵头处,以及管径截面变化处设置支墩。砌筑支墩的工程量按设计图示尺寸以"m^3"计量。

（2）混凝土支墩

①计算规则。混凝土支墩的工程量按设计图示尺寸以体积计算。

②工作内容。混凝土支墩的工作内容包括模板制作、安装、拆除,混凝土拌和、运输、浇筑、养护,预制混凝土支墩安装和混凝土构件运输。

③规则解读。混凝土支墩是指采用混凝土现浇而成的,或事先预制好混凝土后再安装的支墩。混凝土支墩的工程量按设计图示尺寸以"m^3"计量。

（3）金属支架制作、安装

①计算规则。金属支架制作、安装的工程量按设计图示质量计算。

②工作内容。金属支架制作、安装的工作内容包括模板制作、安装、拆除,混凝土拌和、运输、浇筑、养护,支架制作、安装。

③规则解读。金属支架是指市政管道工程在敷设时用于敷设管道支承的一种结构件。金

属支架的结构类型应根据支承点所承受的载荷大小和方向、管道的位移情况、工作温度、是否保温或保冷、管道的材质等因素来选择。金属支架制作、安装的工程量按设计图示质量以"t"计量。

（4）金属吊架制作、安装

①计算规则。金属吊架制作、安装的工程量按设计图示质量计算。

②工作内容。金属吊架制作、安装的工作内容包括制作和安装。

③规则解读。金属吊架和金属支架相似，不同之处在于支架是从地上生根承托管道，而吊架是从天花板上生根承托管道。金属吊架制作、安装的工程量按设计图示质量以"t"计量。

5.5.4　管道附属构筑物

1）清单工程量计算规则解析

管道附属构筑物包括砌筑井、混凝土井、塑料检查井、砖砌井筒、预制混凝土井筒、砌体出水口、混凝土出水口、整体化粪池、雨水口等清单项目。

（1）砌筑井（040504001）

①计算规则。砌筑井的工程量按设计图示数量计算。

②工作内容。砌筑井的工作内容包括垫层铺筑，模板制作、安装、拆除，混凝土拌和、运输、浇筑、养护，砌筑、勾缝、抹面，井圈、井盖安装，盖板安装，踏步安装和防水、止水。

③规则解读。砌筑井是指用砖砌的，为市政管网工程的维修、安装而设置的检查井、阀门井、碰头井、排气井、观察井、消防井等各类井的总称。砌筑井的主要功能是方便设备检查、维修和安装。砌筑井从形状上划分，可分为砖砌矩形检查井和砖砌圆形检查井两大类。砖砌圆形检查井（$D \leqslant 400$ mm）如图 5.100 所示，砖砌圆形检查井（盖板式）如图 5.101 所示。砌筑井的工程量按设计图示数量以"座"计量。

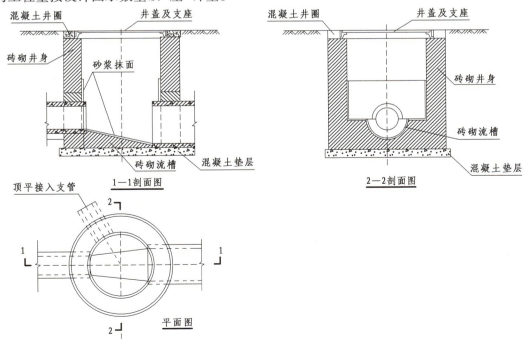

图 5.100　砖砌圆形检查井（$D \leqslant 400$ mm）

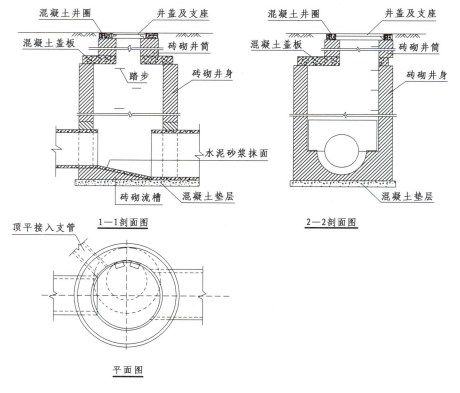

图 5.101　砖砌圆形检查井(盖板式)

(2)混凝土井(040504002)

①计算规则。混凝土井的工程量按设计图示数量计算。

②工作内容。混凝土井的工作内容包括垫层铺筑,模板制作、安装、拆除,混凝土拌和、运输、浇筑、养护,井圈、井盖安装,盖板安装,踏步安装和防水、止水。

检查井构造

③规则解读。混凝土井是用混凝土现浇或预制的,为市政管网工程的维修、安装而设置的检查井、阀门井、碰头井、排气井、观察井、消防井等各类井的总称。混凝土井的主要功能是方便设备检查、维修和安装。混凝土井从形状上划分,可分为混凝土矩形检查井和混凝土圆形检查井两大类。混凝土圆形检查井如图 5.102 所示。

(3)塑料检查井(040504003)

①计算规则。塑料检查井的工程量按设计图示数量计算。

②工作内容。塑料检查井的工作内容包括垫层铺筑,模板制作、安装、拆除,混凝土拌和、运输、浇筑、养护,检查井安装,井筒、井圈、井盖安装。

③规则解读。塑料检查井俗称塑料窨井,是设置在塑料排水管道交汇处、转弯处、管径或坡度改变处、跌水的地方或直线管段上每隔一定距离处,便于定期检查、清洁、疏通管道的排水附属构筑物。塑料检查井的基本结构类型与砖砌井或混凝土检查井类似,也包括井座、井筒、井盖等构造。塑料检查井的工程量按设计图示数量以"座"计量。

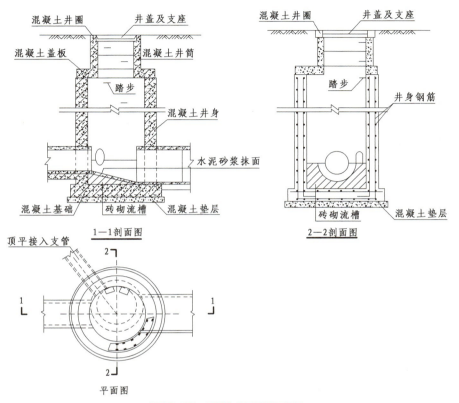

图 5.102 　混凝土圆形检查井

(4)砖砌井筒(040504004)

①计算规则。砖砌井筒的工程量按设计图示尺寸以"延长米"计量。

②工作内容。砖砌井筒的工作内容包括砌筑、勾缝、抹面和踏步安装。

③规则解读。井筒是指井盖或井圈与井身连接的管状构件。砖砌井筒的构造详见图 5.101。

(5)预制混凝土井筒(040504005)

①计算规则。预制混凝土井筒的工程量按设计图示尺寸以"延长米"计量。

②工作内容。预制混凝土井筒的工作内容包括运输和安装。

③规则解读。预制混凝土井筒是事先用混凝土制作好的,后续再进行安装的构件。

(6)砌体出水口(040504006)

①计算规则。砌体出水口的工程量按设计图示数量计算。

②工作内容。砌体出水口的工作内容包括垫层铺筑,模板制作、安装、拆除,混凝土拌和、运输、浇筑、养护,砌筑、勾缝、抹面。

③规则解读。砖砌出水口是指用砖砌筑的市政工程雨污水圆形排水管道的出水口,有八字式、一字式、门字式 3 种形式。砌体出水口的工程量按设计图示数量以"座"计量。

(7)混凝土出水口(040504007)

①计算规则。混凝土出水口的工程量按设计图示数量计算。

②工作内容。混凝土出水口的工作内容包括垫层铺筑,模板制作、安装、拆除,混凝土拌和、运输、浇筑、养护。

③规则解读。混凝土出水口是指用混凝土浇筑的市政工程雨污水圆形排水管道的出水口，有八字式、一字式、门字式3种形式。混凝土出水口的工程量按设计图示数量以"座"计量。

（8）整体化粪池（040504008）

①计算规则。整体化粪池的工程量按设计图示数量计算。

②工作内容。整体化粪池的工作内容包括安装。

③规则解读。整体化粪池区别于传统的砖砌化粪池和钢筋混凝土化粪池，优点是能够极大地避免因砖混及混凝土结构化粪池的渗漏问题而引起的地下水资源污染和建筑物地基沉降。目前使用较多的整体化粪池是玻璃钢整体化粪池，它具有强度高、防渗漏、占地面积小、使用寿命长等特点。整体化粪池的工程量按设计图示数量以"座"计量。

（9）雨水口（040504009）

雨水口构造

①计算规则。雨水口的工程量按设计图示数量计算。

②工作内容。雨水口的工作内容包括垫层铺筑，模板制作、安装、拆除，混凝土拌和、运输、浇筑、养护，砌筑、勾缝、抹面，雨水箅子安装。

③规则解读。雨水口是指管道排水系统汇集地表水的设施，由进水箅、井身及支管等组成，分为偏沟式、平箅式和联合式。偏沟式雨水口是雨水通过侧石来收集的雨水口；平箅式雨水口是雨水箅子平铺于路面上，通过道路路面的横坡来收集雨水；联合式则是集合了偏沟式和平箅式两种雨水收集方式的雨水口。平箅式雨水口的构造如图5.103所示。雨水口的工程量按设计图示数量以"座"计量。

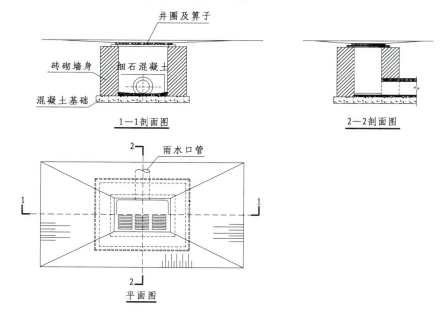

图 5.103　平箅式雨水口构造图

2）定额工程量计算规则解析

（1）井垫层、基础

①计算规则。井垫层、基础按图示尺寸的体积以"m³"计量。

②规则解读。一般来说,检查井的井垫层均为 C10 或 C15 的素混凝土,详见图 5.100 至图 5.102 中相应构造。

③计算实例。参见【例 5.33】。

（2）井墙

①计算规则。井墙按图示尺寸以"m^3"计量,应扣除 $\phi > 300$ mm 的管道占位体积,异径井筒和流槽的砌体与井墙合并计算。

②规则解读。井墙是指砖砌检查井的井身部分,不应扣除管道直径 $\phi \leq 300$ mm 的管道占位体积;若井筒和流槽均为砖砌,则将井筒和流槽的工程量合并入井墙体积计算。

③计算实例。参见【例 5.33】。

（3）抹面、勾缝

①计算规则。抹面、勾缝按图示尺寸的面积以"m^2"计量,应扣除 $\phi > 300$ mm 的孔洞面积。

②规则解读。砖砌检查井的井身内壁、砖砌井筒、流槽面均需抹面、勾缝,不应扣除管道直径 $\phi \leq 300$ mm 的管道占位面积。

③计算实例。参见【例 5.33】。

（4）现浇混凝土井壁、井顶

①计算规则。现浇混凝土井壁、井顶按图示尺寸以"m^3"计量,应扣除 $\phi > 300$ mm 的孔洞体积。

②规则解读。现浇混凝土井壁、井顶是指混凝土检查井的井身和井顶部分,不应扣除管道直径 $\phi \leq 300$ mm 的管道占位体积。

③计算实例。参见【例 5.33】。

（5）踏步

①计算规则。踏步按设计数量以"个"计量。

②规则解读。踏步是为了方便维修人员出入检查井,手攀脚登的特殊构造。从材质上区分,有铸铁踏步和塑钢踏步。

③计算实例。参见【例 5.33】。

【例 5.33】　某市政排水管道工程,采用混凝土圆形检查井,检查井两端接 $D = 600$ mm 和 $D_1 = 400$ mm 的钢筋混凝土管。检查井构造详图如图 5.104 所示。检查井基本情况如下:垫层采用 C10 素混凝土浇筑;井身采用 C30 钢筋混凝土现浇;井顶为预制 C30 钢筋混凝土盖板坐浆安装;井筒为预制 C30 钢筋混凝土管坐浆安装(井筒内径为 700 mm);流槽为 M5 水泥砂浆砌砖,上抹 1:2 水泥砂浆;踏步为塑钢踏步。试根据《计价定额》计算检查井各构件的工程量。

【解】　根据《计价定额》及图中数据,有

C10 素混凝土垫层的工程量:$3.14 \times 2.2 \times 2.2/4 \times 0.1 = 0.38 (m^3)$

C30 现浇混凝土井身的工程量:$3.14 \times 0.25 \times (1.9 \times 1.9 - 1.5 \times 1.5) \times 2.0 - 3.14 \times 1.5 \times (48/360 \times 0.66 \times 0.2 + 32/360 \times 0.44 \times 0.2 + 3.14 \times 2.1 \times 2.1/4 \times 0.2 = 2.71 (m^3)$

预制 C30 钢筋混凝土盖板的工程量:$3.14/4 \times (1.9 \times 1.9 - 0.7 \times 0.7) \times 0.15 = 0.37 (m^3)$

砖砌流槽的工程量:$3.14 \times 1.5 \times 1.5/4 \times 0.2/2 = 0.18 (m^3)$

塑钢踏步的工程量:$int(2.95/0.36) + 1 = 9 (个)$

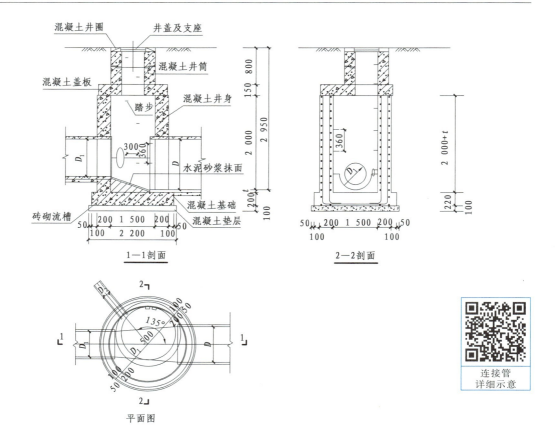

图 5.104　混凝土检查井计算图

项目 5.6　市政工程工程量清单编制

工程量清单是载明建设工程分部分项工程项目、措施项目、其他项目的名称和相应数量以及规费、税金项目等内容的明细清单。它包括分部分项工程项目清单、措施项目清单、其他项目清单、规费和税金项目清单。

工程量清单是招标人对拟建工程的预估数量,在贯彻"量价分离"原则下,由招标人负责提供的建设工程数量,是一份"只有量"的明细清单。在建设工程的交易阶段,其主要表现形式为招标工程量清单。

招标工程量清单是招标人依据国家标准、招标文件、设计文件以及施工现场实际情况编制的,随招标文件发布供投标报价的工程量清单,包括其说明和表格。招标工程量清单必须作为招标文件的组成部分,其准确性和完整性应由招标人负责。即使是招标人委托工程造价咨询人编制,其责任仍应由招标人承担,而工程造价咨询人的责任由招标人与工程造价咨询人通过合同约定处理或协商解决。招标工程量清单是工程量清单计价的基础,应作为编制招标控制价、投标报价、计算或调整工程量、索赔等的重要依据。

连接管
详细示意

工程量清单应由具有编制招标文件能力的招标人,或受其委托具有相应资质的中介机构(造价咨询机构或招标代理机构)进行编制。

5.6.1　工程量清单的内容

工程量清单应按《建设工程工程量清单计价规范》(GB 50500—2013)和《市政工程工程量计算规范》(GB 50857—2013)统一要求的格式进行编制。工程量清单由封面、填表须知、总说明、分部分项工程项目清单、措施项目清单、其他项目清单、规费和税金项目清单组成,如图 5.105 所示。

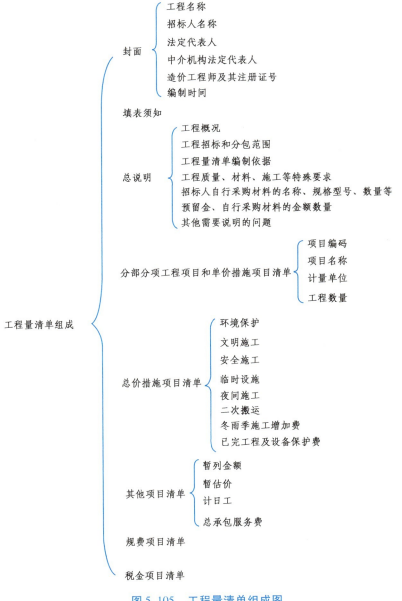

图 5.105　工程量清单组成图

1) 封面

完整的招标工程量清单封面应包括工程名称、招标人、造价咨询人的名称及其法定代表人或其授权人的签章,具体编制人和复核人的签章,具体的编制时间和复核时间。需要注意的是,编制人可以是符合各地规定的建设工程造价员或注册造价工程师,复核人应是注册造价工程师。

2) 填表须知

填表须知是投标人在投标报价填表时应注意的事项。若业主或业主委托的工程造价咨询机构编制工程量清单或工程招标控制价时,没有填表须知。

3) 总说明

工程量清单的总说明包括工程概况,工程招标和分包范围,工程量清单编制依据,工程质量、材料、施工等的特殊要求,招标人自行采购材料的名称、规格型号、数量等以及其他需要说明的问题。

(1)工程概况

工程概况是指拟编制工程的地理位置、建设规模、工程特征、计划工期、施工现场实际情况、自然地理条件、环境保护要求等。

(2)工程招标和分包范围

招标范围是单位工程的招标范围。对于大型的市政建设项目,作为一个整体进行招标将大大降低招标的竞争性,因为符合招标条件的潜在投标人数量太少。对于每个待招标的工程项目都应界定明晰的招标范围,方便投标人作资料收集、分析,形成合理的报价。

分包范围是某些特殊的专业工程的分包范围。例如,"甲供"情况;或是合同签订后,总承包方可以将工程的一些专业性很强的分部工程或者劳务部分进行分包等。

(3)工程量清单编制依据

工程量清单编制依据包括施工图纸及相应的标准图、图纸答疑或图纸会审纪要、地质勘探资料和计价规范等。

(4)工程质量、材料、施工等的特殊要求

工程质量、材料、施工等的特殊要求是招标人结合拟招标工程的实际,提出本工程与常规方案中没有的或不具体的一些特殊性要求。例如,在工程质量方面,招标人要求拟建工程的质量应达到合格或优良标准;在材料方面,招标人对水泥的品牌、钢材的生产厂家、装饰块料的生产地提出要求;在施工方面,招标人提出拟招标项目的施工方案与常规施工方案所不同的地方。

(5)招标人自行采购材料的名称、规格型号、数量等

若招标人要求某些材料自行采购,则应以"发包人提供主要材料和工程设备一览表"列出材料的名称、规格型号、数量、金额、交货方式和送货地点等。

(6)其他需要说明的问题

关于其他需要说明的问题,针对实际的工程项目,有则写出,没有可不写。

4) 分部分项工程项目清单

分部分项工程项目清单反映的是拟建工程分项实体工程项目名称和相应数量的明细清

单。分部分项工程项目清单包括项目编码、项目名称、项目特征、计量单位和工程量 5 项内容。

编制分部分项工程项目清单应注意以下 3 个方面：

(1)工程量应力求准确,以防止投标报价的投机

若分部分项工程项目清单中的工程量计算过少,施工单位可以利用不平衡报价原则抬高该项分项工程的单价,以期在工程结算时获得更多的经济利益;若分部分项工程项目清单中的工程量计算过多,施工单位可以故意压低此项目单价,提升其投标报价的竞争力。

(2)分部分项工程项目清单应遵守"四统一"原则编制

分部分项工程项目清单的编制,应按《建设工程工程量清单计价规范》(GB 50500—2013)所要求的格式,满足统一项目名称、统一项目编码、统一计量单位和统一工程量计算规则的"四统一"要求。

(3)分部分项工程项目清单应认真描述工程的项目特征和工程内容

分部分项工程项目清单格式(即表格要求)除应满足"四统一"的原则外,还应写明项目特征和工程内容。项目特征和工程内容应根据施工图纸等资料,按照《建设工程工程量清单计价规范》(GB 50500—2013)和《市政工程工程量计算规范》(GB 50857—2013)的要求描述。

5) 措施项目清单

措施项目清单反映的是在完成工程项目施工过程中,发生于该工程施工准备和施工过程中的技术、生活、安全、环境保护等方面的项目清单,在《建设工程工程量清单计价规范》(GB 50500—2013)中将措施项目分为单价措施项目和总价措施项目两大部分。

(1)单价措施项目

单价措施项目是指可以根据相关工程国家计量规范规定的计算规则进行计量的措施项目,如脚手架工程、混凝土模板及支架工程、围堰、便道及便桥等,这些项目在列项时不仅要考虑施工现场情况、地勘水文资料、工程特点及常规施工方案,还应包括设计文件和招标文件中提出的某些必须通过一定的技术措施才能实现的要求。

(2)总价措施项目

总价措施项目是指相关规范中没有相应的工程量计算规则,不能准确地计算工程量,但是却与施工工程的使用时间、施工方法或者两个以上的工序相关,如安全文明施工、冬雨季施工、已完工程设备保护等。这些项目在相关专业工程计量规范中无具体计算规则,但对于工程施工起到很重要的辅助作用。

需要强调的是,无论是单价措施项目还是总价措施项目,《建设工程工程量清单计价规范》(GB 50500—2013)和相关专业计量规范中都给出参考的项目名称,编制者依据工程实际,结合工程所在地颁发的相关规章、文件参照列项;对于规范中未列的项目,编制者可根据实际情况进行补充。

6) 其他项目清单

其他项目清单反映的是应招标人的特殊要求而发生的与拟建工程有关的其他费用项目和相应数量的清单。其他项目清单主要包含暂列金额、暂估价、计日工和总承包服务费 4 个方面的内容。

（1）暂列金额

暂列金额是由招标人暂定并包括在合同中的一笔款项。主要用于工程合同签订时不可预见的所需材料、工程设备、工程服务的采购，以及施工中可能发生的变更、索赔、现场签证等情况出现时引起的合同价款的调整。

暂列金额由招标人确定其项目名称、计量单位、暂定金额等。作为发包方的工程造价人员，在确定暂列金额时应根据施工图纸的深度、合同价款约定调整的因素以及工程实际情况合理确定。参考性的计算可按分部分项工程项目清单的 10% ~ 15% 确定，且不同专业预留的暂列金额应分别列项。

暂列金额由招标人支配，实际发生后才得以支付；投标人不能更改，直接将招标工程量清单中的暂列金额计入投标总价中。

（2）暂估价

暂估价是指用于支付必然要发生但暂时不能确定价格的材料、工程设备的单价以及专业工程的金额。作为发包方的工程造价人员，应注意下列两点：

①材料暂估价：应纳入分部分项工程量清单项目的综合单价中。

②专业工程暂估价：一般应是综合的预测性费用，即应当包括除规费、税金以外的管理费、利润等。

（3）计日工

计日工是指在施工过程中，承包人完成发包人提出的工程合同范围以外的零星项目或工作，按合同中约定的单价计价的一种方式。

招标人的工程造价人员通过对零星项目或工作发生的人工工日、材料数量、机械台班的消耗量进行预估，给出一个暂定数量的计日工表格。在这个过程中，能够尽量把项目列齐全，且可能估算出一个比较贴近实际的数量，会为减少发承包双方后期的争议，为合同的顺利履行奠定良好基础。暂估数量不准，不影响造价的最终确定，结算时是按照发包人实际签证确认的事项及数量计算。工程实际中，建议至少应对人工提出预估数量，因为人工不能储备，受市场供求影响大，按该地区工种划分预估数量，根据经验普工多估，技工适当少估。而施工现场对材料有一定的储备，也有满足施工需要的各种施工机具，材料、机械难以预测，招标工程量清单中可以不预估，但合同中应约定有关零星项目中材料费和机械费的处理方式。

（4）总承包服务费

总承包服务费是总承包人为配合协调发包人进行的专业工程发包，对发包人自行采购的材料、工程设备等进行保管以及现场施工管理、竣工资料汇总整理等服务所需的费用。实际工作中涉及此项内容，则由招标人提供项目名称、服务内容，投标人投标时自主确定费率和金额。

7）规费和税金项目清单

规费是根据国家法律、法规规定，由省级政府或省级有关权力部门规定施工企业必须缴纳的，应计入建筑安装工程造价的费用。

税金是国家税法规定的应计入建筑安装工程造价内的增值税、城市维护建设税、教育费附加和地方教育费附加。

规费和税金项目清单应按照《建设工程工程量清单计价规范》(GB 50500—2013)规定的内容列项,当出现规范中没有的项目,应根据省级政府或有关部门的规定列项。

5.6.2　工程量清单编制依据

工程量清单编制依据主要包括工程量清单计价规范、工程施工图纸、施工组织设计或施工方案、招标人的要求 4 个方面的内容。

(1)工程量清单计价规范

工程量清单必须根据工程量清单计价规范编制。现行的工程量清单计价规范是《建设工程工程量清单计价规范》(GB 50500—2013)和各专业工程工程量计算规范,其中,与市政工程对应的是《市政工程工程量计算规范》(GB 50857—2013)。

(2)工程施工图纸

工程施工图纸包括设计单位设计的工程施工图纸,以及施工图纸所涉及的相应标准图。

(3)施工组织设计或施工方案

施工组织设计或施工方案是确定措施项目费的重要依据。一般情况下,在编制工程量清单时没有施工组织设计或施工方案,只能按常规考虑各项措施费。

(4)招标人的要求

工程量清单应反映招标人对工程项目的一些具体要求。例如,工程是否有甲供材料,招标人对工程分包的具体要求等。

5.6.3　工程量清单编制步骤

工程量清单编制步骤是:准备工作→编制分部分项工程项目及单价措施项目清单→编制总价措施项目清单→编制其他项目清单→编制规费和税金项目清单→编制说明,填写封面及装订。

1)准备工作

准备工作的具体内容包括熟悉资料、现场踏勘和拟定常规施工组织设计。

(1)熟悉资料

熟悉《建设工程工程量清单计价规范》(GB 50500—2013)和各专业工程计量规范、当地计价规定及相关文件,便于快速算量,确定总价措施项目名称等工作;熟悉设计文件,掌握工程全貌,便于清单项目列项的完整、工程量的准确计算及清单项目的准确描述,对设计文件中出现的问题应及时提出;熟悉招标文件、招标图纸,确定工程量清单编制的范围及需要设定的暂估价,收集相关市场价格信息,为暂估价的确定提供依据。

(2)现场踏勘

现场踏勘需考虑以下 8 个方面的情况:

①自然地理条件,工程所在地的地理位置、地形、地貌、用地范围等;气象、水文情况;地质情况;地震、洪水及其他自然灾害情况。上述这些均应纳入考虑的范畴。配合设计文件中的地勘报告加以佐证,对工程特点有一个全面、深入的把握,保证编制的招标工程量清单切合

实际。

②施工条件,工程现场周围的道路、进出场条件、交通限制情况。

③工程现场施工临时设施、大型施工机具、材料堆放场地安排情况。

④工程现场邻近建筑物与招标工程的间距、结构形式、基础埋深、新旧程度、高度。

⑤市政给排水管线位置、管径、压力,废水、污水处理方式,市政、消防供水管道管径、压力、位置等。

⑥现场供电方式、方位、距离、电压等。

⑦工程现场通信线路的连接和铺设。

⑧当地政府有关部门对施工现场管理的一般要求、特殊要求及规定等。

(3)拟定常规施工组织设计

由于招标工程清单并没有站在某个具体的施工企业角度来考虑施工组织设计,只能按照拟建工程最可能采取的常规施工组织设计考虑。施工组织设计应包括拟定施工总方案,确定施工顺序,编制施工进度计划,计算人、材、机需要量,布置施工平面等。根据常规的施工组织设计,拟定的常规施工方案、施工顺序、施工方法等,便于工程量清单的编制及准确计算,特别是工程量清单中可竞争性单价措施项目的编制和计算。

2)编制分部分项工程项目及单价措施项目清单

编制分部分项工程项目清单和编制单价措施项目清单的基本思路是相同的:计算工程量→编制工程量清单。

(1)计算工程量

工程量应按照现行计价规范以及施工图纸等相关资料进行计算。

市政工程的相关分部分项工程项目及单价措施项目的工程量计算的基本知识和基本方法详见《市政工程工程量计算规范》(GB 50857—2013)相关内容。

(2)编制分部分项工程项目清单

编制分部分项工程项目清单应包括序号、项目编码、项目名称、计量单位、工程数量5部分内容。

市政工程分部分项工程项目清单的编制应按《市政工程工程量计算规范》(GB 50857—2013)的有关规定进行确定,其具体内容可参照本教材模块5中项目5.2至项目5.5。

(3)编制单价措施项目清单

编制单价措施项目清单应包括序号、项目编码、项目名称、计量单位、工程数量5部分内容。

市政工程单价措施项目清单的编制应按《市政工程工程量计算规范》(GB 50857—2013)附录L相关规定执行。市政工程的单价措施项目内容包括:

①脚手架工程;

②混凝土模板及支架;

③围堰;

④便道及便桥;

⑤洞内临时设施;

⑥大型设备进出场及安拆；

⑦施工排水、降水；

⑧处理、监测、监控。

具体工程的单价措施项目与上述内容有出入者，应根据实际情况增减编列。

3）编制总价措施项目清单

市政工程总价措施项目清单的编制应按《市政工程工程量计算规范》（GB 50857—2013）附录 L 相关规定执行。市政工程的总价措施项目内容包括：

①安全文明施工；

②夜间施工；

③二次搬运；

④冬雨季施工；

⑤行车、行人干扰；

⑥地上、地下设施，建筑物的临时保护设施；

⑦已完工程及设备保护。

具体工程的总价措施项目与上述内容有出入者，应根据实际情况增减编列。

4）编制其他项目清单

其他项目清单反映的是应招标人的特殊要求而发生的与拟建工程有关的其他费用项目和相应数量的清单。其他项目清单主要包含暂列金额、暂估价、计日工和总承包服务费 4 个方面的内容。

5）编制规费及税金项目清单

规费和税金项目清单应按《建设工程工程量清单计价规范》（GB 50500—2013）规定的内容列项，当出现规范中没有的项目，应根据省级政府或有关部门的规定列项。

6）编制说明、填写封面及装订

（1）招标工程量清单编制说明

清单的说明应视工程的规模而定，一般性市政工程，编制招标工程量清单总说明即可；大型市政工程建设项目，不仅应编制招标工程量清单总说明，还应针对各个单项工程单独编制相关说明。

（2）填写封面

完整的招标工程量清单封面应包括工程名称、招标人、造价咨询人（若招标人委托则有）的名称；招标人、造价咨询人（若招标人委托则有）的法定代表人或其授权人的签章；具体编制人和复核人的签章；具体的编制时间和复核时间。需要注意的是，编制人可以是符合各地规定的建设工程造价员或注册造价工程师，复核人应是注册造价工程师。

（3）装订

根据《建设工程工程量清单计价规范》（GB 50500—2013），最后形成的招标工程量清单应按相应顺序排列：

①B. 1 招标工程量清单封面；

②C.1 招标工程量清单扉页；

③D 工程项目计价总说明；

④F.1 分部分项工程和单价措施项目清单与计价表；

⑤F.4 总价措施项目清单与计价表；

⑥G.1 其他项目清单与计价汇总表；

⑦G.2 暂列金额明细表；

⑧G.3 材料(工程设备)暂估单价及调整表；

⑨G.4 专业工程暂估价及结算价表；

⑩计日工表；

⑪总承包服务表计价表；

⑫H 规费、税金项目计价表。

将上述相关表格文件装订成册，即成为完整的招标工程量清单文件。需要强调的是，由于招标人所用工程量清单表格与投标人报价所用表格是同一表格，招标人发布的表格中，除暂列金额、暂估价列有金额外，其他表格仅仅是列出工程量，此招标工程量清单文件随同招标文件一同发布，作为投标报价的重要依据。

5.6.4 工程量清单编制实例

为便于理解和掌握工程量清单编制的基本知识和基本方法，下面以"××市天山东路道路工程"为例，介绍招标工程量清单的编制。

1)工程概况

××市天山东路道路工程，路线总长度为 5 000.00 m，为新建道路工程，设计内容包括道路的路面工程、管道工程、桥梁工程和路灯工程。由于工程规模相对较大，本案例仅对路面工程和排水工程的前 200 m 编制工程量清单。

现对"××市天山东路道路工程"的路面工程、管道工程、桥梁工程和路灯工程的基本情况分述如下。

(1)路面工程

道路等级:城市次干路Ⅰ级;设计使用年限:10 年;设计车速:50 km/h;路面结构类型:沥青路面结构。该道路总长度为 200 m，该段道路为直线段，无交叉口。道路标准横断面属典型的三块板结构，机动车道总宽度为 14 m，无中央分隔带，人行道上无树池。路面结构层详见图 5.106(图中未标注的尺寸单位以 cm 计)。本工程不包含道路路基工程。

(2)管道工程

污水管道工程的起点为道路起点 K0＋000，终点为道路终点 K0＋200，污水管采用公称直径为 DN1000 的钢筋混凝土Ⅱ级承插管。管线纵断面图详见图 5.107;管道埋设断面图详见图 5.108;各污水检查井的平面图详见图 5.109;剖面图 1 和剖面图 2 详见图 5.110。

(3)桥梁工程

该道路工程包含一座 18 m＋22 m＋18 m 的简支梁桥，桥梁立面图如图 5.111 所示，桥梁平面图如图 5.112 所示，桥梁 1—1 断面图如图 5.113 所示，0 号桥台和 3 号桥台一般构造图如图 5.114 和图 5.115 所示，1 号桥墩和 2 号桥墩一般构造图如图 5.116 和图 5.117 所示(图中除标高单位以 m 计外，其余均以 cm 计)。桥梁下部桩基础混凝土为 C25，空心连续板混凝

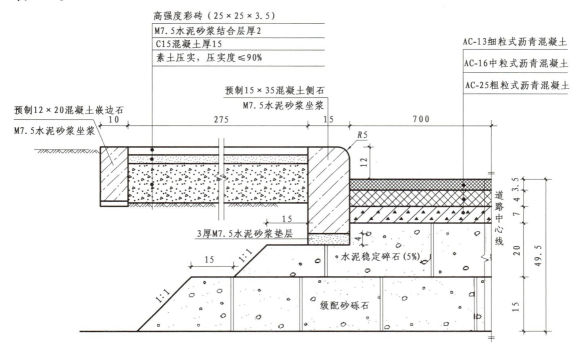

土为 C50,其余混凝土构件均采用 C30。不考虑钢筋的工程量和给出的设计图中未涉及的细部构造内容。

（4）路灯工程

某市政路灯工程,采用成套 LED 路灯智能控制系统柜集中供电,10 m 高成套单臂单杆路灯(150 W),路灯电缆埋地敷设横断面如图 5.118 所示(图中尺寸均以 cm 计),路灯电缆采用 VV-1 kV-3×10 HDPE89 FC,接地母线采用 φ12 镀锌圆钢。整个工程主要设备及材料详见表 5.14。

图 5.106　路面结构图(单位:cm)

图 5.107　管线纵断面图

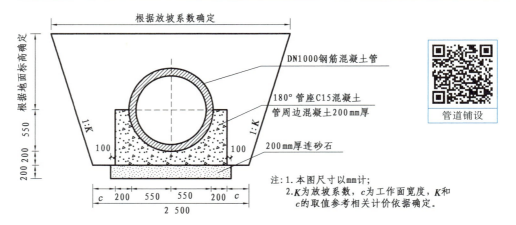

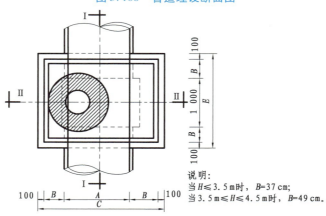

图 5.108 管道埋设断面图

图 5.109 污水检查井平面图

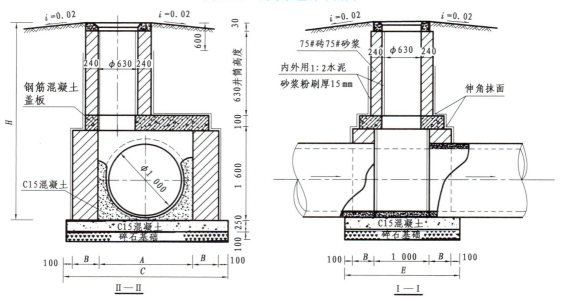

图 5.110 污水检查井剖面图

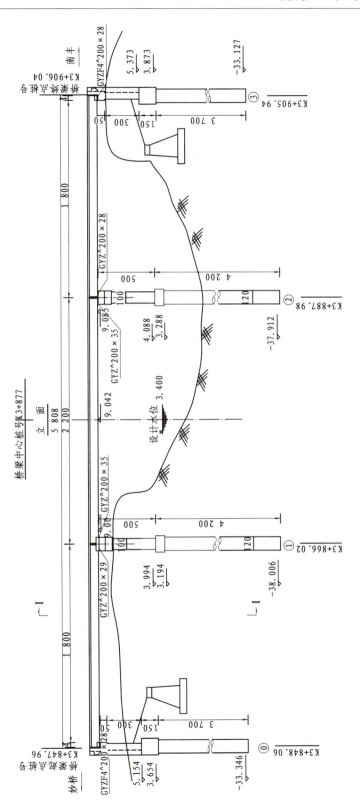

图5.111 桥梁立面图

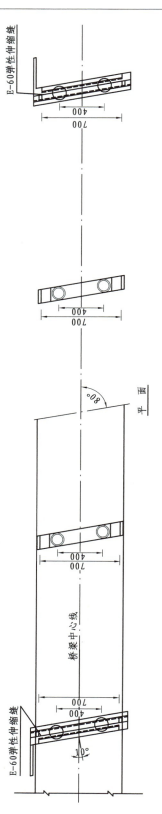

图5.112 桥梁平面图

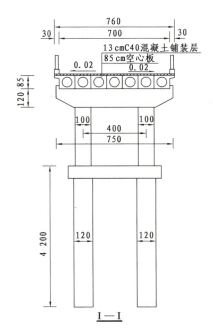

图 5.113　桥梁 I—I 断面图

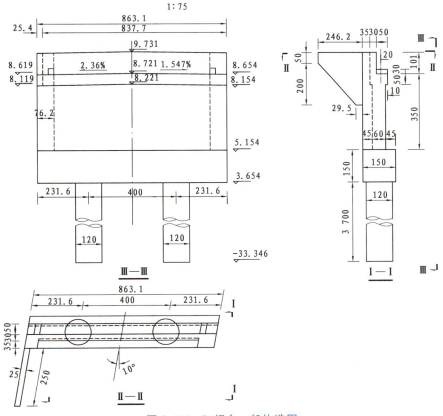

图 5.114　0#桥台一般构造图

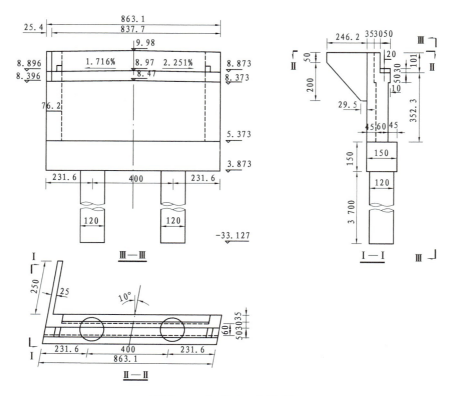

图 5.115　3#桥台一般构造图

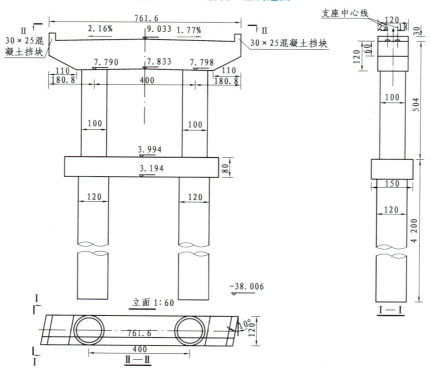

图 5.116　1#桥墩一般构造图

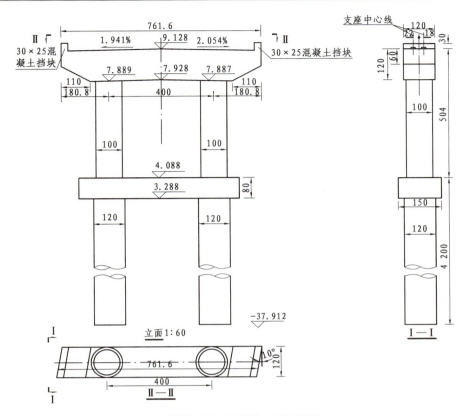

图 5.117 2#桥墩一般构造图

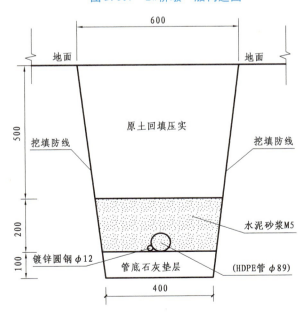

图 5.118 路灯电缆埋地敷设横断面

表 5.14　路灯工程主要设备及材料表

名　　称	规格与型号	单　位	数　量
LED 路灯灯具	150 W(5×30 W)	套	20
路灯控制箱	集中供电智能控制系统柜	套	1
电缆	VV-(3×10) mm²	m	625
聚氯乙烯半硬质管 PE	φ89	m	625
热镀锌圆钢	φ12	m	638.50

2) 计算工程量

根据《建设工程工程量清单计价规范》(GB 50500—2013)和《市政工程工程量计算规范》(GB 50857—2013),计算"××市天山东路道路工程"的路面工程、管道工程、桥梁工程和路灯工程的工程量,计算结果见表 5.15。

3) 工程量清单编制

根据表 5.15、《建设工程工程量清单计价规范》(GB 50500—2013)和《市政工程工程量计算规范》(GB 50857—2013)以及下列项目相关背景资料,编制 ××市天山东路道路工程的工程量清单。

(1)项目相关背景资料

①工程招标和分包范围。本工程按施工图纸范围招标(内容包括路面工程、管道工程、桥梁工程和路灯工程),无分包项目。

②工程量清单编制依据。《建设工程工程量清单计价规范》(GB 50500—2013)、《市政工程工程量计算规范》(GB 50857—2013)和《四川省建设工程安全文明施工计价管理办法》等。

③工程质量、材料、施工等特殊要求。工程质量、材料、施工等无特殊要求。

④其他需要说明的问题。该工程的暂列金额原则上不应超过分部分项工程费的 15%。

(2)工程量清单的编制步骤

①清单项目划分并计算清单工程量;

②编制分部分项工程和单价措施项目清单与计价表;

③编制总价措施项目清单与计价表;

④编制其他项目清单与计价汇总表;

⑤编制规费、税金项目计价表;

⑥编制总说明;

⑦编制封面。

(3)分步列表

①清单项目划分并计算清单工程量,见表 5.15。填列分部分项工程和单价措施项目清单与计价表。

②编制分部分项工程和单价措施项目清单与计价表,见表 5.16。

表5.15 清单工程量计算表

工程名称：××市天山东路道路工程

序号	项目编码	项目名称	单位	工程数量	工程量计算式
1	040202001001	路床（槽）整形	m²	3 120	（7+0.15×2+0.2+0.15×2）×2×200
2	040202009002	级配砂砾石垫层	m²	3 090	（7+0.15×2+0.2+0.15+0.075）×2×200
3	040202015003	水泥稳定碎石基层	m²	2 960	（7+0.15×2+0.1）×2×200
4	040203006004	AC-25粗粒式沥青混凝土面层	m²	2 800	7×2×200
5	040203006005	AC-16中粒式沥青混凝土面层	m²	2 800	同上
6	040203006006	AC-13细粒式沥青混凝土面层	m²	2 800	同上
7	040204001007	人行道整形碾压	m²	1 200	3×2×200
8	040204002008	铺设高强度彩砖	m²	1 100	2.75×2×200
9	040204003009	人行道混凝土基层	m²	1 100	同上
10	040204004010	安砌混凝土侧石	m	400	2×200
11	040204004011	安砌混凝土嵌边石	m	400	同上
12	041102010035	人行道混凝土基层模板	m²	1 100	2.75×2×200
13	040101002012	挖沟槽土方	m³	2 094.00	［2.5+（2.5+0.99×2）］×3×0.5×200
14	040103001013	土方回填	m³	1 016.75	2 094-（68+146.5+3.14×1.1×1.1×1.1/4）×5
15	040103002014	余方弃置	m³	1 077.25	2 094.00-1 016.75
16	040501001015	铺设混凝土管	m	200	200
17	040504001016	砌筑检查井	座	5	5
18	041101001036	检查井脚手架	m²	27.12	（2.24+1.94）×2×3.25

续表

序号	项目编码	项目名称	单位	工程数量	工程量计算式
19	041102002037	检查井基础模板	m²	301.30	0.75×2×200+(1.5×0.75-0.5×3.14×1.1×1.1×0.25)×2
20	040301004017	泥浆护壁成孔灌注桩	m³	353.58	0号桥台:3.14×1.2×1.2/4×(3.654+33.346)×2=83.65 1号桥墩:3.14×1.2×1.2/4×(3.194+38.006)×2=93.14 2号桥墩:3.14×1.2×1.2/4×(3.288+37.912)×2=93.14 3号桥台:3.14×1.2×1.2/4×(3.873+33.127)×2=83.65
21	040303003018	混凝土承台	m³	38.84	1.5×1.5×8.63×2=38.84
22	040303023019	混凝土联系梁	m³	15.31	(1.5×5.2×0.8+3.14×0.75×0.75×0.8)×2=15.31
23	040303005020	混凝土台身	m³	33.66	(0.6×2.96×8.631+0.45×4.7×0.71)×2=33.66
24	040303005021	混凝土柱式墩	m³	11.94	1号桥墩:3.14×1.0×1.0/4×(7.8-3.994)×2=5.98 2号桥墩:3.14×1.0×1.0/4×(7.885-4.088)×2=5.96
25	040303004022	混凝土台帽	m³	6.90	0.8×0.5×8.631×2=6.90
26	040303007023	混凝土墩盖梁	m³	20.61	(1.20×1.20×7.616-1.1×0.6)×2=20.61
27	040303012024	混凝土连续板	m³	70.70	2×11.85+5×9.4=70.70
28	040303019025	桥面铺装	m²	57.38	58.08×7.6=441.41
29	040309004026	橡胶支座	个	74	14×6=74
30	040303024027	防震挡块	m³	0.66	桥台挡块:0.5×0.3×0.5×2×2=0.3 桥墩挡块:0.3×0.25×1.2×2×2=0.36
31	041102003038	承台模板	m²	82.17	[(4+2.316×2)×1.5+(4+2.316×2+1.5)×2×1.5-3.14×1.2×1.2×0.25×2]×2=82.17
32	041102004039	台帽模板	m²	17.30	(0.5×2+0.1×2)×7.21×2=17.30

序号	项目编码	项目名称	计量单位	工程量	计算式
33	041102005040	台身模板	m²	100.88	（8.631×2.96+7.21×2.96+0.6×2.96×2） ×2=100.88
34	041102006041	支撑梁及横梁模板	m²	43.68	[7×1.5+（7+1.5） ×2×0.8-3.14×1.2×1.2×0.25×2] ×2=43.68
35	041102007042	墩盖梁模板	m²	52.66	{（0.6+1.25+5.416+1.25+0.6） ×1.2+[7.616×0.6+（7.616+5.416） ×0.6×0.5] ×2-3.14×1×1×0.25×2} ×2=52.66
36	041102012043	柱模板	m²	47.75	3.14×3.806×2+3.14×3.797×2=47.75
37	041102014044	板模板	m²	917.15	3.14×3.806×2+3.14×3.797×2+（4.46×21.96+3.14×0.625×21.96） ×2=917.15
38	041102021045	小型构件模板	m²	2.44	0.3×2×1.2×2+0.5×2×0.5×2=2.44
39	041102040046	桥梁支架	m³	3 122.38	58.08×5.6×（7.6+2）
40	040801005028	成套控制柜	套	1	根据主要设备及材料表得出
41	040803001029	电力电缆 VV-3×10 mm²	m	643.63	625.00×（1+2.5%） +1.50×2
42	040803002030	电缆保护管	m	625.00	根据主要设备及材料表得出
43	040805001031	成套 LED 路灯	套	20	根据主要设备及材料表得出
44	040803005032	电缆终端头	个	2	2×1
45	040806002033	接地母线	m	638.50	根据主要设备及材料表得出
46	040807002034	供电系统调试	系统	1	1

表 5.16　分部分项工程和单价措施项目清单与计价表

工程名称：××市天山东路道路工程

序号	项目编码	项目名称	项目特征	计量单位	工程量
		路面工程			
1	040202001001	路床（槽）整形	1.部位：路面结构层底面下 80 cm 以上部位 2.范围：机动车道范围内	m²	3 120
2	040202009002	级配砂砾石垫层	1.石料规格：符合设计及施工要求 2.厚度：15 cm	m²	3 090
3	040202015003	水泥稳定碎石基层	1.水泥含量：5% 2.石料规格：符合设计及施工要求 3.厚度：20 cm	m²	2 960
4	040203006004	AC-25 粗粒式沥青混凝土面层	1.沥青品种：石油沥青 70# 2.沥青混凝土种类：AC-25 粗粒式 3.石料粒径：5～20 mm 4.厚度：7 cm	m²	2 800
5	040203006005	AC-16 中粒式沥青混凝土面层	1.沥青品种：石油沥青 70# 2.沥青混凝土种类：AC-16 中粒式 3.石料粒径：5～20 mm 4.厚度：4 cm	m²	2 800
6	040203006006	AC-13 细粒式沥青混凝土面层	1.沥青品种：石油沥青 70# 2.沥青混凝土种类：AC-13 中粒式 3.石料粒径：5～20 mm 4.厚度：3.5 cm	m²	2 800
7	040204001007	人行道整形碾压	1.部位：路面结构层底面下 80 cm 以上部位 2.范围：人行道范围内	m²	1 200

8	040204002008	铺设高强度彩砖	1. 材质:高强度混凝土彩砖 2. 尺寸:厚 3.5 cm 3. 垫层材料品种、厚度、强度:M7.5 水泥砂浆结合层,厚 2 cm	m²	1 100
9	040204003009	人行道混凝土基层	1. 混凝土强度等级:C15 2. 厚度:15 cm	m²	1 100
10	040204004010	安砌混凝土侧石	1. 材料:预制混凝土侧石 2. 尺寸:15 cm×35 cm×100 cm 3. 形状:一字形 4. 垫层材料品种、厚度、强度:4 cm 厚 M7.5 水泥砂浆	m	400
11	040204004011	安砌混凝土嵌边石	1. 材料:预制混凝土嵌边石 2. 尺寸:12 cm×20 cm×100 cm 3. 形状:一字形 4. 垫层材料品种、厚度、强度:2 cm 厚 M7.5 水泥砂浆	m	400
		管网工程			
12	040101002012	挖沟槽土方	1. 土壤类别:Ⅲ类 2. 挖土深度:4 m 以内	m³	2 094.00
13	040103001013	土方回填	1. 密实度要求:应满足相应设计及施工规范要求 2. 填方材料品种:工程性质良好的土 3. 填方粒径要求:应满足相应设计及施工规范要求 4. 填方来源:开挖基槽土	m³	1 016.75
14	040103002014	余方弃置	1. 废弃料品种:回填利用后剩余土 2. 运距:由投标人根据实际情况自行考虑	m³	1 077.25

续表

序号	项目编码	项目名称	项目特征	计量单位	工程量
15	040501001015	铺设混凝土管	1. 垫层材质及厚度:200 mm 厚连碎砂石 2. 管座材质:180°管座,C15 混凝土 3. 规格:DN1000 成品钢筋混凝土管(Ⅱ级),管材价格包含运输、接缝等费用 4. 铺设深度:4 m 以内	m	200
16	040504001016	砌筑检查井	1. 垫层材质及厚度:10 cm 厚碎石基础 2. 基础材质及厚度:25 cm 厚 C15 混凝土 3. 砌筑材料品种、规格、强度等级:M7.5 水泥砂浆(中砂)砌筑井身和井筒 4. 勾缝、抹面要求:1.5 cm 厚 1:2水泥砂浆内外抹灰 5. 盖板材质、规格:成品钢筋混凝土整体人孔板 6. 踏步材质、规格:成品塑钢踏步 7. 井盖、井圈材质、规格:成品高分子井盖、井圈	座	5
		桥涵工程			
17	040301004017	泥浆护壁成孔灌注桩	1. 地层情况:详见地勘报告 2. 桩长:详见施工图 3. 桩径:120 cm 4. 成孔方法:正循环回旋钻孔 5. 混凝土种类、强度等级:C25 商品混凝土	m³	353.58
18	040303003018	混凝土承台	混凝土强度等级:C30 商品混凝土	m³	38.84
19	040303023019	混凝土联系梁	1. 形状:详见施工图 2. 混凝土强度等级:C30 商品混凝土	m³	15.31

序号	项目编码	项目名称	项目特征	计量单位	工程量
20	040303005020	混凝土台身	1. 部位:0 号和 3 号桥台 2. 混凝土强度等级:C30 商品混凝土	m³	33.66
21	040303005021	混凝土柱式墩	1. 部位:1 号和 2 号桥墩 2. 混凝土强度等级:C30 商品混凝土	m³	11.94
22	040303004022	混凝土台帽	1. 部位:0 号和 3 号桥台 2. 混凝土强度等级:C30 商品混凝土	m³	6.90
23	040303007023	混凝土墩盖梁	1. 部位:0 号和 3 号桥台 2. 混凝土强度等级:C30 商品混凝土	m³	20.61
24	040303012024	混凝土连续板	1. 部位:桥跨结构 2. 结构形式:空心连续板梁 3. 混凝土强度等级:C50 商品混凝土	m³	70.70
25	040303019025	桥面铺装	1. 混凝土强度等级:C30 商品混凝土 2. 厚度:13 cm	m²	57.38
26	040309004026	橡胶支座	1. 材质:板式橡胶板 2. 规格、型号:详见施工图——桥梁立面图	个	74
27	040303024027	防震挡块	1. 部位:桥台和盖梁防震挡块; 2. 混凝土强度等级:C30 商品混凝土	m³	0.66
		路灯工程			
28	040801005028	成套控制柜	1. 名称:成套 LED 路灯集中供电智能控制系统柜 2. 种类:智能控制系统柜 3. 规格、型号:$P_e = 21.9$ kW;$P_{js} = 21.9$ kW;$I_{js} = 39.2$ A;$\cos\phi = 0.85$;IP 最高等级	套	1

续表

序号	项目编码	项目名称	项目特征	计量单位	工程量
29	040803001029	电力电缆 VV－3×10 mm²	1. 名称:电力电缆 2. 型号:VV 3. 规格:3×10 mm² 4. 材质:铜质 5. 敷设方式、部位:穿管敷设 6. 电压(kV):0.6/1 kV	m	643.63
30	040803002030	电缆保护管	1. 名称:电缆保护管 2. 规格:φ89 3. 材质:聚氯乙烯半硬质管 PE 4. 敷设方式:埋地敷设	m	625.00
31	040805001031	成套 LED 路灯	1. 名称:成套单臂单杆 LED 路灯 2. 型号:150 W 3. 灯杆材质、高度:钢质,H＝10 m	套	20
32	040803005032	电缆终端头	1. 名称:电缆终端头 2. 规格:35 mm² 3. 材质、类型:铜质	个	2
33	040806002033	接地母线	接地母线材质、规格:镀锌圆钢 φ12 mm	m	638.50
34	040807002034	供电系统调试	1. 名称:供电系统调试 2. 电压(kV):1	系统	1
		单价措施项目			
35	041102010035	人行道混凝土基层模板	构件类型:人行道混凝土基层	m²	1 100
36	041101001036	检查井脚手架	高度:4 m 以内	m²	27.12
37	041102002037	检查井基础模板	构件类型:管道 180°混凝土管座	m²	301.30

38	041102003038	承台模板	构件类型:现浇混凝土构件	m²	82.17
39	041102004039	台帽模板	1.构件类型:现浇混凝土构件 2.支模高度:约11 m	m²	17.30
40	041102005040	台身模板	1.构件类型:现浇混凝土构件 2.支模高度:11 m 以内	m²	100.88
41	041102006041	支撑梁及横梁模板	1.构件类型:现浇混凝土构件 2.支模高度:4 m 以内	m²	43.68
42	041102007042	墩盖梁模板	1.构件类型:现浇混凝土构件 2.支模高度:9 m 以内	m²	52.66
43	041102012043	柱模板	1.构件类型:现浇混凝土构件 2.支模高度:9 m 以内	m²	47.75
44	041102014044	板模板	1.构件类型:现浇混凝土构件 2.支模高度:10 m 以内	m²	917.15
45	041102021045	小型构件模板	构件类型:现浇混凝土构件	m²	2.44
46	041102040046	桥梁支架	1.部位:桥梁整体 2.材质:钢管支架 3.支架类型:满堂式	m³	3 122.38

③编制总价措施项目清单与计价表,见表5.17。

表5.17 总价措施项目清单与计价表

工程名称:××市天山东路道路工程　　　　　　　　第1页 共1页

序　号	项目名称
1	安全文明施工
1.1	环境保护费
1.2	文明施工费
1.3	安全施工费
1.4	临时设施费
2	夜间施工费
3	二次搬运费
4	冬雨季施工增加费
5	行车行人干扰增加费
6	地上、地下设施,建筑物的临时保护设施
7	已完工程及设备保护

④编制其他项目清单与计价汇总表,见表5.18。其他项目清单所涵盖分表:暂列金额明细表,见表5.19;专业工程暂估价表,见表5.20;计日工表,见表5.21;总承包服务费计价表,见表5.22。各分表费用的具体计算细则见表下说明。

表5.18 其他项目清单与计价汇总表

工程名称:××市天山东路道路工程　　　　　　　　第1页 共1页

序　号	项目名称	金额/元	结算金额/元	备　注
1	暂列金额	196 760.35		明细详见表
2	暂估价	100 000.00		
2.1	材料(工程设备)暂估价	—		—
2.2	专业工程暂估价	100 000.00		明细详见表
3	计日工			明细详见表
4	总承包服务费			明细详见表
	合　计	296 760.35		—

表5.19 暂列金额明细表

工程名称:××市天山东路道路工程　　　　　　　　第1页 共1页

序　号	项目名称	计量单位	暂定金额/元	备　注
1	工程量偏差和设计变更	项	100 000.00	

续表

序　号	项目名称	计量单位	暂定金额/元	备　注
2	政策性调整和材料价格变动		100 000.00	
3	其他		96 760.35	
合　计			296 760.35	—

说明：暂列金额应根据拟建工程特点确定,编制招标工程量清单时,暂列金额可根据工程概算总金额的一定比例计算
　　得到。

表 5.20　专业工程暂估价表

工程名称：××市天山东路道路工程　　　　　　　　　　　　　　第 1 页 共 1 页

序　号	工程名称	工程内容	暂估金额/元	结算金额/元	差额±/元	备注
1	××交叉口信号灯系统		100 000.00			
合　计			100 000.00	—	—	—

说明：专业工程暂估价应根据拟建工程特点确定。本工程根据招标文件,道路交叉口交通信号灯系统工程由招标人另行
　　招标,估算道路交叉口交通信号灯系统工程工程量,参照市场价格,估算该项专业工程价款(包括规费和税金以外
　　的所有费用)为 100 000.00 元。

表 5.21　计日工表

工程名称：××市天山东路道路工程　　　　　　　　　　　　　　第 1 页 共 1 页

编　号	项目名称	单　位	暂定数量	实际数量	综合单价/元	合价/元 暂定	实际
一	人工						
1	普工	工日	100				
2	技工	工日	60				
人工小计							
二	材料						
1	钢筋	t	1				
2	水泥 42.5	t	2				
材料小计							
三	施工机械						
1	自升式塔吊起重机	台班	4				
2	灰浆搅拌机	台班	2				
施工机械小计							
四、企业管理费和利润							
总　计							

说明：计日工应根据拟建工程特点确定。本工程根据招标文件,编制招标工程量清单时,根据工程实际情况暂定一定数
　　量的计日工,在编制招标控制价和投标报价时可参考报价。

表 5.22　总承包服务费计价表

工程名称:××市天山东路道路工程

序号	项目名称	项目价值/元	服务内容	计算基础	费率/%	金额/元
1	发包人发包专业工程		按专业工程承包人的要求提供施工工作面并对施工现场进行统一管理,对竣工资料进行统一整理汇总			
	合　计					

⑤编制规费、税金项目计价表。

根据《建设工程工程量清单计价规范》(GB 50500—2013)附录 H 及相关地区性文件编制规费、税金项目计价表。因规费、税金项目清单表在招标工程量清单中相关的格式和内容可参见规范,这里不再赘述。

⑥编制总说明,见表 5.23。

表 5.23　总说明

工程名称:××市天山东路道路工程

1.工程概况

本工程系××市天山东路道路工程,该建设项目包括路面工程、管道工程、桥梁工程、路灯工程共计 4 个单位工程。

路面工程:道路设计范围为 K0 +000 ~ K0 +5000,本案例工程长度为 200 m。路面标准横断面宽度为 20 m = 3 m(人行道) +7 m(机动车道) +7 m(机动车道) +3 m(人行道)。工程计划工期为 360 日历天。施工现场实际情况、自然地理条件、环境保护要求见《××市天山东路道路工程》。

管道工程:该管道工程只包含污水管道工程,采用 DN1000 的成品混凝土管铺设约 200 m 长的污水管道,管道线路上有 5 座砖砌检查井。

桥梁工程:桥梁结构为 18 m + 22 m + 18 m 简支梁桥,下部结构采用 C25 混凝土泥浆护壁成孔灌注桩,C30 混凝土轻型桥台和柱式桥墩,桥跨结构为 C50 空心板,桥面铺装 13 cm 厚 C30 混凝土刚性层,桥梁采用支架法现浇施工,所有混凝土均采用商品混凝土。

路灯工程:20 套 LED 路灯(包含灯具 + 路灯灯杆 + 穿管配线),集中供电智能控制系统柜 1 套,具体工程数量详见施工图纸。

2.工程招标和分包范围

本工程按施工图纸范围招标(包括路面工程、管道工程、桥梁工程、路灯工程)。除道路信号灯系统必须委托具有专业资质的安装单位施工外,其他工程项目均采用施工总承包。

3.工程量清单编制依据

①《市政工程工程量计算规范》(GB 50857—2013);

②××设计研究院设计的《××市天山东路道路工程》;

③××市天山东路道路工程招标文件。

4.工程、材料、施工等的特殊要求

①工程施工组织及管理满足《城镇道路工程施工与质量验收规范》(CJJ 1—2008);

②工程质量满足《城镇道路工程施工与质量验收规范》(CJJ 1—2008);

③除某些专业性较强的材料(如交通信号灯)需指定 3 个或 3 个以上的品牌外,其余材料无特殊要求。

5.其他需要说明的问题

无。

⑦编制封面,见表 5.24。

表 5.24　招标工程量清单封面

<u>　　　××市天山东路道路　　</u>工程

招标工程量清单

招　标　人:_____　　　　造价咨询人:_____

　　　　　　　　（单位盖章）　　　　　　　　　　　　　　　　（单位资质专用章）

法定代表人或　　　　　　　　　　　　　　　　法定代表人或

其授权人:_____　　　　其授权人:_____

　　　　　　（签字或盖章）　　　　　　　　　　　　　　　（签字或盖章）

编　制　人:_____　　　　复　核　人:_____

　　　　（造价人员签字盖专用章）　　　　　　　　　　（造价工程师签字盖专用章）

编制时间:　　　　　　　　　　　　　　　　　复核时间:

封-1

复习思考题 5

1. 什么是工程量？常用工程量的计量单位有哪些？

2. 工程量的计算依据有哪些？

3. 工程量计算有哪些"四统一"原则？项目编码怎样编列？

4. 为什么计算工程量时必须遵守《计价规范》中的工程量计算规则？

5. 市政工程中，场地平整、挖基础土方、回填土的工程量怎样计算？各自的项目编码是什么？

6. 在《市政工程工程量计算规范》中，"挖土方""挖沟槽土方""挖基坑土方"有什么区别？按计价规范计算的挖基础土方量是否等于实际挖方量？为什么？

7. 人工挖孔桩、振冲灌注碎石桩的工程量各怎样计算？项目编码是什么？

8. 道路路基、路面的工程量按《计价规范》应怎么计算？若按《计价定额》，又该怎么计算？

9. 方格网计算法的原理是什么？

10. 计算道路路基土方的填、挖工程量一般用什么方法？其基本原理是什么？

11. 道路交叉口的面积计算分为哪两种情况？在这两种情况下，交叉口面积计算的公式分别是什么？

12. 根据《计价定额》，市政道路的标记、标线的工程量是如何计算的？

13. 根据《市政工程工程量计算规范》，市政管道长度的计算应遵从哪些规定？

14. 根据《市政工程工程量计算规范》，市政管道工程中检查井的工程量如何计算？根据《计价定额》，市政管道工程中检查井的工程量如何计算？

模块 6　市政工程费用计算

项目 6.1　分部分项工程费计算

6.1.1　概述

1)分部分项工程费的计算

分部分项工程费由分项工程数量乘以综合单价汇总得到。

$$分部分项工程费 = \sum（分项工程数量 \times 分项工程综合单价）\qquad(6.1)$$

2)综合单价的概念

综合单价是指分部分项工程项目和单价措施项目的单价。

(1)综合单价的组成

综合单价由人工费、材料费、机械费、管理费和利润 5 个部分组成。

(2)综合单价的确定依据

综合单价的确定依据有工程量清单、定额、工料单价、费用及利润标准、施工组织设计、招标文件、施工图纸及图纸答疑、现场踏勘情况、计价规范及计算规范等。

①工程量清单。工程量清单是由招标人提供的工程数量清单,综合单价应根据工程量清单中提供的项目名称、项目特征以及该项目所包括的工程内容来确定。

②定额。定额是指预算定额或企业定额。

预算定额是由建设行政主管部门根据合理的施工组织设计,按照正常施工条件制定的,生产一个规定计量单位工程合格产品所需人工、材料、机械台班的社会平均消耗量的定额。预算定额是在编制招标控制价时确定综合单价的依据。

企业定额是根据企业的施工技术和管理水平,以及有关工程造价资料制定,供本企业使用的人工、材料、机械台班消耗量的定额。企业定额是在编制投标报价时确定综合单价的依据。若投标企业没有企业定额时,可参照预算定额确定综合单价。

③工料单价。工料单价是指人工单价、材料单价和机械台班单价。综合单价中的人工

费、材料费、机械费,是由定额中工料消耗量乘以相应的工料单价计算得到的,见下列各式:

$$人工费 = \sum (工日数 \times 人工单价) \tag{6.2}$$

$$材料费 = \sum (材料数量 \times 材料单价) \tag{6.3}$$

$$机械费 = \sum (机械台班数量 \times 台班单价) \tag{6.4}$$

④费用及利润标准。除人工费、材料费、机械费外的管理费及利润,是根据相应计算基础乘以管理费费率和利润率计算得到的。

⑤施工组织设计。施工组织设计是用来指导施工项目全过程各项活动的技术、经济和组织的综合性文件,是确定综合单价的重要依据。例如,在确定挖土方、边坡支护或施工降排水等项目的综合单价时,需要通过施工组织设计来拟定具体的组价方式和策略。

⑥招标文件。综合单价包括的内容应满足招标文件的要求,如工程招标范围、甲供材料的方式等。例如,某工程招标文件中要求钢材、水泥施行政府采购,由招标方组织供应到工程现场,那么在综合单价中就不能包括钢材、水泥的价格,否则综合单价无实际意义。

⑦施工图纸及图纸答疑。在确定综合单价时,分部分项工程包括的内容除满足工程量清单中给出的内容外,还应注意施工图纸及图纸答疑的具体内容,才能有效地确定综合单价。

⑧现场踏勘情况。现场踏勘情况是确定投标报价中综合单价的重要资料,投标人会根据现场踏勘情况确定投标策略和具体的综合单价组价方法。

⑨计价规范及计算规范。现行的计价规范是《建设工程工程量清单计价规范》(GB 50500—2013),现行的计算规范是《市政工程工程量计算规范》(GB 50857—2013),它们都是确定综合单价的重要依据。

6.1.2 综合单价的确定

综合单价的确定是一项复杂的工作,需要在熟悉工程的具体情况、当地市场价格、各种技术经济法规等的情况下进行。

综合单价组价
案例(金属栏杆
综合单价组价)

由于《计价规范》与定额中的工程量计算规则、计量单位、项目内容不尽相同,综合单价的确定方法有直接套用定额组价、重新计算工程量组价、复合组价 3 种。

1)直接套用定额组价

直接套用定额组价,是指一个分项工程的单价仅用一个定额项目组合而成。这种组价较简单,在一个单位工程中大多数的分项工程均可利用这种方法组价。

（1）特点

此种方法针对的分项工程项目从施工工艺上来说较为简单,且《计算规范》和使用的定额的工程量计算规则相同,计量单位一致。

（2）步骤

第 1 步:直接套用定额。

对于传统的消耗量定额,可以直接套用定额的消耗量;对于计价性定额,例如《四川省建设工程工程量清单计价定额》,可以直接套用定额,并得出相应的人、材、机费。

第 2 步:计算分部分项工程直接工程费(包括人工费、材料费和机械费)。

对于传统的消耗量定额,相应费用的计算公式参见式(6.2)至式(6.4);对于计价性定额,如《四川省建设工程工程量清单计价定额》,可以直接采用定额已有的人工费、材料费和机械费。

第 3 步:计算管理费和利润。

对于传统的消耗量定额,管理费及利润的计算见下列各式:

$$管理费 = 人工费 \times 管理费率 \tag{6.5}$$

或

$$管理费 = (人工费 + 机械费) \times 管理费率$$

或

$$管理费 = (人工费 + 材料费 + 机械费) \times 管理费率$$

$$利润 = 人工费 \times 利润率 \tag{6.6}$$

或

$$利润 = (人工费 + 机械费) \times 利润率$$

或

$$利润 = (人工费 + 材料费 + 机械费) \times 利润率$$

对于计价性定额,如《四川省建设工程工程量清单计价定额》,可以直接采用定额已有的综合费(综合费 = 管理费 + 利润)。

第 4 步:汇总形成综合单价。

$$综合单价 = 人工费 + 材料费 + 机械费 + 管理费 + 利润 \tag{6.7}$$

(3)组价实例

【例 6.1】　计算"××市天山东路道路工程"中路面工程的"路(床)槽整形"项目的综合单价。

【解】　项目编码:040202001001;计量单位:m²。

根据《全国统一市政工程预算定额》定额编号 2-1 直接组合综合单价,2-1 定额见表 6.1。

表 6.1　路床(槽)整形

工作内容:1. 路床、人行道整形碾压:放样、挖高填低、推土机整平、找平、碾压、检验、人工配合处理机械碾压不到之处;

　　　　2. 边沟成形:人工挖边沟土、培整边坡、整平沟底、余土弃运。

定额编号			2-1	2-2
项　目		单　位	路床整形碾压	人行道整形碾压
			100 m²	
人工	综合人工	工日	0.541 7	1.275
机械	综合机械	台班	0.218	0.03

计算过程参见"清单项目综合单价组成表",见表 6.2。

人工单价:根据当地劳动力市场价格计算。综合人工单价为 72 元/工日。后续各例均同。

材料价格:按当地现行市场材料价格计算。

机械台班价格:按当地现行市场机械台班价格计算。

管理费及利润:市政工程下各分部工程,包括路面工程、管道工程、桥梁工程、路灯工程,均考虑管理费和利润的取费基础为人工费和机械费两部分之和,管理费和利润的综合费率为

35%。后续各例均同。

$人工消耗量(综合人工)=0.005\ 417\ 工日/m^2(直接套用定额)$

$机械消耗量(综合机械)=0.002\ 18\ 台班/m^2(直接套用定额)$

$人工费 =0.005\ 417 \times 72 =0.39(元/m^2)$

$机械费 =0.002\ 18 \times 412.84 =0.90(元/m^2)$

$管理费 =(0.39 +0.90) \times 24\% =0.31(元/m^2)$

$利润 =(0.39 +0.90) \times 11\% =0.14(元/m^2)$

$综合单价 =0.39 +0.90 +0.31 +0.14 =1.74(元/m^2)$

表 6.2　清单项目综合单价组成表

项目名称:路(床)槽整形　　　　　　　　　　　　　　　　　　　　　计量单位:m^2

项目编码:040202001001　　　　　　　　　　　　　　　　　　　　　综合单价:1.74 元

细目名称		单　位	消耗量	单　价	合　价
人工费	综合人工	工日	0.005 417	72	0.39
材料费	—	—	—	—	—
机械费	综合机械	台班	0.002 18	412.84	0.9
管理费	(人工费 +机械费)×24%				0.31
利润	(人工费 +机械费)×11%				0.14
综合单价	人工费 +材料费 +机械费 +管理费 +利润				1.74

【例 6.2】　计算"××市天山东路道路工程"中桥梁工程的"混凝土台帽"项目的综合单价。

【解】　项目编码:040303004024;计量单位:m^3。

根据《全国统一市政工程预算定额》定额编号 3-284 直接组合综合单价,3-284 定额见表 6.3。

表 6.3　墩身台身

工作内容:混凝土:混凝土配、拌、运输、浇筑、捣固、抹平、养生。

定额编号			3-284	3-285	3-286
项　目		单　位	混凝土台帽	混凝土墩盖梁	混凝土台盖梁
			10 m^3		
人工	综合人工	工日	5.65	6.67	6.32
材料	C30 商品混凝土	10 m^3	10.05	10.05	10.05
	水	m^3	6.10	5.40	5.59
	其他材料费	元	11.88	11.88	11.88
机械	综合机械	台班	0.24	0.32	0.24

计算过程参见"清单项目综合单价组成表",见表 6.4。

人工消耗量(综合人工) = 0.565 工日/m³(直接套用定额)

商品混凝土(C30) = 1.005 m³/m³(直接套用定额)

水 = 0.61 m³/m³(直接套用定额)

其他材料费 = 1.188 元/m³(直接套用定额)

机械消耗量(综合机械) = 0.24 台班/m³(直接套用定额)

人工费 = 0.565 × 72 = 40.70(元/m³)

材料费 = 1.005 × 360 + 0.61 × 2 + 1.188 = 364.21(元/m³)

机械费 = 0.024 × 53.75 = 1.29(元/m³)

管理费 = (40.70 + 1.29) × 24% = 10.08(元/m³)

利润 = (40.70 + 1.29) × 11% = 4.62(元/m³)

综合单价 = 40.70 + 364.21 + 1.29 + 10.08 + 4.62 = 420.90(元/m³)

表 6.4　清单项目综合单价组成表

项目名称:混凝土台帽　　　　　　　　　　　　　　　　　　　　　　　　　计量单位:m³

项目编码:040202001001　　　　　　　　　　　　　　　　　　　　综合单价:420.90 元

细目名称		单　位	消耗量	单　价	合　价
人工费	综合人工	工日	0.565	72	40.70
材料费	C30 商品混凝土	m³	1.005	360	361.80
	水	m³	0.61	2.00	1.22
	其他材料费	元	1.188		1.188
	小　计				364.21
机械费	综合机械	台班	0.024	53.75	1.29
管理费	(人工费 + 机械费) × 24%				10.08
利润	(人工费 + 机械费) × 11%				4.62
综合单价	人工费 + 材料费 + 机械费 + 管理费 + 利润				420.90

2) 重新计算工程量组价

重新计算工程量组价,是指工程量清单给出的分项工程项目的单位,与所用的消耗量定额的单位不同或工程量计算规则不同,需要按定额的计算规则重新计算工程量来确定综合单价。

(1)特点

重新计算工程量组价的项目,由于《计算规范》与所使用定额中计量单位或工程量计算规则不同,导致其组价内容比较复杂。

(2)步骤

第 1 步:重新计算工程量。即根据所使用定额中的工程量计算规则计算工程量。

第 2 步:求工料消耗系数。即用重新计算的工程量除以工程量清单(按《计算规范》计算)中给定的工程量,得到工料消耗系数。工料消耗系数的计算公式为:

$$工料消耗系数 = \frac{定额工程量}{规范工程量} \qquad (6.8)$$

式中,定额工程量是指根据所使用定额中的工程量计算规则计算的工程量;规范工程量是指根据《计算规范》计算出来的工程量,即工程量清单中给定的工程量。

第3步:用工料消耗系数乘以定额中消耗量,得到组价项目的工料消耗量。工料消耗量的计算公式为:

$$工料消耗量 = 定额消耗量 × 工料消耗系数 \qquad (6.9)$$

以后步骤同"直接套用定额组价"的第2步至第4步。

(3)组价实例

【例6.3】 计算"××市天山东路道路工程"中路面工程的"人行道混凝土基层"项目的综合单价。

【解】 项目编码:040204001007;计量单位:m²。

根据《全国统一市政工程预算定额》定额编号2-306重新计算工程量综合单价,2-306定额见表6.5。

表6.5 人行道垫层

工作内容:放样、运料、配料拌和、找平、夯实。

定额编号			2-306	2-307	2-308
项 目		单位	C15 商品混凝土垫层	砂石垫层 砂	砂石垫层 碎石
			10 m³		
人工	综合人工	工日	4.03	3.58	3.58
材料	C15 商品混凝土	m³	10.10	—	—
	细砂	m³		12.22	2.1
	碎石 20~50 mm	m³			11.20
	水	m³	2.4	—	—
	其他材料费	元	3.6	—	—
机械	综合机械	台班	0.114		

计算过程参见"清单项目综合单价组成表",见表6.6。

《计算规范》(项目编码040204001007)规定人行道现浇混凝土计量单位是"m²";而定额(定额编号2-306,见表6.5)规定人行道现浇混凝土按设计图示尺寸以体积计算,计量单位为"m³"。

每 m² 现浇人行道混凝土的体积:$1 × 0.15 = 0.15 (m^3)$

根据式(6.8),工料消耗系数 $= \dfrac{0.15}{1} = 0.15 (m^3/m^2)$

工料消耗量:

人工消耗量(综合人工) $= 0.403 × 0.15 = 0.060\ 4 (工日/m^2)$

C15 商品混凝土 $= 1.01 × 0.15 = 0.151\ 5 (m^3/m^2)$

水 $=0.24 \times 0.15 = 0.036 (\mathrm{m}^3/\mathrm{m}^2)$

其他材料费 $=0.36 \times 0.15 = 0.054 (元)$

机械消耗量(综合机械) $=0.001\,14 \times 0.15 = 0.000\,171 (台班/\mathrm{m}^2)$

人工费 $=0.060\,4 \times 72 = 4.35 (元/\mathrm{m}^2)$

材料费 $=0.151\,5 \times 320 + 0.036 \times 2 + 0.054 = 48.61 (元/\mathrm{m}^2)$

(注:C15 商品混凝土的单价为 320 元/m^3;水的单价为 2 元/m^3。)

机械费 $=0.000\,171 \times 937.30 = 0.16 (元/\mathrm{m}^2)$

管理费 $=(4.35 + 0.16) \times 24\% = 1.08 (元/\mathrm{m}^2)$

利润 $=(4.35 + 0.16) \times 11\% = 0.50 (元/\mathrm{m}^2)$

综合单价 $=4.35 + 48.61 + 0.16 + 1.08 + 0.50 = 54.70 (元/\mathrm{m}^2)$

表 6.6　清单项目综合单价组成表

项目名称:人行道混凝土基层　　　　　　　　　　　　　　　　　　　计量单位:m^2

项目编码:040204001007　　　　　　　　　　　　　　　　　　　　综合单价:54.70 元

细目名称		单　位	消耗量	单　价	合　价
人工费	综合人工	工日	0.060 4	72	4.35
材料费	C15 商品混凝土	m^3	0.151 5	320	48.48
	水	m^3	0.036	2.00	0.072
	其他材料费	元	0.054		0.054
	小　计				48.606
机械费	综合机械	台班	0.000 171	937.30	0.16
管理费	(人工费 + 机械费)×24%				1.08
利润	(人工费 + 机械费)×11%				0.50
综合单价	人工费 + 材料费 + 机械费 + 管理费 + 利润				54.70

【例 6.4】　计算"××市天山东路道路工程"中桥梁工程的"橡胶支座"项目的综合单价。

【解】　项目编码:040309004028;计量单位:m^3。

根据《全国统一市政工程预算定额》定额编号 3-484 重新计算工程综合单价,3-484 定额见表 6.7。

表 6.7　安装支座

工作内容:1. 安装;

　　　　　2. 定位,固定,焊接等。

定额编号			3-484	3-485	3-486
项　目		单位	板式橡胶支座	四氟板式橡胶支座	油毛毡支座
			100 cm^3		10 m^2
人工	综合人工	工日	0.023 6	0.023 6	0.74

续表

材料	板式橡胶支座	100 cm³	1		
	四氟板式橡胶支座	100 cm³		1	
	油毛毡	m²			20.40
机械	综合机械	台班	—	—	—

计算过程参见"清单项目综合单价组成表",见表6.8。

《计算规范》(项目编码040309004028)规定橡胶支座以设计图示数量计算,计量单位是"个";而定额(定额编号3-484,见表6.7)规定板式橡胶支座按体积计算,计量单位为"cm³"。

每个板式橡胶支座的体积:$20 \times 20 \times 2.8 \times 74 = 1\ 120(cm^3)$

根据式(6.8),工料消耗系数 $= \dfrac{1\ 120}{1} = 1\ 120(cm^3/个)$

工料消耗量:

人工消耗量(综合人工) $= 0.000\ 236 \times 1\ 120 = 0.264(工日/个)$

板式橡胶支座 $= 1 \times 1\ 120 = 1\ 120(cm^3/个)$

人工费 $= 0.264 \times 72 = 19.04(元/个)$

材料费 $= 1\ 120 \times 0.02 = 22.40(元/个)$

(注:橡胶支座的单价为 0.02 元/cm³。)

管理费 $= 19.04 \times 24\% = 4.57(元/个)$

利润 $= 19.04 \times 11\% = 2.09(元/个)$

综合单价 $= 19.04 + 22.40 + 4.57 + 2.09 = 48.10(元/个)$

表6.8 清单项目综合单价组成表

项目名称:橡胶支座
项目编码:040309004028

计量单位:个
综合单价:48.10 元

细目名称		单 位	消耗量	单 价	合 价
人工费	综合人工	工日	0.264	72	19.04
材料费	板式橡胶支座	cm³	1 120	0.02	22.40
机械费	综合机械	台班	—	—	—
管理费	(人工费 + 机械费)×24%				4.57
利润	(人工费 + 机械费)×11%				2.09
综合单价	人工费 + 材料费 + 机械费 + 管理费 + 利润				48.10

3)复合组价

复合组价,是指不仅清单工程量和定额工程量不同,而且每个清单项目下对应多个定额工程量,且每个定额的工程量计算单位可能不同的组价情况。

（1）特点

①清单工程量和计价工程量的计算规则、计量单位均不同；

②每个清单项目下需要包含多个定额项目，才能表达完整的项目施工过程；

③套用的多个定额项目，可能会出现定额与定额之间计量单位不一致的情况。

（2）步骤

第1步：按定额工程量计算规则，重新计算每个定额项目的定额工程量。（《计算规范》和《计价定额》的计算规则相同，则不需要重新计算）

第2步：分别求每个定额项目针对清单项目的工料消耗系数。计算方式同"重新计算工程量组价"，计算公式见式（6.8）。

第3步：用第2步中得出的定额工料消耗系数乘以对应定额的消耗量，得到工料消耗量。工料消耗量的计算公式见式（6.9）。

第4步：将每个定额的工料消耗量相加，得到该项目的工料消耗总量。

以后步骤同"直接套用定额组价"的第2步至第4步。

（3）组价实例

【例6.5】 计算"××市天山东路道路工程"中路面工程的"水泥稳定碎石基层"项目的综合单价。

【解】 项目编码：040202015003；计量单位：m^2。

《计算规范》（项目编码040202015003）规定水泥稳定碎石基层项目的工作内容包括拌和、运输、铺筑、找平、碾压和养护。根据图纸，明确该水泥稳定碎石基层的施工方式为厂拌法，多合土运输的距离为5 km。则本项目应包括3个定额所代表的工序：

①多合土运输。定额编号2-179（见表6.11），由于《计算规范》和《计价定额》的工程量计算规则不同，所以需要重新计算工程量，用工料消耗系数将工料摊销入水泥稳定碎石基层内，计算过程参见"清单项目综合单价组成表"（见表6.12）。

②水泥稳定碎石基层铺筑。定额编号2-172（定额见表6.9），由于《计算规范》和《计价定额》的工程量计算规则相同，所以直接套用定额，计算过程参见"清单项目综合单价组成表"（见表6.12）。

③顶层多合土养生。定额编号2-177（定额见表6.10），由于《计算规范》和《计价定额》的工程量计算规则相同，所以直接套用定额，计算过程参见"清单项目综合单价组成表"（见表6.12）。

第1步：按定额工程量计算规则，重新计算"多合土运输"的定额工程量。

多合土运输的工程量 $= 2\ 960 \times 0.2 = 592（m^3）$

第2步：求"多合土运输"定额项目的工料消耗系数。

根据式（6.8），工料消耗系数 $= \dfrac{592}{2\ 960} = 0.2（m^3/m^2）$

第3步：根据工料消耗系数求"多合土运输"定额项目的消耗量。

工料消耗量：

人工消耗量（综合人工） $= (20.895 + 3.188 \times 4)/1\ 000 \times 0.2 = 0.006\ 73（工日/m^2）$

机械消耗量（综合机械） $= (17.86 + 2.725 \times 4)/1\ 000 \times 0.2 = 0.005\ 75（台班/m^2）$

第4步:将每个定额的工料消耗量相加,得到该项目的工料消耗总量。

工料总消耗量:

人工消耗量(综合人工) $= 0.1288 + 0.0007 + 0.00673 = 0.136(工日/m^2)$

水泥 $32.5 = 22.33(kg/m^2)$

碎石 $5 \sim 40 \ mm = 0.1544(m^3/m^2)$

石屑 $= 0.1140(m^3/m^2)$

水 $= 0.08 + 0.0147 = 0.0947(m^3/m^2)$

机械消耗量(综合机械) $= 0.00232 + 0.004 + 0.00575 = 0.0121(台班/m^2)$

人工费 $= 0.136 \times 72 = 9.792(元/m^2)$

材料费 $= 22.33 \times 0.4 + 0.1544 \times 45 + 0.1140 \times 50 + 0.0947 \times 2.00 = 21.769(元/m^2)$

机械费 $= 0.0121 \times 382.64 = 4.63(元/m^2)$

管理费 $= (9.792 + 4.63) \times 24\% = 3.46(元/m^2)$

利润 $= (9.792 + 4.63) \times 11\% = 1.59(元/m^2)$

综合单价 $= 9.792 + 21.769 + 4.63 + 3.46 + 1.59 = 41.24(元/m^2)$

表 6.9 水泥稳定碎石基层

工作内容:放线、运料、上料、摊铺、拌和、找平、碾压   计量单位:100 m²

定额编号			2-171	2-172	2-173
项 目		单 位	厚度/cm		
			15	20	每增减1
人工	综合人工	工日	10.08	12.88	0.56
材料	水泥 32.5	kg	1 675.5	2 233	111.50
	碎石 5 ~ 40 mm	m³	11.59	15.44	0.77
	石屑	m³	8.55	11.40	0.57
	水	m³	6.00	8.00	0.4
机械	综合机械	台班	0.217	0.232	0.003

表 6.10 顶层多合土养生

工作内容:抽水、运水、安拆抽水机胶管、洒水养护   计量单位:100 m²

定额编号			2-177	2-178
项 目		单 位	洒水车洒水	人工洒水
人工	综合人工	工日	0.07	0.28
材料	水	m³	1.47	1.47
机械	综合机械	台班	0.04	—

表 6.11　多合土运输

工作内容:1.养生:覆盖、清除养生材料、洒水等;

2.运输:接料装车、运输、卸料、空回。　　　　　　　计量单位:1 000 m³

定额编号		2-179	2-180
项　目	单　位	多合土运输 全程运距 ≤10 km 运距≤1 000 m	多合土运输 全程运距 ≤10 km 每增运 1 000 m
人工　综合人工	工日	20.895	3.188
材料		—	—
机械　综合机械	台班	17.86	2.725

表 6.12　清单项目综合单价组成表

项目名称:水泥稳定碎石基层　　　　　　　　　　　　　　　计量单位:m²

项目编码:040202015003　　　　　　　　　　　　　　　综合单价:41.24 元

细目名称		单位	消耗量			单价	合价
			水泥稳定碎石基层	顶层多合土养生	多合土运输		
人工费	综合人工	工日	0.128 8	0.000 7	0.006 73	72.00	9.792
材料费	水泥	kg	22.33			0.4	8.932
	碎石	m³	0.154 4			45	6.948
	石屑	m³	0.114 0			50	5.70
	水	m³	0.08	0.014 7		2	0.189 4
	小　计						21.769
机械费	综合机械	台班	0.002 32	0.004	0.005 75	382.64	4.63
管理费		(人工费＋机械费)×24%					3.46
利润		(人工费＋机械费)×11%					1.59
综合单价		人工费＋材料费＋机械费＋管理费＋利润					41.24

4)编制分部分项工程量清单综合单价分析表

综合单价组合完成后,按《建设工程工程量清单计价规范》(GB 50500—2013)的规定,编制"分部分项工程量清单综合单价分析表"。

【例6.6】 根据《建筑安装工程费用项目组成》(建标〔2013〕44号)、《建设工程工程量清单计价规范》(GB 50500—2013)、《市政工程工程量计算规范》(GB 50857—2013)、《四川省建设工程工程量清单计价定额——市政工程》(2020版)、《××市工程造价信息》(2021年第03期)等文件编制"××市天山东路道路工程"的"分部分项工程项目综合单价分析表",以便计算分部分项工程费。

"××市天山东路道路工程"各清单项目套用的定额参照《四川省建设工程工程量清单计价定额——市政工程》(2020版)确定,相应的定额编号和工程量以及工程量计算式详见表6.13。

"××市天山东路道路工程"的"分部分项工程项目综合单价分析表"见表6.14至表6.29(仅列出了道路工程和排水工程各分项工程的综合单价分析表,以作参考,其余专业工程的分项工程综合单价分析表同理可得,不再赘述)。

6.1.3 分部分项工程费的计算

【例6.7】 根据《建筑安装工程费用项目组成》(建标〔2013〕44号)、《建设工程工程量清单计价规范》(GB 50500—2013)、《市政工程工程量计算规范》(GB 50857—2013),编制"××市天山东路道路工程"的"分部分项工程项目清单与计价表"。

"分部分项工程项目清单与计价表"详见表6.39。

表6.13　定额编号及工程量计算式

工程名称：××市天山东路道路工程　　　　　　　　　　　　　　　第　页　共　页

序号	定额编号	项目名称	单位	工程量	计算式	备注
1	DB0071	路床碾压整形	m²	3 120.00	$(7+0.15\times2+0.2+0.15\times2)\times2\times200$	
2	DB0102－5DB0103	砂砾石基层，压实厚度15 cm	m²	3 090.00	$(7+0.15\times2+0.2+0.15+0.075)\times2\times200$	
3	DB0124	商品水稳层，压实厚度20cm	m²	2 960.00	$(7+0.15\times2+0.1)\times2\times200$	
4	DB0161＋DB0162	粗粒式沥青混凝土路面铺筑厚度7 cm	m²	2 800.00	$7\times2\times200$	
5	DB0161－2DB0162换	中粒式沥青混凝土路面铺筑厚度4 cm	m²	2 800.00	$7\times2\times200$	
6	DB0161－2DB0162换	细粒式沥青混凝土路面铺筑厚度4 cm	m²	2 800.00	$7\times2\times200$	
7	DB0208	路肩及人行道整形碾压	m²	1 200.00	$3\times2\times200$	
8	DB0225换	安砌混凝土方砖 规格(cm)≤30×30 特细砂	m²	1 100.00	$2.75\times2\times200$	
9	DB0219	C15混凝土垫层 商品混凝土	m²	1 100.00	$2.75\times2\times200$	
10	DB0264换	安砌混凝土路缘石(cm)规格≤15×35 特细砂 ($L\leqslant100$ cm)	m	400.00	2×200	
11	DB0261换	安砌混凝土路缘石(cm)规格≤12×30 特细砂 ($L\leqslant100$cm)	m	400.00	2×200	
12	DL0209－5DL0210	现浇人行道基层模板	m²	1 100.00	$110\times10=1\,100.00$	
13	DA0013	人工挖沟槽，深度≤4 m	m³	2 094.00	$[2.5+(2.5+0.99\times2)]\times3\times0.5\times200$	工作面宽度=0.5 m;放坡系数=0.33

续表

序号	定额编号	项目名称	单位	工程量	计算式	备注
14	DA0133	人工填土夯实 槽、坑	m³	1 016.75	2 094 − (68 + 146.5 + 3.14 × 1.1 × 1.1/4) × 5	
15	DA0162 + 4DA0163	机械装运土 余方弃置	m³	1 077.25	2 094.00 − 1 016.75	
16	DE0002	钢筋混凝土管道砂石基础 砂 砾石	m³	68.00	1.7 × 0.2 × 200	
17	DE0005	管道混凝土基础(C15) 管径≤ φ1 000(mm) 商品混凝土	m³	146.50	(1.50 × 0.75 − 3.14/8) × 200	
18	DE0015	混凝土排水管道铺设 管径 (mm) 1 000	m	200	200	
19	DE1191	非定型井垫层砂砾石	m³	1.72	2.24 × 1.94 × 0.1 × 4	
20	DE1249 换	C15 商品混凝土 井底	m³	4.36	2.24 × 1.94 × 0.25 × 4	
21	DE1206	M7.5 砂浆(特细砂) 砖砌井身	m³	12.08	[[(1.67 + 1.37) × 2 × 0.37 × 1.6 − 3.14/4 × 0.37 × 2] × 4	
22	DE1234	非定型井钢筋混凝土整体人孔 板安装 特细砂	m³	0.88	(1.84 × 1.37 × 0.1 − 3.14 × 0.63 × 0.63/4 × 0.1) × 4	
23	DE1279	M7.5 砂浆(中砂) 砖砌井筒	m³	2.64	[[(3.14 × 1.11 × 1.11 − 3.14 × 0.63 × 0.63)/4 × 1] × 4	根据纵断面高程 数据,井筒高度 = 1.0 m
24	DE1242 换	非定型井金属配件高分子井盖 井座安装 (φ700) 特细砂	套	4	4	
25	DE1240 换	非定型井金属配件制作 塑钢 踏步	个	36	(2.7/0.3) × 4	塑钢踏步个数按 间距 30 cm 计算

序号	定额编号	项目名称	单位	工程量	计算式	
26	DE1224	水泥砂浆抹面（1:2水泥砂浆）特细砂	m²	84.60	$[3.14×0.63×1+3.14×1.11×1+2.3×2×1.6+(2.01+1.74)×2×1.6-3.14×1.2]×4$	式中1.2为弧形截面增加系数
27	DL0001 换	简易脚手架	m²	27.17	$(2.24+1.94)×2×3.25$	
28	DL0013	管道基础钢模板	m²	301.30	$0.75×2×200+(1.5×0.75-0.5×3.14×1.1×1.1×0.25)×2$	
29	AC0087	灌注桩成孔	m³	353.58	0号桥台:$3.14×1.2×1.2/4×(3.654+33.346)×2=83.65$ 1号桥墩:$3.14×1.2×1.2/4×(3.194+38.006)×2=93.14$ 2号桥墩:$3.14×1.2×1.2/4×(3.288+37.912)×2=93.14$ 3号桥台:$3.14×1.2×1.2/4×(3.873+33.127)×2=83.65$	
30	AC0194 换	灌注桩	m³	353.58	同上	
31	DC0008 换	C30商品混凝土承台	m³	38.84	$1.5×1.5×8.63×2=38.84$	
32	DC0024 换	C30商品混凝土下部支撑梁	m³	15.31	$(1.5×5.2×0.8+3.14×0.75×0.75×0.8)×2=15.31$	
33	DC0014 换	C30轻型桥台	m³	33.66	$(0.6×2.96×8.631+0.45×4.7×0.71)×2=33.66$	
34	DC0022	C30柱式墩	m³	11.94	1号桥墩:$3.14×1.0×1.0/4×(7.8-3.994)×2=5.98$ 2号桥墩:$3.14×1.0×1.0/4×(7.885-4.088)×2=5.96$	
35	DC0012	C30商品混凝土台帽	m³	6.90	$0.8×0.5×8.631×2=6.90$	
36	DC0028	C30商品混凝土盖梁	m³	20.61	$(1.20×1.20×7.616-1.1×0.6)×2=20.61$	
37	DC0058 换	C50空心板	m³	70.70	$2×11.85+5×9.4=70.70$	
38	DC0078	C40混凝土桥面铺装	m³	57.38	$58.08×7.6×0.13=57.38$	
39	DC0409	板式橡胶支座	cm³	98 000	$20×20×2.8×14×5+20×20×3.5×14=98\ 000$	
40	DC0082 换	C30商品混凝土防震挡块	m³	0.66	桥台挡块:$0.5×0.3×0.5×2×2=0.3$ 桥墩挡块:$0.3×0.25×1.2×2×2=0.36$	
41	DL0019	承台模板	m²	82.17	$[(4+2.316×2)×1.5+(4+2.316×2+1.5)×2×1.5-3.14×1.2×1.2×0.25×2]×2$	

续表

序号	定额编号	项目名称	单位	工程量	计算式	备注
42	DL0025	台帽模板	m²	17.30	$(0.5 \times 2 + 0.1 \times 2) \times 7.21 \times 2$	
43	DL0027	桥台模板	m²	100.88	$(8.631 \times 2.96 + 7.21 \times 2.96 + 0.6 \times 2.96 \times 2) \times 2$	
44	DL0041	联系梁模板	m²	43.68	$[7 \times 1.5 + (7 + 1.5) \times 2 \times 0.8 - 3.14 \times 1.2 \times 1.2 \times 0.25 \times 2] \times 2$	
45	DL0043	盖梁模板	m²	52.66	$\{(0.6 + 1.25 + 5.416 + 1.25 + 0.6) \times 1.2 + [7.616 \times 0.6 + (7.616 + 5.416) \times 0.6 \times 0.5] \times 2 - 3.14 \times 1 \times 0.25 \times 2\} \times 2$	
46	DL0035	柱式墩模板	m²	47.75	$3.14 \times 3.806 \times 2 + 3.14 \times 3.797 \times 2$	
47	DL0070	空心板模板	m²	917.15	$3.14 \times 3.806 \times 2 + 3.14 \times 3.797 \times 2 + (4.46 \times 21.96 + 3.14 \times 0.625 \times 21.96) \times 2$	
48	DL0096	防震挡块模板	m²	2.44	$0.3 \times 2 \times 1.2 \times 2 + 0.5 \times 2 \times 0.5 \times 2$	
49	DL0193	桥梁满堂钢管支架	m³	3 122.38	$58.08 \times 5.6 \times (7.6 + 2)$	
50	DH0001	路灯控制箱	套	1	根据主要设备及材料表得出	
51	DH0102	电力电缆 VV-3×10 mm²	m	643.63	$625.00 \times (1 + 2.5\%) + 1.50 \times 2$	
52	DH0108	电缆保护管	m	625.00	根据主要设备及材料表得出	
53	DH0320	LED 路灯	套	20	根据主要设备及材料表得出	
54	DH0131	电缆终端头	个	2	2×1	
55	DH0380	接地母线敷设	m	638.50	根据主要设备及材料表得出	
56	CD2389	供电系统调试	系统	1	1	

工程名称：××市天山东路道路工程

表 6.14　分部分项工程项目综合单价分析表

第 1 页　共 16 页

项目编码	040202001001	项目名称	路床（槽）整形	计量单位	m²	工程量	3 120.00

清单综合单价组成明细

定额编号	定额项目名称	定额单位	数量	单　价					合　价				
				人工费	材料费	机械费	管理费	利润	人工费	材料费	机械费	管理费	利润
DB0071	路床碾压整形	100 m²	0.01	45.83		79.05	14.91	33.95	0.46		0.79	0.15	0.34
小　计									0.46		0.79	0.15	0.34
清单项目综合单价									1.74				

注：(1) 综合单价的组价根据《四川省建设工程工程量清单计价定额——市政工程》(2020 版) 的相关说明；

(2) 人工费上调系数为 10.55%；

(3) 材料单价参照《××市工程造价信息》2021 年第 03 期确定。

表 6.15　分部分项工程项目综合单价分析表

工程名称：××市天山东路道路工程

项目编码	04020009002		项目名称	级配砂砾石垫层				计量单位	m²			工程量	3 090

清单综合单价组成明细

定额编号	定额项目名称	定额单位	数量	单价					合价				
				人工费	材料费	机械费	管理费	利润	人工费	材料费	机械费	管理费	利润
DB0102	砂砾石基层 压实 厚度 20 cm	100 m²	0.01	425.31	2 945.13	235.88	77.85	177.30	4.25	29.45	2.36	0.78	1.77
DB0103 换	砂砾石基层 压实 厚度每增减 1 cm	100 m²	−0.01	56.21	732.69		6.50	14.80	−0.56	−7.33		−0.07	−0.15
小　计									3.69	22.12	2.36	0.71	1.62
清单项目综合单价									30.51				

材料费明细	主要材料名称、规格、型号	单位	数量	单价/元	合价/元	暂估单价/元	暂估合价/元
	连砂石	m³	0.183 8	120.00	22.06	—	—
	水	m³	0.02	3.50	0.07	—	—
	其他材料费			—		—	
	材料费小计			—	22.12	—	—

注：(1)综合单价的组价根据《四川省建设工程工程量清单计价定额——市政工程》(2020 版)的相关说明；

(2)人工费上调系数为 10.55%；

(3)材料单价参照《××市工程造价信息》2021 年第 03 期确定。

表6.16　分部分项工程项目综合单价分析表

工程名称：××市天山东路道路工程　　　　　　　　　　　　　　　　　　　　　　　　第 3 页　共 16 页

项目编码	04020015003	项目名称	水泥稳定碎石基层	计量单位	m²	工程量	2 960.00

清单综合单价组成明细

定额编号	定额项目名称	定额单位	数量	单价					合价				
				人工费	材料费	机械费	管理费	利润	人工费	材料费	机械费	管理费	利润
DB0124	商品水稳层 压实 厚度 20 cm	100 m²	0.01	296.93	6 565.12	206.50	59.49	135.50	2.97	65.65	2.07	0.59	1.36
	小　计								2.97	65.65	2.07	0.59	1.36
	清单项目综合单价								72.64				

材料费明细	主要材料名称、规格、型号	单位	数量	单价/元	合价/元	暂估单价/元	暂估合价/元
	商品水稳层	m²	0.204	320.00	65.28		
	养护塑料薄膜	m²	1.02	0.18	0.18		
	水	m³	0.054	3.50	0.19		
	其他材料费			—	—		—
	材料费小计			—	65.65		—

注：(1) 综合单价的组价根据《四川省建设工程工程量清单计价定额——市政工程》(2020 版) 的相关说明；

(2) 人工费上调系数为 10.55%；

(3) 材料单价参照《××市工程造价信息》2021 年第 03 期确定。

表 6.17　分部分项工程项目综合单价分析表

工程名称：××市天山东路道路工程　　　　　　　　　　　　　　　　　　　　　　第 4 页　共 16 页

项目编码	040203006004	项目名称	AC-25 粗粒式沥青混凝土面层		计量单位	m²	工程量	2 800.00

清单综合单价组成明细

定额编号	定额项目名称	定额单位	数量	单价					合价				
				人工费	材料费	机械费	管理费	利润	人工费	材料费	机械费	管理费	利润
DB0161	沥青混凝土路面铺筑 机械压实厚度 6 cm	100 m²	0.01	307.80	23.81	278.70	69.67	158.67	3.08	0.24	2.79	0.70	1.59
DB0162	沥青混凝土路面铺筑 机械压实厚度 每增减 1 cm	100 m²	0.01	32.40	1.47	18.11	5.94	13.54	0.32	0.01	0.18	0.06	0.14
小　计									3.40	0.25	2.97	0.76	1.73
未计价材料费										71.10			
清单项目综合单价										80.20			

材料费明细	主要材料名称、规格、型号	单位	数量	单价/元	合价/元	暂估单价/元	暂估合价/元
	AC-25 粗粒式沥青混凝土	m³	0.071 1	1 000.00	71.10		
	其他材料费			—	0.25	—	
	材料费小计			—	71.35	—	

注：(1) 综合单价的组价根据《四川省建设工程工程量清单计价定额——市政工程》(2020 版) 的相关说明；

(2) 人工费上调费数为 10.55%；

(3) 材料单价参照《××市工程造价信息》2021 年第 03 期确定。

表6.18　分部分项工程项目综合单价分析表

工程名称：××市天山东路道路工程

| 项目编码 | 04020300600 5 | 项目名称 | AC-16 中粒式沥青混凝土面层 | 计量单位 | m² | 工程量 | 2 800.00 |

清单综合单价组成明细

定额编号	定额项目名称	定额单位	数量	单价					合价				
				人工费	材料费	机械费	管理费	利润	人工费	材料费	机械费	管理费	利润
DB0161	沥青混凝土路面铺筑 机械压实厚度 6 cm	100 m²	0.01	307.80	23.81	278.70	69.67	158.67	3.08	0.24	2.79	0.70	1.59
DB0162 换	沥青混凝土路面铺筑 机械压实厚度 每增减 1 cm	100 m²	−0.01	64.80	2.94	36.22	11.88	27.08	−0.65	−0.03	−0.36	−0.12	−0.27
小　计									2.43	0.21	2.43	0.58	1.32
未计价材料费									44.55				
清单项目综合单价									51.51				

材料费明细	主要材料名称、规格、型号	单位	数　量	单价/元	合价/元	暂估单价/元	暂估合价/元
	AC-16 中粒式沥青混凝土	m³	0.040 5	1 100.00	44.55	—	—
	其他材料费			—	0.21	—	
	材料费小计			—	44.76	—	

注：(1)综合单价的组价根据《四川省建设工程工程量清单计价定额——市政工程》(2020版)的相关说明；

(2)人工费上调系数为10.55%；

(3)材料单价参照《××市工程造价信息》2021年第03期确定。

表6.19 分部分项工程项目综合单价分析表

工程名称：××市天山东路道路工程

项目编码	04020306006		项目名称		AC-13细粒式沥青混凝土面层			计量单位	m²	工程量	2 800.00

清单综合单价组成明细

定额编号	定额项目名称	定额单位	数量	单 价					合 价			
				人工费	材料费	机械费	管理费	利润	人工费	材料费	机械费	管理费	利润
DB0161	沥青混凝土路面 铺筑 机械压实厚度6 cm	100 m²	0.01	307.80	23.81	278.70	69.67	158.67	3.08	0.24	2.79	0.70	1.59
DB0162换	沥青混凝土路面 铺筑 机械压实厚度 每增减1 cm	100 m²	−0.01	64.80	2.94	36.22	11.88	27.08	−0.65	−0.03	−0.36	−0.12	−0.27
	小 计								2.43	0.21	2.43	0.58	1.32
	未计价材料费									48.60			
	清单项目综合单价									55.56			

材料费明细	主要材料名称、规格、型号		单位	数 量	单价/元	合价/元	暂估单价/元	暂估合价/元
	AC-16中粒式沥青混凝土		m³	0.040 5	1 200.00	48.60		
	其他材料费				—	0.21	—	
	材料费小计				—	48.81	—	

注：(1) 综合单价的组价根据《四川省建设工程工程量清单计价定额——市政工程》(2020版)的相关说明；

(2) 人工费上调系数为10.55%；

(3) 材料单价参照《××市工程造价信息》2021年第03期确定。

工程名称：××市天山东路道路工程

表 6.20 分部分项工程项目综合单价分析表

第 7 页 共 16 页

项目编码	040204001007	项目名称	人行道整形碾压	计量单位	m²	工程量	1 200.00

清单综合单价组成明细

定额编号	定额项目名称	定额单位	数量	单 价					合 价				
				人工费	材料费	机械费	管理费	利润	人工费	材料费	机械费	管理费	利润
DB0208	路肩及人行道整形碾压	100 m²	0.01	116.71		12.10	14.95	34.04	1.17		0.12	0.15	0.34
	小 计								1.17		0.12	0.15	0.34
	清单项目综合单价								1.78				

注：(1) 综合单价的组价根据《四川省建设工程工程量清单计价定额——市政工程》(2020 版) 的相关说明；

(2) 人工费上调系数为 10.55%；

(3) 材料单价参照《××市工程造价信息》2021 年第 03 期确定。

工程名称：××市天山东路道路工程

表6.21　分部分项工程项目综合单价分析表

第 8 页　共 16 页

项目编码	040204002008	项目名称		铺设高强度彩砖	计量单位	m²	工程量	1 100.00

清单综合单价组成明细

定额编号	定额项目名称	定额单位	数量	单　价					合　价				
				人工费	材料费	机械费	管理费	利润	人工费	材料费	机械费	管理费	利润
DB0225 换	安砌混凝土方砖 规格（cm）30×30 特细砂	100 m²	0.01	3 285.03	3 371.22		379.17	863.53	32.85	33.71		3.79	8.64
	小　计								32.85	33.71		3.79	8.64
	清单项目综合单价								78.99				

材料费明细	主要材料名称、规格、型号		单位	数　量	单价/元	合价/元	暂估单价/元	暂估合价/元
	高强度彩砖 25×25×3.5（cm）		m²	1.01	28.00	28.28		
	水泥砂浆（特细砂）M7.5		m³	0.02	266.38	5.33		
	水泥 32.5		kg	[4.90]	0.42	(2.26)		
	中砂		m³	[0.023 6]	130.00	(3.07)		
	水		m³	0.026	3.50	0.09		
	其他材料费				—	0.01	—	
	材料费小计				—	33.71	—	

注：（1）综合单价的组价根据《四川省建设工程工程量清单计价定额——市政工程》（2020版）的相关说明；

（2）人工费上调系数为10.55%；

（3）材料单价参照《××市工程造价信息》2021年第03期确定。

表 6.22　分部分项工程项目综合单价分析表

工程名称：××市天山东路道路工程

项目编码	04020400 3009	项目名称	人行道混凝土基层	计量单位	m²	工程量	1 100.00

清单综合单价组成明细

定额编号	定额项目名称	定额单位	数量	单价					合价				
				人工费	材料费	机械费	管理费	利润	人工费	材料费	机械费	管理费	利润
DB0219	C15 商品混凝土垫层	10 m³	0.015	366.14	4 153.72	2.40	42.57	96.94	5.49	62.31	0.04	0.64	1.45
	小　计								5.49	62.31	0.04	0.64	1.45
	清单项目综合单价								63.93				

材料费明细	主要材料名称、规格、型号	单位	数　量	单价/元	合价/元	暂估单价/元	暂估合价/元
	商品混凝土 C15	m³	0.151 5	410.00	62.12	—	
	水	m³	0.036	3.50	0.13	—	
	其他材料费			—	0.06	—	
	材料费小计			—	62.31	—	

注：(1) 综合单价的组价根据《四川省建设工程工程量清单计价定额——市政工程》(2020 版)的相关说明；

(2) 人工费上调系数为 10.55%；

(3) 材料单价参照《××市工程造价信息》2021 年第 03 期确定。

工程名称：××市天山东路道路工程

表 6.23　分部分项工程项目综合单价分析表

项目编码	040204004010	项目名称	安砌混凝土侧石	计量单位	m	工程量	400.00

清单综合单价组成明细

定额编号	定额项目名称	定额单位	数量	单价					合价				
				人工费	材料费	机械费	管理费	利润	人工费	材料费	机械费	管理费	利润
DB0264	安砌混凝土路缘石 规格（cm）≤15×35 特细砂	100 m	0.01	609.80	3 758.11		70.39	160.30	6.10	37.58		0.70	1.60
	小　计								6.10	37.58		0.70	1.60
	清单项目综合单价								45.99				

材料费明细	主要材料名称、规格、型号	单位	数量	单价/元	合价/元	暂估单价/元	暂估合价/元
	混凝土路缘石 15×35×100（cm）	m³	0.052 8	680.00	35.90		
	水泥砂浆（特细砂）M7.5	m³	0.000 6	266.38	1.60		
	水泥 32.5	kg	[1.614]	0.42	(0.68)		
	特细砂	m³	[0.007 1]	130.00	(0.92)		
	水	m³	0.022	3.50	0.08		
	其他材料费			—	—		
	材料费小计			—	37.58		

注：(1) 综合单价的组价根据《四川省建设工程量清单计价定额——市政工程》（2020 版）的相关说明；

(2) 人工费上调系数为 10.55%；

(3) 材料单价参照《××市工程造价信息》2021 年第 03 期确定。

表6.24　分部分项工程项目综合单价分析表

工程名称：××市天山东路道路工程　　　　　　　　　　　　　　　　　　　　　　第11页　共16页

项目编码	04020404011	项目名称	安砌混凝土嵌边石	计量单位	m	工程量	400

定额编号	定额项目名称	定额单位	数量	单价					合价				
				人工费	材料费	机械费	管理费	利润	人工费	材料费	机械费	管理费	利润
DB0261换石	安砌混凝土路缘石(cm)12×30特细砂	100 m	0.01	579.36	1 744.51		66.87	152.29	5.79	17.45		0.67	1.52
小　计									5.79	17.45		0.67	1.52
清单项目综合单价										25.43			

材料费明细	主要材料名称、规格、型号	单位	数量	单价/元	合价/元	暂估单价/元	暂估合价/元
	混凝土路缘石 12×20×100(cm)	m³	0.024 25	680.00	16.32		
	水泥砂浆（特细砂）M7.5	m³	0.004	266.38	1.07		
	水泥 32.5	kg	[1.076]	0.42	(0.45)		
	特细砂	m³	[0.004 7]	130.00	(0.61)		
	水	m³	0.016	3.50	0.06		
	其他材料费			—		—	
	材料费小计			—	17.45	—	

注：(1) 综合单价的组价根据《四川省建设工程工程量清单计价定额——市政工程》(2020版)的相关说明；

　　(2) 人工费上调系数为10.55%；

　　(3) 材料单价参照《××市工程造价信息》2021年第03期确定。

表6.25　分部分项工程项目综合单价分析表

工程名称：××市天山东路道路工程　　　　　　　　　　　　　　　　　　　　　　第12页　共16页

| 项目编码 | 040101002012 | 项目名称 | 挖沟槽土方 | | 计量单位 | m³ | 工程量 | 2 094.00 |

清单综合单价组成明细

定额编号	定额项目名称	定额单位	数量	单价					合价				
				人工费	材料费	机械费	管理费	利润	人工费	材料费	机械费	管理费	利润
DA0013	人工挖沟槽土方深度≤4 m	100 m³	0.01	3 124.14			203.47	463.46	31.24			2.03	4.63
小　计									31.24			2.03	4.63
清单项目综合单价									37.91				

注：(1)综合单价的组价根据《四川省建设工程工程量清单计价定额——市政工程》(2020版)的相关说明；

(2)人工费上调系数为10.55%；

(3)材料单价参照《××市工程造价信息》2021年第03期确定。

表6.26 分部分项工程项目综合单价分析表

工程名称：xx市天山东路道路工程

第13页 共16页

项目编码	040103001013			项目名称		土方回填		计量单位	m³	工程量		1 016.75
清单综合单价组成明细												
定额编号	定额项目名称	定额单位	数量	单价					合价				
				人工费	材料费	机械费	管理费	利润	人工费	材料费	机械费	管理费	利润
DA0133	人工填土夯实槽	100 m³	0.01	849.09	4.20	144.18	65.68	149.61	8.49	0.04	1.44	0.66	1.50
小计									8.49	0.04	1.44	0.66	1.50
清单项目综合单价									12.13				

材料费明细	主要材料名称、规格、型号	单位	数量	单价/元	合价/元	暂估单价/元	暂估合价/元
	水	m³	0.012	3.50	0.04	—	—
	其他材料费			—	—		
	材料费小计			—	0.04		

注：(1) 综合单价的组价根据《四川省建设工程量清单计价定额——市政工程》(2020版)的相关说明；

(2) 人工费上调系数为10.55%；

(3) 材料单价参照《xx市工程造价信息》2021年第03期确定。

表 6.27　分部分项工程项目综合单价分析表

工程名称：××市天山东路道路工程　　　　　　　　　　　　　　　　　　　　　　第 14 页　共 16 页

项目编码	040103002014	项目名称		计量单位	m³	工程量	12.46

清单综合单价组成明细

定额编号	定额项目名称	定额单位	数量	单价					合价				
				人工费	材料费	机械费	管理费	利润	人工费	材料费	机械费	管理费	利润
DA0162	机械装土 运 距≤1 000 m	1 000 m³	0.001	1 321.96	37.80	4 103.11	368.10	838.46	1.32	0.04	4.10	0.37	0.84
DA0163 换	机械装土 每增 运 1 000 m	1 000 m³	0.001	874.49		3 854.86	323.04	735.80	0.87		3.85	0.32	0.74
	小　计								2.19	0.04	7.95	0.69	1.58
	清单项目综合单价								12.46				

材料费明细	主要材料名称、规格、型号	单位	数量	单价/元	合价/元	暂估单价/元	暂估合价/元
	水	m³	0.011	3.50	0.04	—	—
	其他材料费			—		—	
	材料费小计			—	0.04	—	

注：(1) 综合单价的组价根据《四川省建设工程工程量清单计价定额——市政工程》(2020 版) 的相关说明；

(2) 人工费上调系数为 10.55%；

(3) 材料单价参照《××市工程造价信息》2021 年第 03 期确定。

表6.28　分部分项工程项目综合单价分析表

工程名称：××市天山东路道路工程　　　　　　　　　　　　　　　　　　　　　　　　　　　　　　　　第 15 页　共 16 页

项目编码	项目名称	计量单位	工程量
040501001015	混凝土管	m	200

清单综合单价组成明细

定额编号	定额项目名称	定额单位	数量	单价					合价				
				人工费	材料费	机械费	管理费	利润	人工费	材料费	机械费	管理费	利润
DE0002	钢筋混凝土管砂砾石基础	10 m³	0.034	439.3	1 484.4	17.53	52.94	120.57	14.94	50.47	0.60	1.80	4.10
DE0005	管道混凝土基础 商品混凝土 C15	10 m³	0.073 25	593.49	4 160.21	4.29	69.05	157.26	43.47	304.74	0.31	5.06	11.52
DE0015	管道铺设 管径 1 000 mm	100 m	0.01	3 518.34	32 324.57	1 114.93	543.51	1 237.81	35.18	323.25	11.15	5.44	12.38
小　计									93.59	678.46	12.06	12.30	28.00
清单项目综合单价									824.39				

材料费明细	主要材料名称、规格、型号	单位	数量	单价/元	合价/元	暂估单价/元	暂估合价/元
	连砂石	m³	0.420 6	120.00	50.47		
	商品混凝土 C15	m³	0.739 83	410.00	303.33		
	水	m³	0.256	3.50	0.90		
	钢筋混凝土管 φ1 000	m	1.01	320.00	323.20		
	其他材料费			—	0.55	—	
	材料费小计			—	678.45	—	

注：(1)综合单价的组价根据《四川省建设工程工程量清单计价定额——市政工程》(2020 版)的相关说明；

(2)人工费上调系数为 10.55%；

(3)材料单价参照《××市工程造价信息》2021 年第 03 期确定。

表 6.29　分部分项项目综合单价分析表

工程名称：××市天山东路道路工程

项目编码	040504001016	项目名称	砌筑检查井	计量单位	座	工程量	4

清单综合单价组成明细

定额编号	定额项目名称	定额单位	数量	单价					合价				
				人工费	材料费	机械费	管理费	利润	人工费	材料费	机械费	管理费	利润
DE1191	非定型井垫层砂砾石	10 m³	0.043	235.24	1484.40	40.71	32.35	73.67	10.12	63.83	1.75	1.39	3.17
DE1249 换	现浇 C15 商品混凝土井底	10 m³	0.109	389.89	4 137.26	2.78	45.36	103.3	42.50	450.96	0.30	4.94	11.26
DE1206	M7.5 水泥砂浆（中砂）砌筑井身	10 m³	0.302	1 899.43	2 875.49	23.63	222.14	505.91	573.63	868.40	7.14	67.09	152.78
DE1234	人孔板安装	10 m³	0.022	827.50	9 291.62	248.11	126.10	287.17	18.21	204.42	5.46	2.77	6.32
DE1279	M7.5 水泥砂浆（中砂）砌筑井筒	10 m³	0.066	342.46	4 942.53	158.68	59.13	134.66	22.60	326.21	10.47	3.90	8.89
DE1242 换	高分子井盖井座安装	10 套	0.10	302.43	4 914.07		34.91	79.50	30.24	491.41		3.49	7.95
DE1240 换	塑钢踏步	10 个	0.90		343.21					308.89			
DE1224	1:2 水泥砂浆抹面	100 m²	0.211 5	1 237.15	860.06	19.49	145.21	330.71	261.66	181.90	4.12	30.71	69.95
小　计									958.96	2896.02	29.24	114.29	260.32

清单项目综合单价						4 258.82
主要材料名称、规格、型号	单位	数　量	单价/元	合价/元	暂估单价/元	暂估合价/元
连砂石	m³	0.531 9	120	63.83		
商品混凝土 C15	m³	1.095 45	410	449.13		
水	m³	3.269 9	3.5	11.44		
标准砖	千匹	1.588 5	410	651.29		
水泥砂浆（特细砂）M7.5	m³	0.785 2	266.38	209.16		
水泥 32.5	kg	[510.951]	0.42	−214.6		
特细砂	m³	[1.462]	130	−190.06		
钢筋混凝土整体人孔板	m³	0.222 2	900	199.98		
水泥砂浆（特细砂）1:2	m³	0.496 06	391.1	194.01		
预制混凝土井筒 φ800	m	0.66	430	283.8		
遇水膨胀止水带 30 cm×20 cm	m	2.092 9	15	31.39		
水泥砂浆（特细砂）1:2.5	m³	0.004	376	1.5		
高分子井盖井座 φ700	套	1	480	480		
塑钢踏步	个	38.61	8	308.88		
其他材料费			—	11.60	—	
材料费小计			—	2 896.01	—	

注：(1) 综合单价的组价根据《四川省建设工程工程量清单计价定额——市政工程》(2020 版) 的相关说明；

(2) 人工费上调系数为 10.55%；

(3) 材料单价参照《××市工程造价信息》2021 年第 03 期确定。

项目 6.2　措施费计算

措施费是指为完成工程施工准备和施工过程中的技术、生活、安全、环境保护相关的费用总和。措施项目费按能否计量,分为单价措施项目费和总价措施项目费。

6.2.1　单价措施项目费计算

单价措施项目费是指能够按照《计价定额》计算工程量的措施项目,具体包括脚手架搭拆费、模板安拆费等。

由于定额基价有工料单价和综合单价两种表现形式,所以单价措施项目费的计算也有两种情况:

（1）工料单价

$$单价措施项目费 = \sum（措施项目工程量 \times 定额基价）+ 企业管理费 + 利润 \quad （6.10）$$

企业管理费和利润的计算方法同前,在此不重复介绍。

（2）综合单价

$$单价措施项目费 = \sum（措施项目工程量 \times 定额基价） \quad （6.11）$$

综合单价的确定方式和相关例题见前面内容,按《建设工程工程量清单计价规范》（GB 50500—2013）的规定,编制"单价措施项目清单综合单价分析表"。

【例 6.8】　根据《建筑安装工程费用项目组成》（建标〔2013〕44 号）、《建设工程工程量清单计价规范》（GB 50500—2013）、《市政工程工程量计算规范》（GB 50857—2013）、《四川省建设工程工程量清单计价定额——市政工程》（2020 版）、《××市工程造价信息》（2021 年第 03 期）等文件编制"××市天山东路道路工程"的"单价措施项目清单综合单价分析表",以便计算单价措施项目费。

"××市天山东路道路工程"各清单项目套用的定额参照《四川省建设工程工程量清单计价定额——市政工程》（2020 版）确定,相应的定额编号和工程量以及工程量计算式详见表6.13。

"××市天山东路道路工程"的"单价措施项目综合单价分析表"见表 6.30 至表 6.32。（仅列出道路工程和排水工程措施项目的综合单价分析表,以作参考,其余措施项目的综合单价分析表同理可得,不作赘述。）

【例 6.9】　根据《建筑安装工程费用项目组成》（建标〔2013〕44 号）、《建设工程工程量清单计价规范》（GB 50500—2013）、《市政工程工程量计算规范》（GB 50857—2013）,编制"××市天山东路道路工程"的"单价措施项目清单计价表"。

"××市天山东路道路工程"的"单价措施项目清单与计价表"详见表 6.40。

工程名称：××市天山东路道路工程

表 6.30 单价措施项目综合单价分析表

| 项目编码 | 041102001035 | | | 项目名称 | 人行道混凝土垫层楼板 | | | | 计量单位 | m² | 工程量 | 1 100 |

第 1 页 共 3 页

清单综合单价组成明细

定额编号	定额项目名称	定额单位	数量	单价					合价				
				人工费	材料费	机械费	管理费	利润	人工费	材料费	机械费	管理费	利润
DL00209	现浇混凝土路面设计厚度 20 cm	100 m²	0.01	185.99	93.97	0.51	12.15	27.68	1.86	0.94	0.01	0.12	0.28
DL00210 换	现浇混凝土路面设计厚度每增 1 cm	100 m²	0.01	50.58	27.43	0.65	3.35	7.60	−0.51	−0.27	−0.01	−0.03	−0.08
小 计									1.35	0.67		0.09	0.20
清单项目综合单价									2.31				

材料费明细	主要材料名称、规格、型号	单位	数量	单价/元	合价/元	暂估单价/元	暂估合价/元
	二等锯材	m³	0.000 3	1 700	0.51		
	铁件	kg	0.034 5	5.00	0.17		
	其他材料费			—		—	
	材料费小计			—	0.67		—

注：(1)综合单价的组价根据《四川省建设工程工程量清单计价定额——市政工程》(2020 版)的相关说明；

(2)人工费上调系数为 10.55%；

(3)材料单价参照《××市工程造价信息》2021 年第 03 期确定。

表6.31 单价措施项目综合单价分析表

工程名称：××市天山东路道路工程

项目编码	041101001001	项目名称	检查井脚手架			计量单位	m²	工程量		27.17

清单综合单价组成明细

定额编号	定额项目名称	定额单位	数量	单价					合价			
				人工费	材料费	机械费	管理费	利润	人工费	材料费	机械费	管理费	利润
DL0001 换	简易脚手架	100 m²	0.01	212.82	223.69	15.93	9.94	22.63	2.13	2.24	0.16	0.10	0.23
			小 计						2.13	2.24	0.16	0.10	0.23
			清单项目综合单价						4.85				

材料费明细	主要材料名称、规格、型号		单位	数量	单价/元	合价/元	暂估单价/元	暂估合价/元
	锯材 综合		m³	0.000 7	2 100	1.47	—	—
	脚手架 钢材		kg	0.148	5.00	0.74	—	—
	其他材料费				—	0.03	—	—
	材料费小计				—	2.24	—	—

注：(1)综合单价的组价根据《四川省建设工程工程量清单计价定额——市政工程》(2020 版)的相关说明；

(2)人工费上调系数为 10.55%；

(3)材料单价参照《××市工程造价信息》2021 年第 03 期确定。

表6.32　单价措施项目综合单价分析表

工程名称:××市天山东路道路工程　　　　　　　　　　　　　　　　　　　　　　　第3页　共3页

项目编码	04110200001001	项目名称	检查井基础模板			计量单位	m²	工程量	301.30

清单综合单价组成明细

定额编号	定额项目名称	定额单位	数量	单　价					合　价				
				人工费	材料费	机械费	管理费	利润	人工费	材料费	机械费	管理费	利润
DL0013	混凝土基础检查井钢模板	10 m²	0.1	189.07	160.81	3.73	12.57	28.63	18.91	16.08	0.37	1.26	2.86
小　计									18.91	16.08	0.37	1.26	2.56
清单项目综合单价									39.48				

材料费明细	主要材料名称、规格、型号	单位	数量	单价/元	合价/元	暂估单价/元	暂估合价/元
	锯材　综合	m³	0.005	2 100	10.5		
	组合钢模板　包括附件	kg	0.246 8	20.75	5.12		
	摊销卡具和支撑钢材	kg	0.022	5	0.11		
	其他材料费			—	0.35	—	
	材料费小计			—	16.08	—	

注:(1)综合单价的组价根据《四川省建设工程工程量清单计价定额——市政工程》(2020版)的相关说明;

(2)人工费上调系数为10.55%;

(3)材料单价参照《××市工程造价信息》2021年第03期确定。

6.2.2 总价措施项目费计算

根据《市政工程工程量计算规范》（GB 50857—2013），总价措施项目费包括安全文明施工费、夜间施工增加费、二次搬运费、冬雨季施工增加费、行车行人干扰增加费和已完工程及设备保护费。

总价措施项目费的计算方法如下：

$$安全文明施工费 = 计算基数 \times 安全文明施工费费率(\%) \tag{6.12}$$
$$夜间施工增加费 = 计算基数 \times 夜间施工增加费费率(\%) \tag{6.13}$$
$$二次搬运费 = 计算基数 \times 二次搬运费费率(\%) \tag{6.14}$$
$$冬雨季施工增加费 = 计算基数 \times 冬雨季施工增加费费率(\%) \tag{6.15}$$
$$行车行人干扰增加费 = 计算基数 \times 行车行人干扰增加费费率(\%) \tag{6.16}$$
$$已完工程及设备保护费 = 计算基数 \times 已完工程及设备保护费费率(\%) \tag{6.17}$$

上述措施项目的计算基数应为定额基价[（定额分部分项工程费 + 定额单价措施项目费）、定额人工费或（定额人工费 + 定额机械费）]，其费率由工程造价管理机构根据各专业工程特点和调查资料综合分析后确定。

上述总价措施项目并不是每个项目都需要计算，是否计算应根据工程实际情况确定。

【例 6.10】 根据《建筑安装工程费用项目组成》（建标〔2013〕44 号）、《建设工程工程量清单计价规范》（GB 50500—2013）、《市政工程工程量计算规范》（GB 50857—2013），编制"××市天山东路道路工程"的"总价措施项目清单与计价表"。

"××市天山东路道路工程"的"总价措施项目清单与计价表"详见表 6.41。表中的取费基础为分部分项定额人工费与单价措施项目定额人工费之和，费率依据《四川省建设工程工程量清单计价定额》（2020 版）中"建筑安装工程费用"附录部分确定。

项目 6.3 其他项目费计算

6.3.1 暂列金额

暂列金额是业主在招标文件中明确规定了数额的一笔资金，标明用于工程施工，或供应货物与材料，或提供服务，或应付意外情况。此金额在施工过程中会根据实际情况有所变化。暂列金额由招标人支配，实际发生后才能够支付。暂列金额由招标人根据工程特点，按有关计价规定进行估算确定，一般可以分部分项工程费的 10% ~ 15% 作为参考。

6.3.2 计日工

计日工是指计算现场发生的零星项目或工作产生的费用的计价方式。招标人的工程造价人员通过对零星项目或工作发生人工工日、材料数量、机械台班的消耗量进行预估，给出一个暂定数量的计日工表格。投标人的工程造价人员在进行投标报价时，根据施工企业的自身情况进行计日工的报价,计日工费用等于预估的计日工数量乘以计日工的单价。

6.3.3 暂估价

暂估价包括材料和工程设备暂估单价、专业工程暂估价。暂估价中的材料单价应按照工程造价管理机构发布的工程造价信息中的材料单价计算,工程造价信息未发布的材料单价,其单价参考市场价格估算;暂估价中的专业工程暂估价应分不同专业,按有关计价规定估算。

6.3.4 总承包服务费

总承包服务费由建设单位在招标控制价中根据总包服务范围和有关计价规定编制,施工企业投标时自主报价,施工过程中按签约合同价执行。

项目 6.4 规费及税金计算

6.4.1 规费计算

规费是指根据国家法律、法规规定,由省级政府或省级有关权力部门规定施工企业必须缴纳,应计入建筑安装工程造价的费用。规费按工程所在地有关权利部门的规定计算。如某地规费的计算规定如下:

1)社会保险费及住房公积金

①使用国有资金投资的建设工程,编制设计概算、施工图预算、招标控制价(最高投标限价、标底)时,规费按"规费费率计取表"(见表 6.33)中 I 档费率计算住房公积金。

②投标人投标报价按招标人在招标文件中公布的招标控制价(最高投标限价)的规费金额填写,计入工程造价。

③发、承包双方签订承包合同和办理工程竣工结算时,按表 6.33 计算。

表 6.33 规费费率计取表

序号	取费类别	企业资质	计取基础	规费费率
1	I 档	房屋建筑工程施工总承包特级 市政公用工程施工总承包特级	分部分项工程及单价措施项目定额人工费	9.34%
2	II 档	房屋建筑工程施工总承包一级 市政公用工程施工总承包一级		8.36%
3	III 档	房屋建筑工程施工总承包二、三级 市政公用工程施工总承包二、三级		6.58%
4	IV 档	施工专业承包劳务分包资质		4.8%

2)工程排污费

工程排污费按工程所在地环保部门规定按实计算。例如,某地市政工程的排污费按工程建筑面积每平方米 0.3 元计算,某市政污水厂工程施工工期 13 个月,建筑面积 26 000 m²,则:工程排污费 = 0.3 × 13 × 26 000 = 101 400(元)。

实际工作中,若出现上面未列的规费项目,应根据省级政府或者省级有关权力部门的规定列项。

6.4.2　税金计算

1)税金内容

税金是指国家税法规定的应计入建筑安装工程造价内的增值税、城市维护建设税、教育费附加及地方教育附加等。

(1)增值税

增值税是以商品(含应税劳务)在流转过程中产生的增值额作为计税依据而征收的一种流转税。本质上看,增值税是对商品生产、流通、劳务服务中多个环节的新增价值或商品的附加值征收的一种流转税。

(2)城市维护建设税

城市维护建设税又称为城建税,是以纳税人实际缴纳的增值税、消费税税额为计税依据,依法计征的一种税。

(3)教育费附加

教育费附加是由税务机关负责征收,同级教育部门统筹安排,同级财政部门监督管理,专门用于发展地方教育事业的政府性基金。

(4)地方教育附加

地方教育附加是指根据国家有关规定,为实施"科教兴省"战略,增加地方教育的资金投入,促进各省、自治区、直辖市教育事业发展,开征的一项地方政府性基金。

2)税金的计算

按照财政部、国家税务总局发布的财税〔2016〕36 号文附件 1《营业税改征增值税试点实施办法》的规定,增值税的计税方法包括一般计税方法和简易计税方法。

(1)一般计税方法

一般计税方法在计算应纳增值税税额时,先分别计算其当期销项税额和进项税额,然后以销项税额抵扣进项税额后的余额为实际应纳税额。即:

$$应纳税额 = 当期销项税额 - 当期进项税额 \tag{6.18}$$

自 2016 年以来,国家对销项增值税率出台了一系列的文件规定,目前建筑业的销项增值税率为 9%;对于进项税额的扣减,很多地方主管部门已经在新颁布的地方计价定额中进行了预扣减,故在进行市政工程计价时,增值税为税前不含税工程造价乘以销项增值税率。

(2)简易计税方法

简易计税方法的应纳税额,是指按照销售额和增值税征收率计算的增值税额,不得抵扣进项税额。即:

$$纳税额 = 销售额 \times 征收率(征收率一般取3\%) \qquad (6.19)$$

（3）附加税的计算

附加税是根据实际缴纳的增值税和消费税计算的。一般以实际缴纳的增值税和消费税的和为计算基础，再乘以一个对应的税率。税率方面，城市维护建设税根据工程所在地在市区、县城和镇，对应不同的税率。教育费附加的税率一般为3%；地方教育附加的税率一般为2%。

上述介绍的是增值税及其附加税的基本计算方法。具体计算时，由于各地方定额的进项税是否扣减会产生不同的计算处理办法。具体处理办法以各地方主管部门的规定为准。

在本章项目6.5中选取了某地市政工程费用计算实例，实例中详细说明了该工程增值税及其附加税的计算方法，读者可以参考。

6.4.3　工程总费用计算

1）单位工程费的计算

$$单位工程费 = 分部分项工程费 + 措施项目费 + 其他项目费 + 规费 + 税金 \qquad (6.20)$$

2）单项工程费的计算

单项工程费将"土石方工程""道路工程""桥涵护岸工程""管网工程"等各个单位工程费汇总即可。

项目 6.5　市政工程费用计算实例

1）××市政项目工程概况

××市天山东路道路工程，路线总长度为5 000 m，为新建道路工程，设计内容包括道路的路面工程、管道工程、桥梁工程和路灯工程。道路等级：城市次干路Ⅰ级；设计使用年限：10年；设计车速：50 km/h；路面结构类型：沥青路面结构。该项目要求施工单位必须具有市政公用工程施工总承包特级资质。由于工程规模相对较大，本案例仅对路面工程和排水工程的前200 m计算工程费用。

2）××市政项目费用计算依据

①工程量清单（详见模块5中项目5.6）；

②××市天山东路道路工程相关单位工程施工图（详见模块5中项目5.6）；

③《建设工程工程量清单计价规范》（GB 50500—2013）及《市政工程工程量计算规范》（GB 50857—2013）；

④《四川省建设工程工程量清单计价定额——市政工程》（2020 版）；

⑤市政建筑材料的市场材料价格，详见表6.34。

表 6.34　材料价格表

工程名称:××市天山东路道路工程

序号	名称、规格、型号	单位	材料单价/元	备注
1	柴油(机械)	L	6.47	
2	连砂石	m³	120.00	
3	水	m³	3.50	
4	汽油(机械)	L	7.42	
5	其他材料费	元	1.00	
6	水泥 32.5	kg	0.42	
7	特细砂	m³	130.00	
8	商品混凝土 C15	m³	410.00	
9	复合模板	m²	20.75	
10	锯材 综合	m³	2 100.00	
11	脚手架钢材	kg	5.00	
12	摊销卡具和支撑钢材	kg	5.00	
13	铁件	kg	5.00	
14	二等锯材	m³	1 700.00	
15	商品水稳层(压实)	m³	320.00	
16	养护塑料薄膜	m²	0.18	
17	商品沥青混合物(压实)AC-25	m³	1 000.00	
18	商品沥青混合物(压实)AC-16	m³	1 100.00	
19	商品沥青混合物(压实)AC-13	m³	1 200.00	
20	高强度彩砖 25 cm×25 cm×3.5 cm	m²	28.00	
21	混凝土路缘石 15 cm×35 cm×100 cm	m³	680.00	
22	混凝土路缘石 12 cm×20 cm×100 cm	m³	680.00	
23	钢筋混凝土管 φ1 000	m	320.00	
24	标准砖	千匹	410.00	
25	钢筋混凝土整体人孔板	m³	900.00	
26	预制混凝土井筒 φ800	m	430.00	
27	遇水膨胀止水带 30 cm×20 cm	m	15.00	
28	高分子井盖井座 φ700	套	480.00	
29	塑钢踏步	个	8.00	
30	垫木	m³	2 000.00	
31	黏土	m³	15.00	
32	低合金钢焊条 E43 系列	kg	8.00	
33	商品混凝土 C25	m³	425.00	
34	商品混凝土 C30	m³	430.00	
35	商品混凝土 C40	m³	440.00	

续表

序号	名称、规格、型号	单位	材料单价/元	备注
36	商品混凝土 C50	m³	460.00	
37	板式橡胶支座	100 cm³	1.88	
38	成套 LED 路灯集中供电智能控制系统柜	台	26 000.00	
39	电缆 VV-(3×10)	m	25.00	
40	聚氯乙烯半硬质管 PE	m	28.00	
41	广场灯架	套	4 500.00	

3）××市政项目市政工程费用计算过程

（1）计算分部分项工程费

①计算综合单价。综合单价利用"分部分项工程项目综合单价分析表"计算，详见表6.14至表6.29。

②计算分部分项工程费。分部分项工程费利用"分部分项工程项目清单与计价表"计算，详见表6.39。

（2）计算措施项目费

①单价措施项目费。单价措施项目费的综合单价利用"单价措施项目综合单价分析表"计算，详见表6.30至表6.32。单价措施项目费利用"单价措施项目清单与计价表"计算，详见表6.40。

②总价措施项目费。"总价措施项目清单与计价表"详见表6.41。

（3）计算其他项目费

本工程的其他项目仅考虑暂列金额，暂列金额按分部分项工程费的15%计算。暂列金额利用"其他项目清单与计价汇总表"计算，详见表6.42。暂列金额明细表详见表6.43。

（4）计算规费

规费计算见表6.44。

（5）计算税金

税金计算见表6.45。

（6）单位工程费用计算

单位工程费用计算见表6.37。

（7）工程总费用计算

工程总费用计算见表6.38。

（8）填写封面、总说明

封面和总说明的具体内容根据《建设工程工程量清单计价规范》（GB 50500—2013）和《市政工程工程量计算规范》（GB 50857—2013）的要求填写。封面详见表6.35，总说明详见表6.36。

4）材料用量计算

工程中所有材料的消耗量汇总详见表6.46。

表 6.35　封面

××市天山东路道路　工程

招 标 控 制 价

招标控制价(小写)：　　　　　　2 855 013 元

　　　　　(大写)：　　　　　贰佰捌拾伍万伍仟零壹拾叁元

招　标　人：＿＿＿＿＿＿＿＿＿＿　　　　造价咨询人：＿＿＿＿＿＿＿＿＿＿
　　　　　(单位盖章)　　　　　　　　　　　　　(单位资质专用章)

法定代表人或　　　　　　　　　　　　法定代表人或
其授权人：＿＿＿＿＿＿＿＿＿＿　　　其授权人：＿＿＿＿＿＿＿＿＿＿
　　　　(签字或盖章)　　　　　　　　　　　　(签字或盖章)

编　制　人：＿＿＿＿＿＿＿＿＿＿　　　复　核　人：＿＿＿＿＿＿＿＿＿＿
　　　(造价人员签字盖专用章)　　　　　　　(造价工程师签字盖专用章)

编 制 时 间：　2021.3.12　　　　　　复 核 时 间：　2021.4.12

表 6.36　总说明

总说明

1．工程概况

本工程系××市天山东路道路工程,该建设项目包括路面工程、管道工程、桥梁工程、路灯工程共计 4 个单位工程。

路面工程:道路设计范围为 K0 + 000 ~ K0 + 5 000,本案例长度为 200 m。路面标准横断面宽度为 20 m = 3 m(人行道) + 7 m(机动车道) + 7 m(机动车道) + 3 m(人行道);工程计划工期为 360 日历天;施工现场实际情况、自然地理条件、环境保护要求见《××市天山东路道路工程》。

管道工程:该管道工程只包含污水管道工程,采用 DN1000 的成品混凝土管铺设约 200 m 长的污水管道,管道线路上有 5 座砖砌检查井。

桥梁工程:桥梁结构为 18 m + 22 m + 18 m 简支梁桥,下部结构采用 C25 混凝土泥浆护壁成孔灌注桩,C30 混凝土轻型桥台和柱式桥墩,桥跨结构为 C50 空心板,桥面铺装 13 cm 厚 C30 混凝土刚性层,桥梁采用支架法现浇施工,所有混凝土均采用商品混凝土。

路灯工程:20 套 LED 路灯(包含灯具 + 路灯灯杆 + 穿管配线),集中供电智能控制系统柜 1 套,具体工程数量详见施工图纸。

2．工程招标和分包范围

本工程按施工图纸范围招标(包括路面工程、管道工程、桥梁工程、路灯工程)。工程项目采用施工总承包。

3．招标控制价编制依据

(1)《市政工程工程量计算规范》(GB 50857—2013);

(2)××设计研究院设计的《××市天山东路道路工程》;

(3)××市天山东路道路工程招标文件。

4．工程、材料、施工等的特殊要求

(1)工程施工组织及管理满足《市政道路工程施工质量验收规范》(CJJ 1—2008);

(2)工程质量满足《市政道路工程施工质量验收规范》(CJJ 1—2008)。

5．其他需要说明的问题

(1)该工程暂列金额采用分部分项工程费的 15% 计算;

(2)该工程规费采用××省关于规费的计算规定进行计算;

(3)该工程税金计价采用增值税计税模式,采用××省关于"建筑业营业税改增值税的计价依据调整办法"进行计算。

表 6.37 单项工程招标控制价汇总表

工程名称:××市天山东路道路工程

序号	单位工程名称	金额/元	其中:/元		
			暂估价	安全文明施工费	规　费
1	××市天山东路道路工程	2 855 012.54		68 723.19	34 252.90
	合　计	2 855 012.54		68 723.19	34 252.90

表 6.38　单位工程招标控制价汇总表

工程名称:××市天山东路道路工程　　　　　　　　　　　　　　　第 1 页 共 1 页

序号	汇总内容	金额/元	其中:暂估价/元
1	分部分项及单价措施项目	2 152 905.29	
1.1	路面工程	1 033 591.10	
1.2	管道工程	291 311.36	
1.3	桥梁工程	458 317.56	
1.4	路灯工程	207 952.18	
1.5	单价措施项目	161 733.09	
2	总价措施项目	88 420.61	—
2.1	其中:安全文明施工费	68 723.19	—
3	其他项目	336 198.89	—
3.1	其中:暂列金额	336 198.89	—
3.3	其中:计日工		—
3.4	其中:总承包服务费		—
4	规费	34 252.90	—
5	税前不含税工程造价	2 611 777.69	—
6	销项增值税额	235 059.99	—
7	附加税	8 174.86	
招标控制价合计=税前不含税工程造价+销项增值税额+附加税		2 855 012.54	

工程名称：××市天山东路道路工程

表 6.39　分部分项工程项目清单与计价表

第　页　共　页

序号	项目编码	项目名称	项目特征	计量单位	工程量	综合单价	合价	定额人工费	定额机械费
							金额/元		其中
			路面工程						
1	040202001001	路床（槽）整形	1. 部位：路面结构层底面下 80 cm 以上部位 2. 范围：机动车道范围内	m²	3 120.00	1.74	5 428.8	1 279.2	2 340
2	040202009002	级配砂砾石垫层	1. 石料规格：符合设计及施工要求 2. 厚度：15 cm	m²	3 090	30.51	94 275.9	10 320.6	6 952.5
3	040202015003	水泥稳定碎石基层	1. 水泥含量：5% 2. 石料规格：符合设计及施工要求 3. 厚度：20 cm	m²	2 960	72.64	215 014.4	7 962.4	5 860.8
4	040203006004	AC-25 粗粒式沥青混凝土面层	1. 沥青品种：石油沥青 70# 2. 沥青混凝土种类：AC-25 粗粒式 3. 石料粒径：5～20 mm 4. 厚度：7 cm	m²	2 800	80.2	224 560	8 624	7 980
5	040203006005	AC-16 中粒式沥青混凝土面层	1. 沥青品种：石油沥青 70# 2. 沥青混凝土种类：AC-16 中粒式 3. 石料粒径：5～20 mm 4. 厚度：4 cm	m²	2 800	51.51	144 228	6 160	6 524
6	040203006006	AC-13 细粒式沥青混凝土面层	1. 沥青品种：石油沥青 70# 2. 沥青混凝土种类：AC-13 中粒式 3. 石料粒径：5～20 mm 4. 厚度：3.5 cm	m²	2 800	55.56	155 568	6 160	6 524

序号	项目编码	项目名称	项目特征描述	计量单位	工程量	综合单价	合价		
7	040204001007	人行道整形碾压	1. 部位:路面结构层底面下 80 cm 以上部位 2. 范围:人行道范围内	m²	1 200	1.78	2 136	1 272	144
8	040204002008	铺设高强度彩砖	1. 材质:高强度混凝土彩砖 2. 尺寸:厚 3.5 cm 3. 垫层材料品种、厚度,强度:M7.5 水泥砂浆结合层,厚 2 cm	m²	1 100	78.99	86 889	32 692	
9	040204003009	人行道混凝土基层	1. 混凝土强度等级:C15 2. 厚度:15 cm	m²	1 100	69.93	76 923	5 467	44
10	040204004010	安砌混凝土侧石	1. 材料:预制混凝土侧石 2. 尺寸:15 cm×35 cm×100 cm 3. 形状:一字形 4. 垫层材料品种、厚度,强度:4 cm 厚 M7.5 水泥砂浆	m	400	45.99	18 396	2 208	
11	040204004011	安砌混凝土嵌边石	1. 材料:预制混凝土嵌边石 2. 尺寸:12 cm×20 cm×100 cm 3. 形状:一字形 4. 垫层材料品种、厚度,强度:2 cm 厚 M7.5 水泥砂浆	m	400	25.43	10 172	2 096	
		小　计					1 033 591.10	84 241.20	36 369.30

续表

序号	项目编码	项目名称	项目特征	计量单位	工程量	金额/元			
						综合单价	合价	定额人工费	定额机械费
			管道工程						其中
12	040101002012	挖沟槽土方	1. 土壤类别:Ⅲ类 2. 挖土深度:4 m 以内	m³	2 094.00	37.91	79 383.54	59 176.44	
13	040103001013	土方回填	1. 密实度要求:应满足相应设计及施工规范要求 2. 填方材料品种:工程性质良好的土 3. 填方粒径要求:应满足相应设计及施工规范要求 4. 填方来源:开挖基槽土	m³	1 016.75	12.13	12 333.18	7 808.64	1 464.12
14	040103002014	余方弃置	1. 废弃料品种:回填利用后剩余土 2. 运距:由投标人根据实际情况自行考虑	m³	1 077.25	12.46	13 422.54	2 143.73	8 197.87
15	040501001015	铺设混凝土管	1. 垫层材质及厚度:200 mm 厚连砂石 2. 管座材质:180°管座,C15 混凝土 3. 规格:DN1000 成品钢筋混凝土管(Ⅱ级),管材价格包含运输、接缝等费用 4. 铺设深度:4 m 以内	m	200	824.39	164 878	16 932	2 336

序号	项目编码	项目名称	项目特征描述	计量单位	工程量	综合单价	合价	其中暂估价
16	040504001016	砌筑检查井	1. 垫层材质及厚度:100 mm厚碎石基础 2. 基础材质及厚度:250 mm厚C15混凝土 3. 砌筑材料品种、规格、强度等级:M7.5水泥砂浆(中砂)砌筑井身和井筒 4. 勾缝、抹面要求:15 mm厚1:2水泥砂浆内外抹灰 5. 盖板材质、规格:成品钢筋混凝土整体人孔板 6. 踏步材质、规格:成品塑钢踏步 7. 井盖、井圈材质、规格:成品高分子井盖、井圈	座	5	4 258.82	21 294.1	4 337.15	141.7
		小 计				291 311.36	90 397.96	121 39.69
		桥梁工程						
17	040301004017	泥浆护壁成孔灌注桩	1. 地层情况:详见地勘报告 2. 桩长:详见施工图 3. 桩径:120 cm 4. 成孔方法:正循环回旋钻孔 5. 混凝土种类、强度等级:C25商品混凝土	m³	353.58	977.82	345 737.6	62 516.48	54 822.58
18	040303003018	混凝土承台	混凝土强度等级:C30商品混凝土	m³	38.84	507.02	19 692.66	1 639.82	9.71
19	040303023019	混凝土联系梁	1. 形状:详见施工图 2. 混凝土强度等级:C30商品混凝土	m³	15.31	517.97	7 930.12	719.72	4.9

续表

序号	项目编码	项目名称	项目特征	计量单位	工程量	综合单价	金额/元		
							合价	其中	
								定额人工费	定额机械费
20	040303005020	混凝土台身	1.部位:0号和3号桥台 2.混凝土强度等级:C30 商品混凝土	m³	33.66	507.44	17 080.43	1 425.16	15.15
21	040303005021	混凝土柱式墩	1.部位:1号和2号桥墩 2.混凝土强度等级:C30 商品混凝土	m³	11.94	505.98	6 041.4	495.99	5.37
22	040303004022	混凝土台帽	1.部位:0号和3号桥台 2.混凝土强度等级:C30 商品混凝土	m³	6.90	509.39	3 514.79	297.94	0.55
23	040303007023	混凝土墩盖梁	1.部位:0号和3号桥台 2.混凝土强度等级:C30 商品混凝土	m³	20.61	529.43	10 911.55	1 006.59	8.24
24	040303012024	混凝土连续板	1.部位:桥跨结构 2.结构形式:空心连续板梁 3.混凝土强度等级:C50 商品混凝土	m³	70.70	541.73	38 300.31	3 108.68	40.3
25	040303019025	桥面铺装	1.混凝土强度等级:C30 商品混凝土 2.厚度:13 cm	m²	57.38	69.97	4 014.88	328.21	2.3
26	040309004026	橡胶支座	1.材质:板式橡胶板 2.规格、型号:详见施工图——桥梁立面图	个	74	63.6	4 706.4	1 881.82	

序号	项目编码	项目名称	项目特征描述	计量单位	工程量	综合单价	合价		
27	040303024027	防震挡块	1.部位:桥台和盖梁防震挡块 2.混凝土强度等级:C30商品混凝土	m³	0.66	587	387.42	57.24	0.26
		小　计					458 317.56	73 477.65	54 909.36
		路灯工程							
28	040801005028	成套控制柜	1.名称:成套 LED 路灯集中供电智能控制系统柜 2.种类:智能控制系统柜 3.规格:P_e=21.9 kW;P_{js}=21.9 kW;I_{js}=39.2 A;cos φ=0.85;IP 最高等级	套	1	26 559.97	26 559.97	330.24	66.25
29	040803001029	电力电缆 VV-3 × 10 mm²	1.名称:电力电缆 2.型号:VV 3.规格:3×10 mm² 4.材质:铜质 5.敷设方式、部位:穿管敷设 6.电压(kV):0.6/1 kV	m	643.63	31.78	20 454.56	2 600.27	51.49
30	040803002030	电缆保护管	1.名称:电缆保护管 2.规格:φ89 3.材质:聚氯乙烯半硬质管 PE 4.敷设方式:埋地敷设	m	625.00	43.24	27 025	5 093.75	
31	040805001031	成套 LED 路灯	1.名称:成套单臂单杆 LED 路灯 2.型号:150 W 3.灯杆材质,高度:钢质,H=10 m	套	20	5 648.06	112 961.2	10 857	4 956.8

续表

序号	项目编码	项目名称	项目特征	计量单位	工程量	综合单价	合价	定额人工费	定额机械费
							金额/元		
								其 中	
32	0408030005032	电缆终端头	1. 名称:电缆终端头 2. 规格:35 mm² 3. 材质,类型:铜质	个	2	87.02	174.04	72.24	
33	0408060002033	接地母线	接地母线材质、规格:镀锌圆钢 φ12 mm	m	638.50	31.96	20 406.46	12 208.12	166.01
34	0408070002034	供电系统调试	1. 名称:供电系统调试 2. 电压(kV):1	系统	1	370.95	370.95	236.43	44.01
		小 计					207 952.18	31 398.05	5 284.56
		合 计					1 991 172.20	279 514.86	108 702.91

表 6.40　单价措施项目清单与计价表

工程名称：××市天山东路道路工程

序号	项目编码	项目名称	项目特征	计量单位	工程量	综合单价	合价	定额人工费	定额机械费
							金额/元	其中	
1	041102001035	人行道混凝土垫层模板	构件类型：人行道混凝土垫层	m²	1 100.00	2.31	2 541	1 342	
2	041101001036	检查井脚手架	高度：4 m 以内	m²	27.17	4.85	131.77	52.44	3.8
3	041102002037	混凝土基础模板	构件类型：管道 180°混凝土管座	m²	301.30	39.48	11 895.32	5 152.23	108.47
4	041102003038	承台模板	构件类型：现浇混凝土构件	m²	82.17	52.97	4 352.54	1 925.24	151.19
5	041102004039	台帽模板	1. 构件类型：现浇混凝土构件 2. 支模高度：约11 m	m²	17.30	56.04	969.49	436.83	51.04
6	041102005040	台身模板	1. 构件类型：现浇混凝土构件 2. 支模高度：11 m 以内	m²	100.88	63.65	6 421.01	2 962.85	470.1
7	041102006041	支撑梁模板	1. 构件类型：现浇混凝土构件 2. 支模高度：4 m 以内	m²	43.68	48.88	2 135.08	1 055.75	14.85
8	041102007042	墩盖梁模板	1. 构件类型：现浇混凝土构件 2. 支模高度：9 m 以内	m²	52.66	87.51	4 608.28	2 046.89	515.01
9	041102012043	柱模板	1. 构件类型：现浇混凝土构件 2. 支模高度：9 m 以内	m²	47.75	76.1	3 633.78	1 447.78	467

续表

序号	项目编码	项目名称	项目特征	计量单位	工程量	金额/元			
						综合单价	合价	其中	
								定额人工费	定额机械费
10	041102014044	板模板	1. 构件类型:现浇混凝土构件 2. 支模高度:10 m 以内	m²	917.15	61.74	56 624.84	24 964.82	3 375.11
11	041102021045	小型构件模板	构件类型:现浇混凝土构件	m²	2.44	41.93	102.31	57.63	1.02
12	041102040046	桥梁支架	1. 部位:桥梁整体 2. 材质:钢管支架 3. 支架类型:满堂式	m³	3 122.38	21.88	68 317.67	45 774.09	3 372.17
		合 计					161 733.09	87 218.55	8 529.76

表6.41 总价措施项目清单与计价表

工程名称:××市天山东路道路工程   第1页 共1页

序号	项目名称	计算基础	费率/%	金额/元
1	安全文明施工费		项	68 723.19
	环境保护费	分部分项工程及单价措施项目(定额人工费+定额机械费)	1.1	5 323.63
	文明施工费	分部分项工程及单价措施项目(定额人工费+定额机械费)	3.3	15 970.88
	安全施工费	分部分项工程及单价措施项目(定额人工费+定额机械费)	4.2	20 326.58
	临时设施费	分部分项工程及单价措施项目(定额人工费+定额机械费)	5.6	27 102.10
2	夜间施工费	分部分项工程及单价措施项目(定额人工费+定额机械费)	0.48	2 323.04
3	二次搬运费	分部分项工程及单价措施项目(定额人工费+定额机械费)	0.23	1 113.12
4	冬雨季施工增加费	分部分项工程及单价措施项目(定额人工费+定额机械费)	0.36	1 742.28
5	行车、行人干扰增加费	分部分项工程及单价措施项目(定额人工费+定额机械费)	3	14 518.98
合 计				88 420.61

表6.42 其他项目清单与计价汇总表

工程名称:××市天山东路道路工程   第1页 共1页

序号	项目名称	金额/元	结算金额/元	备注
1	暂列金额	336 198.89		明细详见表
2	暂估价			
2.1	材料(工程设备)暂估价/结算价	—		
2.2	专业工程暂估价/结算价			
3	计日工			
4	总承包服务费			
合 计		336 198.89		

表 6.43　暂列金额明细表

工程名称：××市天山东路道路工程　　　　　　　　　　　　　　　　　　　　　　第 1 页 共 1 页

序号	项目名称	计量单位	计算基础	计算费率/%	暂定金额/元	备　注
1	暂列金额	项	分部分项工程费 + 措施项目费	15	336 198.89	
合　计					336 198.89	

表 6.44　规费计价表

工程名称：××市天山东路道路工程　　　　　　　　　　　　　　　　　　　　　　第 1 页 共 1 页

序号	项目名称	计算基础	计算基数	计算费率/%	金额/元
1	规费	分部分项清单定额人工费 + 单价措施项目清单定额人工费	366 733.41	9.34	34 252.90
合　计					34 252.90

表 6.45 税金计价表

工程名称：××市天山东路道路工程　　　　　　　　　　　　　　　　　　　　第 1 页 共 1 页

序号	项目名称	计算基础	计算基数	计算费率/%	金额/元
1	税金				243 234.85
1.1	增值税	税前不含税工程造价（分部分项工程费＋措施项目费＋其他项目费＋规费）	2 611 777.69	9	235 059.99
1.2	附加税	税前不含税工程造价	2 611 777.69	0.313	8 174.86
合　计					243 234.85

表 6.46 材料用量汇总表

工程名称：××市天山东路道路工程

序号	名称、规格、型号	单 位	数 量	备 注
1	柴油（机械）	L	5 557.839	
2	连砂石	m³	654.718	
3	水	m³	1 447.864	
4	汽油（机械）	L	206.689	
5	其他材料费	元	3 885.994	
6	水泥 32.5	kg	9 548.756	
7	特细砂	m³	37.99	
8	商品混凝土 C15	m³	320.092	
9	复合模板	m²	386.324	
10	锯材 综合	m³	11.326	
11	脚手架钢材	kg	4.028	
12	摊销卡具和支撑钢材	kg	149.61	
13	铁件	kg	51.344	

续表

序号	名称、规格、型号	单 位	数 量	备 注
14	二等锯材	m³	0.33	
15	商品水稳层(压实)	m³	603.84	
16	养护塑料薄膜	m²	3 019.2	
17	商品沥青混合物(压实)AC-25	m³	199.08	
18	商品沥青混合物(压实)AC-16	m³	113.4	
19	商品沥青混合物(压实)AC-13	m³	113.4	
20	高强度彩砖 25 cm×25 cm×3.5 cm	m²	1 111	
21	混凝土路缘石 15 cm×35 cm×100 cm	m³	21.12	
22	混凝土路缘石 12 cm×20 cm×100 cm	m³	9.6	
23	钢筋混凝土管 φ1 000	m	202	
24	标准砖	千匹	7.943	
25	钢筋混凝土整体人孔板	m³	1.111	
26	预制混凝土井筒 φ800	m	3.3	
27	遇水膨胀止水带 30 cm×20 cm	m	10.464	
28	高分子井盖井座 φ700	套	5	
29	塑钢踏步	个	193.05	
30	垫木	m³	1.485	
31	黏土	m³	25.422	
32	低合金钢焊条 E43 系列	kg	40.273	
33	商品混凝土 C25	m³	426.417	
34	商品混凝土 C30	m³	107.847	
35	商品混凝土 C40	m³	28.21	
36	商品混凝土 C50	m³	71.054	
37	板式橡胶支座	100 cm³	980	
38	成套 LED 路灯集中供电智能控制系统柜	台	1	
39	电缆 VV-(3×10)	m	653.254	
40	聚氯乙烯半硬质管 PE	m	668.75	
41	广场灯架	套	20.2	
42	接地母线	m	670.425	

复习思考题 6

1.分部分项工程费包括哪些内容？分部分项工程费怎样计算？

2.什么是综合单价？综合单价包括哪些内容？计算综合单价的依据有哪些？

3.确定综合单价有哪几种方法？

4.为什么要重新计算工程量组合综合单价？工料消耗系数的概念是什么？有什么作用？

5.什么是措施项目费？措施项目费包括哪两部分内容？

6.总价措施项目费的计算方法是什么？

7.单价措施项目费的计算方法是什么？

8.什么是其他项目费？工程结算时是否还存在此费用？为什么？

9.规费包括哪些内容？怎样计算？结合本地实际计算"××市天山东路道路工程"的相关规费。

10.在营业税计税模式下,税金应该怎么计算？在增值税计税模式下,税金又应该怎么计算？

11.单位工程费和工程总费用怎样计算？

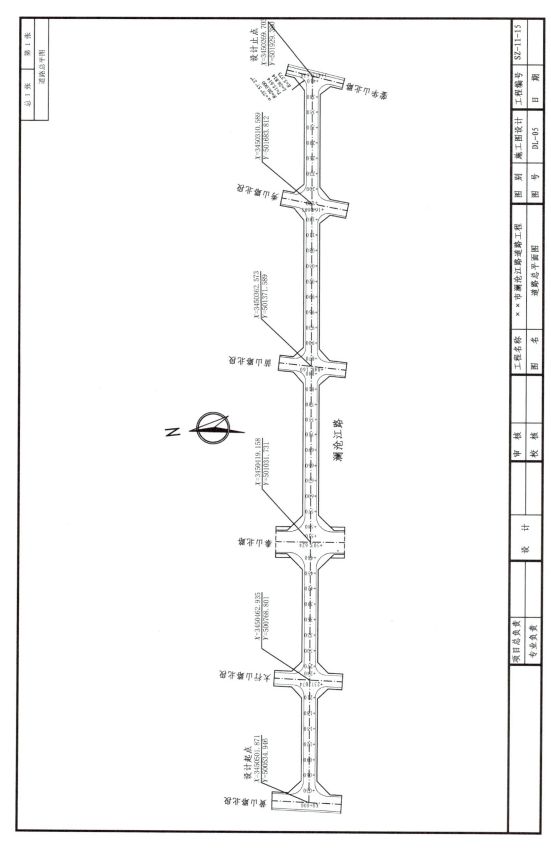

附录 ××市澜沧江路道路工程施工图

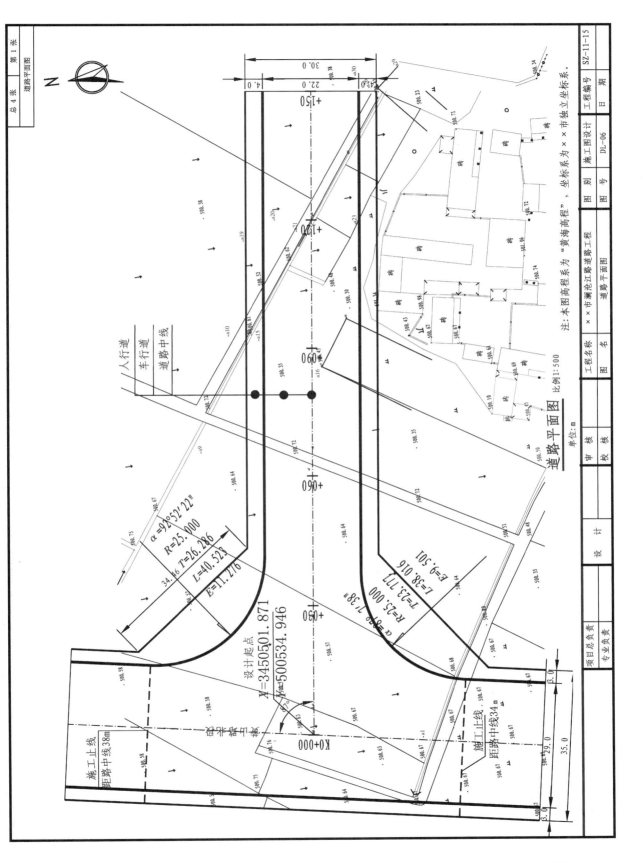

道路平面图

道路平面图　比例1:500

单位：m

注：本图高程系为"黄海高程"，坐标系为××市独立坐标系。

人行道
车行道
道路中线

施工止线
距路中线38m

设计起点
X=345501.871
Y=500534.946

α=92°52′22″
R=25.000
T=26.286
L=40.523
E=11.276

α=57°30′38″
R=25.000
T=23.717
L=38.016
E=9.501

施工止线
距路中线34m

K0+000

+030

+060

+090

+120

+150

工程名称	××市澜沧江路道路工程	图　别	施工图设计	工程编号	SZ-11-15
图　名			道路平面图	图　号	DL-06
项目总负责		设　计		审　核	
专业负责				校　核	
				日　期	

·255·

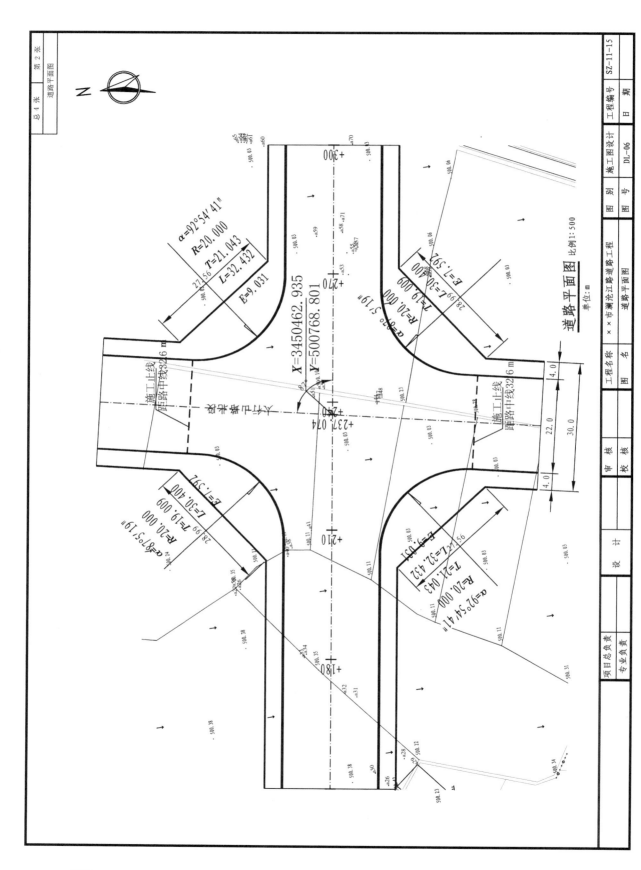

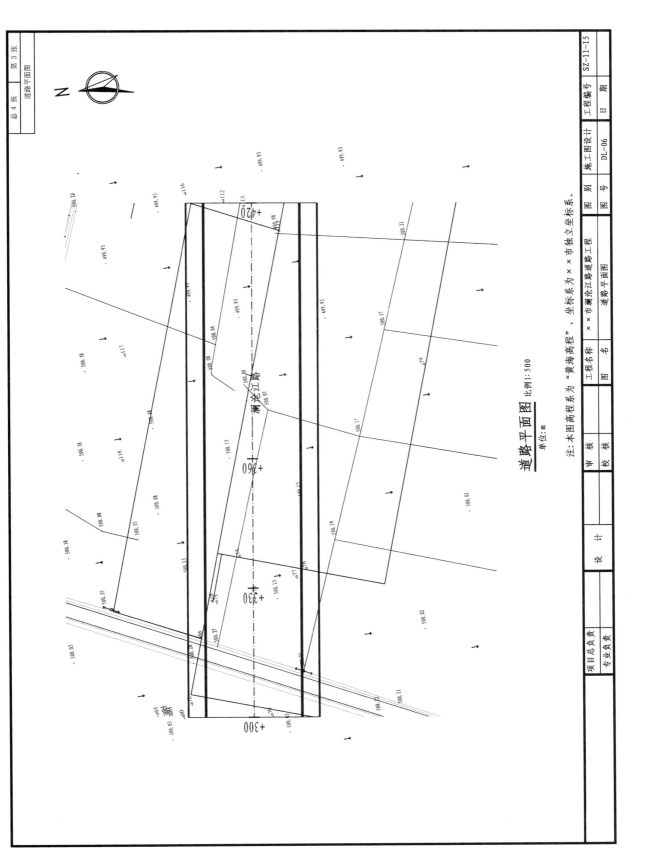

道路平面图 比例1:500

单位：m

注：本图高程系为"黄海高程"，坐标系为××市独立坐标系。

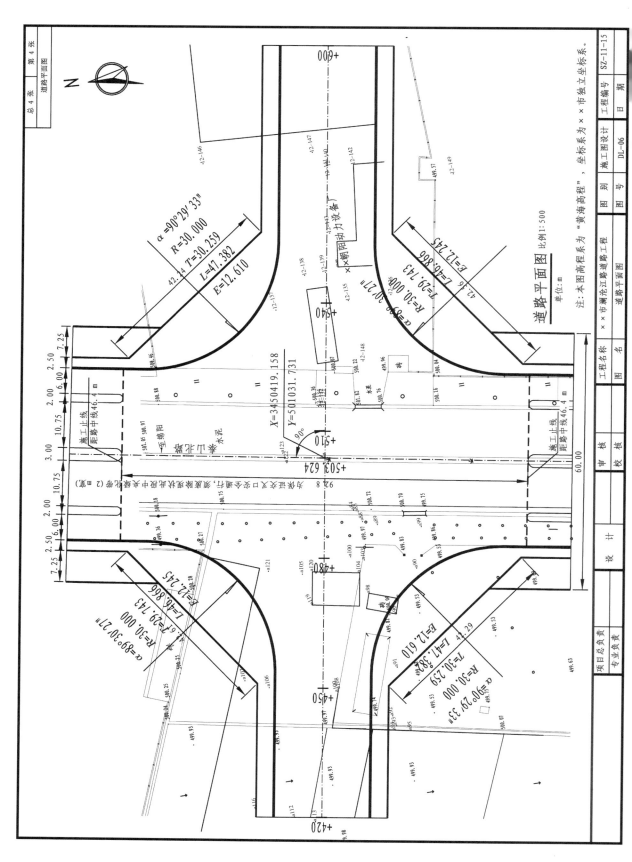

道路平面图 比例1:500

单位：m

注：本图高程系为"黄海高程"，坐标系为××市独立坐标系。

×× 市澜沧江路道路工程

道路平面图

工程编号　SZ-11-15

图别　施工图设计　图号　DL-06

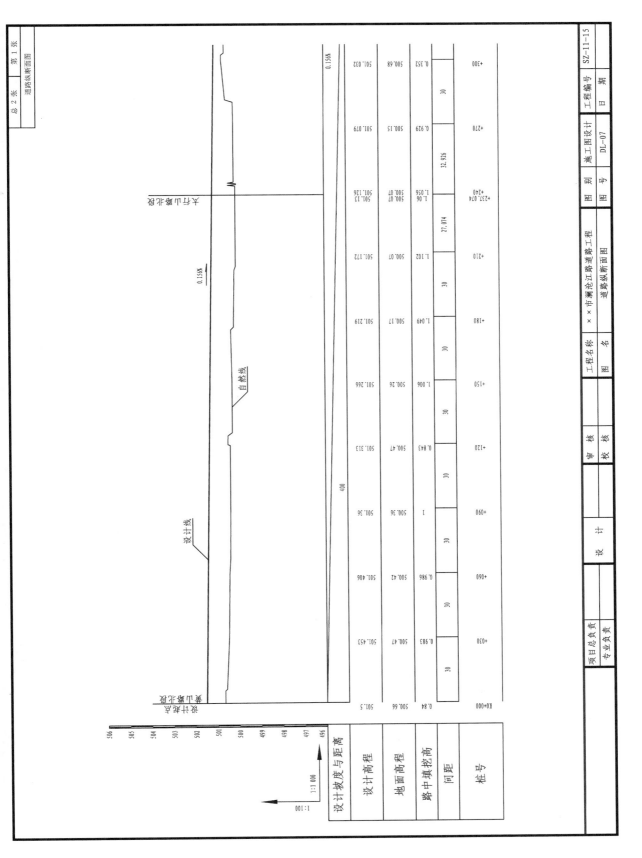

道路纵断面图

桩号	间距	路中填挖高	地面高程	设计高程	设计坡度与距离
K0+000		0.84	500.66	501.5	
+030	30	0.983	500.47	501.453	
+060	30	0.986	500.42	501.406	
+090	30	1	500.36	501.36	
+120	30	0.843	500.47	501.313	
+150	30	1.006	500.26	501.266	
+180	30	1.049	500.17	501.219	
+210	30	1.102	500.07	501.172	
+237.074	27.074				
+240	1.06 / 1.056	500.07 / 500.07	501.13 / 501.126	32.926	
+270	30	0.929	500.15	501.079	
+300		0.352	500.68	501.032	

400

自然线

设计线

0.156%

0.156%

澜沧北路

澜沧北路

澜沧北路

1:1 000
1:100

506
505
504
503
502
501
500
499
498
497
496

项目总负责

专业负责

设　计

审　核

校　核

工程名称　××市澜沧江路道路工程

图　名　道路纵断面图

工程编号　SZ-11-15

日　期

图　别　施工图设计

图　号　DL-07

设计坡度与距离

设计高程

地面高程

路中填挖高

间距

桩号

$R=17\ 481.738$　$T=30$　$E=0.026$

$+400$　500.876

500.876

0.187%

0.187%

设计线

自然线

路中心线

1:1 000
1:100

桩号	+330	+360	+380	+390	+400	+410	+420	+450	+480	+503.624 +510	+540	+570	+600
间距	30	30	20	10	10	10	10	30	30	23.624 6.376	30	30	30
路中填挖高	0.425	0.428	0.387	0.373	0.372	0.376	0.706	0.87	0.756	-0.22 0.054	0.966	0.879	0.801
地面高程	500.56	500.51	500.52	500.53	500.53	500.53	500.21	500.1	500.27	501.29 501	500.01	500.02	500.02
设计高程	500.985	500.938	500.91	500.903 (500.907)	500.902 (500.892)	500.906 (500.876)	500.916 (500.895) (500.913)	500.97	501.026	501.07 501.054	500.976	500.899	500.821

103.624
344.536

工程名称　××市澜沧江路道路工程
图名　道路纵断面图
工程编号　SZ-11-15
图别　施工图设计
图号　DL-07
日期

项目总负责
专业负责
审核　校核
设计
图名

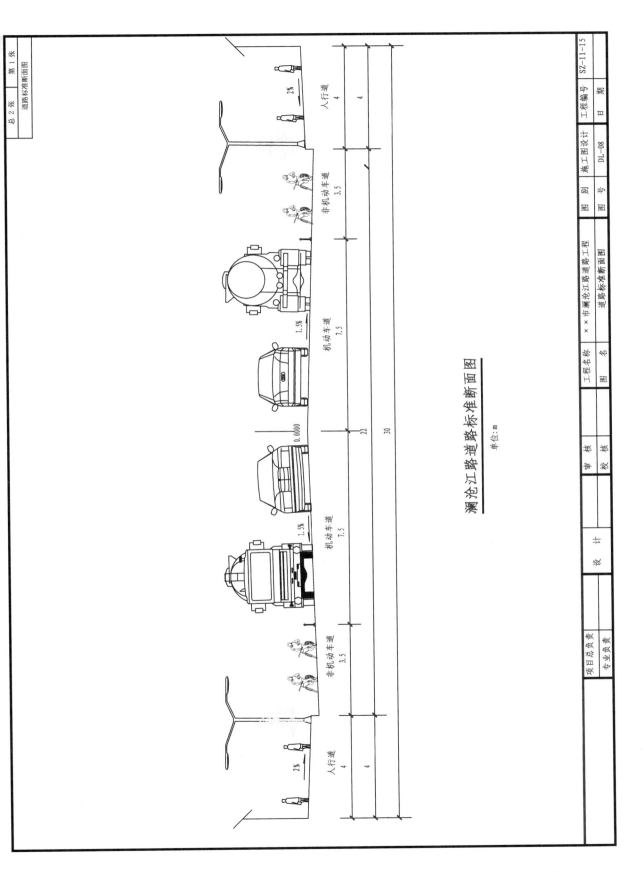

澜沧江路道路标准断面图

单位: m

项目总负责			设 计		审 核		工程名称	××市澜沧江路道路工程	图 别	施工图设计	工程编号	SZ-11-15
专业负责					校 核		图 名	道路标准断面图	图 号	DL-08	日 期	

机动车道 7.5　1.5%
机动车道 7.5　1.5%
非机动车道 3.5
非机动车道 3.5
人行道 4　2%
人行道 4　2%
0.0000
0.000
22
30
4
4

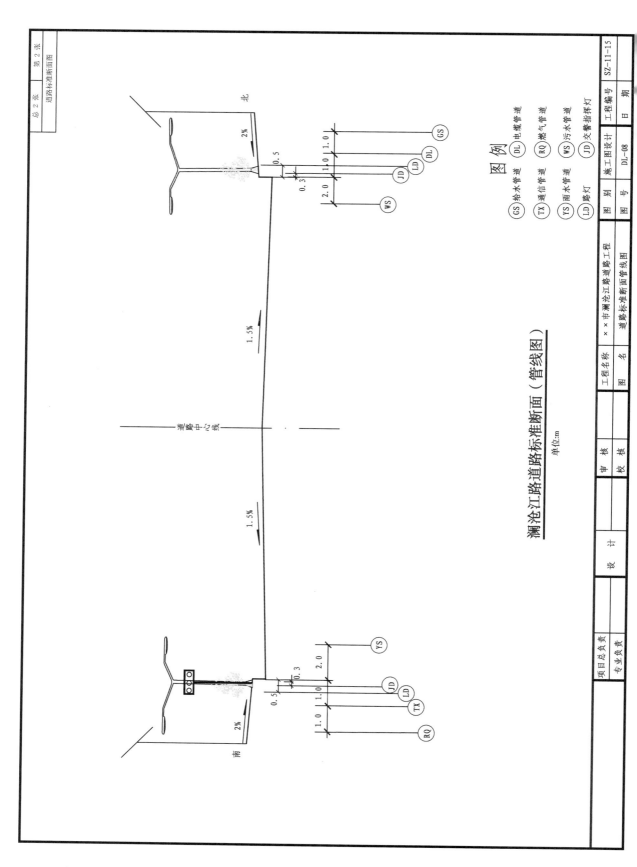

澜沧江路道路标准断面（管线图）

单位:m

图　例

GS 给水管道　DL 电缆管道
TX 通信管道　RQ 燃气管道
YS 雨水管道　WS 污水管道
LD 路灯　　　JD 交警指挥灯

| 工程名称 | ××市澜沧江路道路工程 | | 图别 | 施工图设计 | 工程编号 | SZ-11-15 |
| 图　名 | 道路标准断面管线图 | | 图号 | DL-08 | 日　期 | |

| 项目总负责 | | 设　计 | | 审　核 | | |
| 专业负责 | | | | 校　核 | | |

北

南

道路中心线

1.5%

1.5%

2%

2%

0.5

0.3

1.0

1.0

2.0

GS

DL

LD

JD

WS

0.5

0.3

1.0

1.0

2.0

1.0

YS

JD

LD

TX

RQ

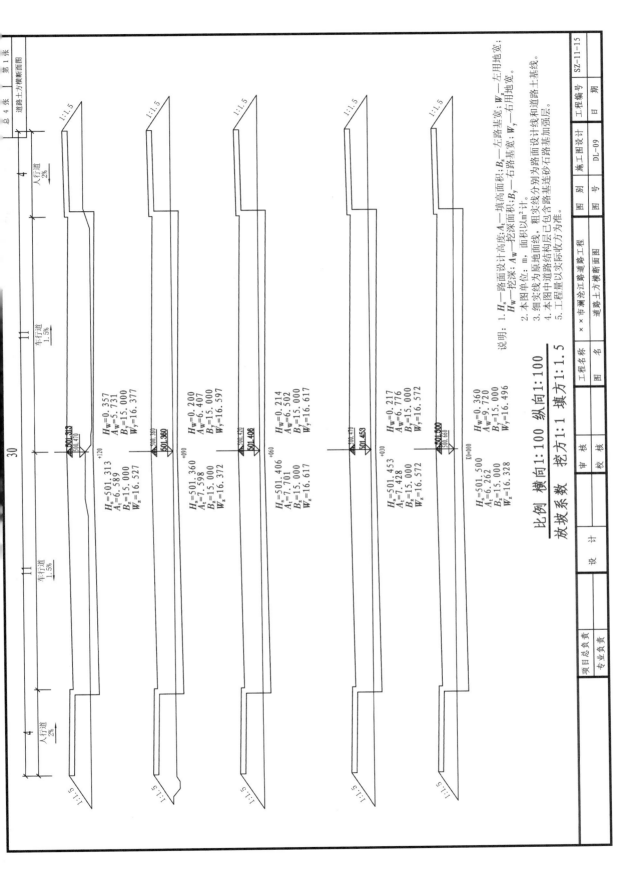

道路设计高度；A_t—填高面积；B_z—左路基宽；W_z—左用地宽；
H_w—挖深；A_w—挖深面积；A_w—挖深；B_y—右路基宽；W_y—右用地宽。

说明：1. H_s—路面设计高度；A_t—填高面积；B_z—左路基宽；W_z—左用地宽；
　　　　H_w—挖深；A_w—挖深面积；A_w—挖深；B_y—右路基宽；W_y—右用地宽。
　　　2. 本图单位：m。面积以m²计。
　　　3. 细实线为原地面线，粗实线为路面设计线包含各路面结构层。
　　　4. 本图中道路结构层已包含路基连砂石路基加强层。
　　　5. 工程量以实际收方为准。

比例　横向 1∶100　纵向 1∶100
放坡系数　挖方 1∶1　填方 1∶1.5

H_w=0.357
A_w=5.731
B_y=15.000
W_y=16.377

501.313
500.470
+120

H_s=501.313
A_t=6.589
B_z=15.000
W_z=16.527

H_w=0.200
A_w=6.407
B_y=15.000
W_y=16.597

500.560
501.560
+090

H_s=501.360
A_t=7.598
B_z=15.000
W_z=16.372

H_w=0.214
A_w=6.502
B_y=15.000
W_y=16.617

500.470
501.408
+060

H_s=501.406
A_t=7.701
B_z=15.000
W_z=16.617

H_w=0.217
A_w=6.776
B_y=15.000
W_y=16.572

500.470
501.453
+030

H_s=501.453
A_t=7.428
B_z=15.000
W_z=16.572

H_w=0.360
A_w=9.720
B_y=15.000
W_y=16.496

500.660
501.500
K0+000

H_s=501.500
A_t=6.262
B_z=15.000
W_z=16.328

	工程名称	×市澜沧江路道路工程	图别	施工图设计	工程编号		SZ-11-15
项目总负责			设计		审核	图名	道路土方横断面图	图号	DL-09	日期	
专业负责		设计	校核				

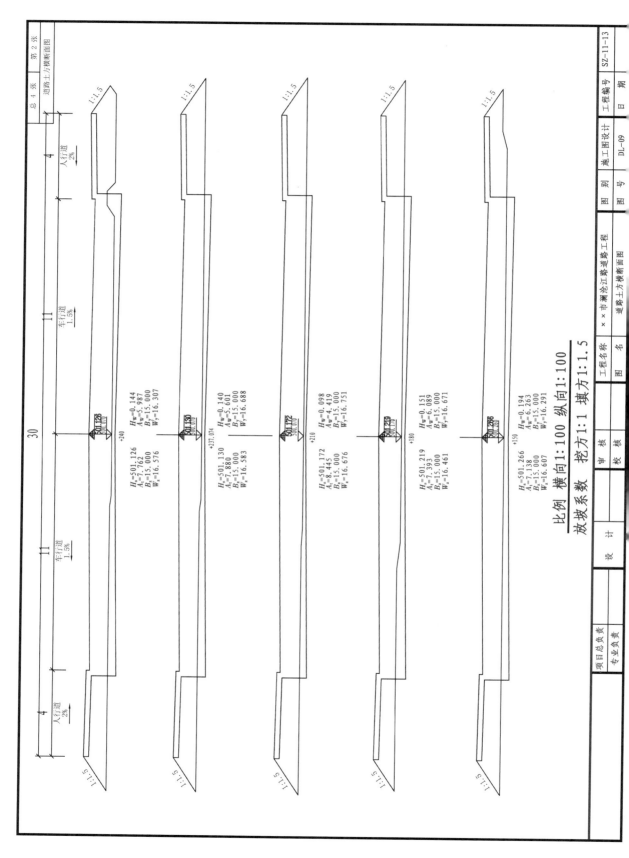

比例 横向1:100 纵向1:100
放坡系数 挖方1:1 填方1:1.5

H_z=501.126
A_z=7.762
B_z=15.000
W_z=16.576

H_w=0.144
A_w=5.987
B_y=15.000
W_y=16.307

H_z=501.130
A_z=7.880
B_z=15.000
W_z=16.583

H_w=0.140
A_w=5.601
B_y=15.000
W_y=16.688

H_z=501.172
A_z=8.445
B_z=15.000
W_z=16.676

H_w=0.098
A_w=4.419
B_y=15.000
W_y=16.751

H_z=501.219
A_z=7.393
B_z=15.000
W_z=16.461

H_w=0.151
A_w=6.089
B_y=15.000
W_y=16.671

H_z=501.266
A_z=7.138
B_z=15.000
W_z=16.607

H_w=0.194
A_w=6.263
B_y=15.000
W_y=16.291

| 总 4 张 | 第 2 张 |
| 道路土方横断面图 | |

| 工程编号 | SZ-11-13 |
| 日 期 | |

| 施工图设计 | DL-09 |
| 图 号 | |

| 图 别 | |

| 工程名称 | ××市澜沧江路道路工程 |
| 图 名 | 道路土方横断面图 |

项目总负责		设 计	
专业负责		校 核	
设 计		审 核	
		校 核	

· 264 ·

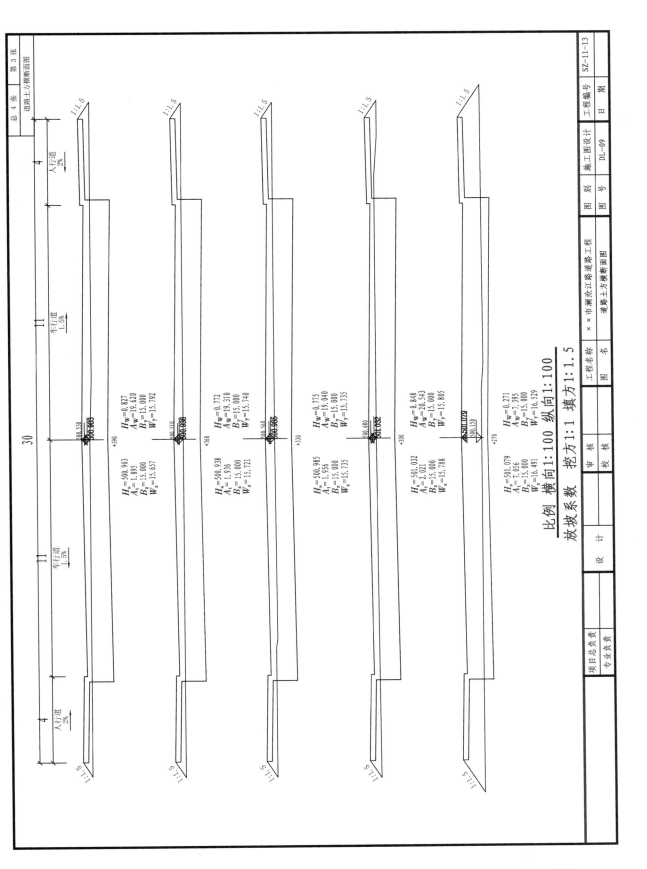

比例　横向1:100　挖方1:1　填方1:1.5
放坡系数　纵向1:100

	工程名称	×市澜沧江路道路工程		图 别	施工图设计		工程编号	SZ-11-13
	图 名	道路土方横断面图		图 号	DL-09		日 翔	

$H_w = 0.827$
$A_w = 19.620$
$B_z = 15.000$
$W_z = 15.792$

$H_s = 500.903$
$A_t = 1.895$
$B_z = 15.000$
$W_z = 15.657$

$H_w = 0.772$
$A_w = 19.310$
$B_z = 15.000$
$W_y = 15.740$

$H_s = 500.938$
$A_t = 1.936$
$B_z = 15.000$
$W_z = 15.721$

$H_w = 0.775$
$A_w = 19.040$
$B_z = 15.000$
$W_y = 15.735$

$H_s = 500.985$
$A_t = 1.956$
$B_z = 15.000$
$W_z = 15.735$

$H_w = 0.848$
$A_w = 20.543$
$B_z = 15.000$
$W_y = 15.805$

$H_s = 501.032$
$A_t = 2.021$
$B_z = 15.000$
$W_z = 15.788$

$H_w = 0.271$
$A_w = 7.395$
$B_z = 15.000$
$W_z = 16.529$

$H_t = 501.079$
$A_t = 7.056$
$B_z = 15.000$
$W_z = 16.491$

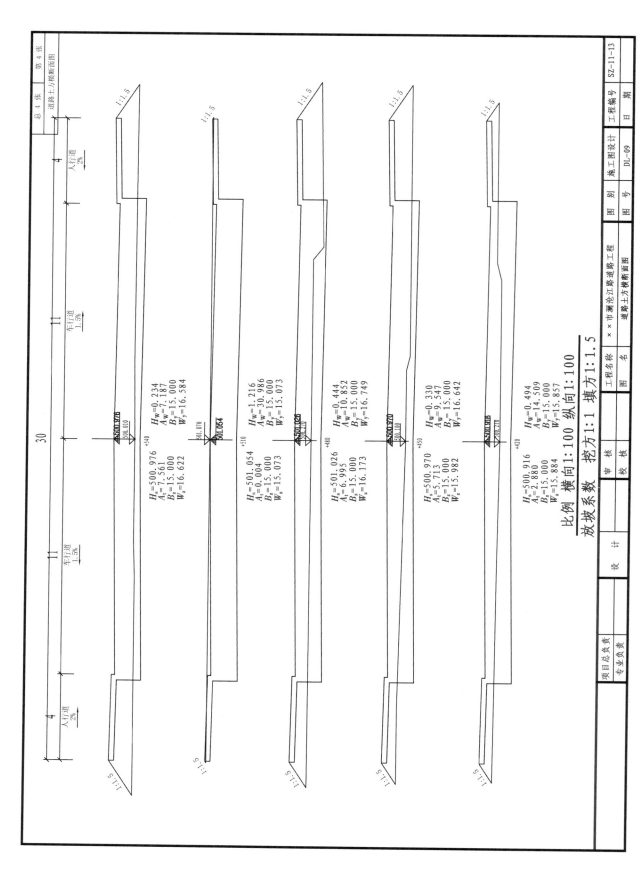

道路土方横断面图

比例 横向1:100 纵向1:100

放坡系数 挖方1:1 填方1:1.5

			工程名称	×市澜沧江路道路工程	工程编号	SZ-11-13
项目总负责		审 核	图 名	道路土方横断面图	图 别	施工图设计
专业负责		校 核			图 号	DL-09
设 计				总 4 张	第 4 张	日 期

H_s=500.976
A_t=7.561
B_z=15.000
W_z=16.622

H_w=0.234
A_w=7.187
B_y=15.000
W_y=16.584

500.976
500.010
+540

H_s=501.054
A_t=0.004
B_z=15.000
W_z=15.073

H_w=1.216
A_w=30.986
B_y=15.000
W_y=15.073

501.070
501.054
+510

H_s=501.026
A_t=6.995
B_z=15.000
W_z=16.173

H_w=0.444
A_w=10.852
B_y=15.000
W_y=16.749

501.026
500.270
+480

H_s=500.970
A_t=5.713
B_z=15.000
W_z=15.982

H_w=0.330
A_w=9.547
B_y=15.000
W_y=16.642

500.970
500.100
+450

H_s=500.916
A_t=2.880
B_z=15.000
W_z=15.884

H_w=0.494
A_w=14.509
B_y=15.000
W_y=15.857

500.916
500.270
+420

人行道 2%
4
车行道 1.5%
11
30
11 车行道 1.5%
4 人行道 2%

1:1.5

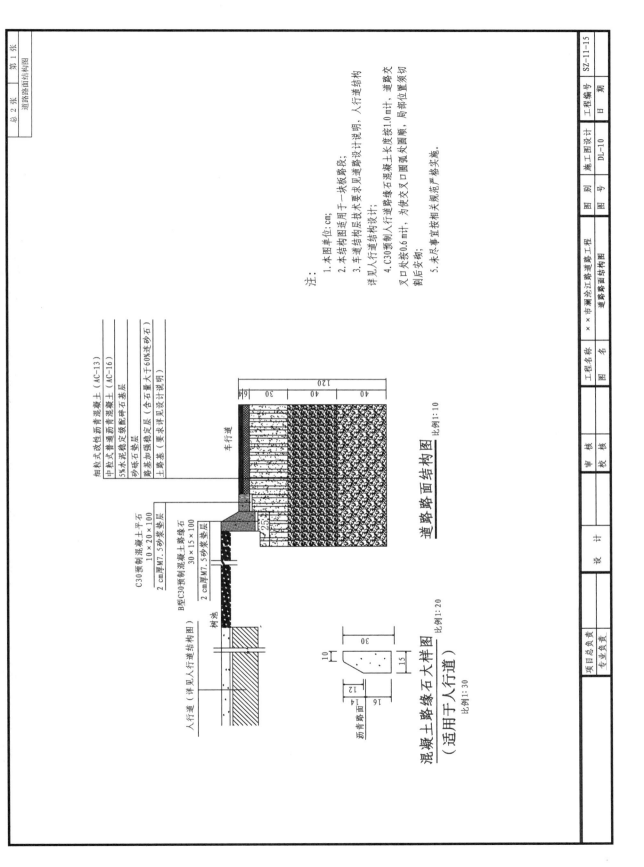

注:

1. 本图单位: cm;

2. 本结构图适用于一块板路段;

3. 车道结构层技术要求见道路设计说明, 人行道结构详见人行道结构设计;

4. C30预制人行道路石混凝土长度按1.0m计, 道路交叉口处按0.6m计, 为使交叉口圆弧处圆顺, 局部位置须切割后安砌;

5. 未尽事宜按相关规范严格实施。

细粒式改性沥青混凝土 (AC-13)
中粒式普通沥青混凝土 (AC-16)
5%水泥稳定级配碎石基层
砂砾石垫层
路基加强稳定层 (含石量大于60%连砂石)
土路基 (要求详见设计说明)

车行道

120
6
30
40
40

道路路面结构图　比例1:10

C30预制混凝土平石 10×20×100
2 cm厚M7.5砂浆垫层
B型C30预制混凝土路缘石 30×15×100
2 cm厚M7.5砂浆垫层

人行道 (详见人行道结构图)

树池

混凝土路缘石大样图
(适用于人行道)　比例1:30

沥青路面　12
16
10
30
15

比例1:20

项目总负责		审 核		设 计		工程名称	×市澜沧江路道路工程	工程编号	SZ-11-15
专业负责		校 核				图 名	道路路面结构图	图 别	施工图设计
								图 号	DL-10
								日 期	

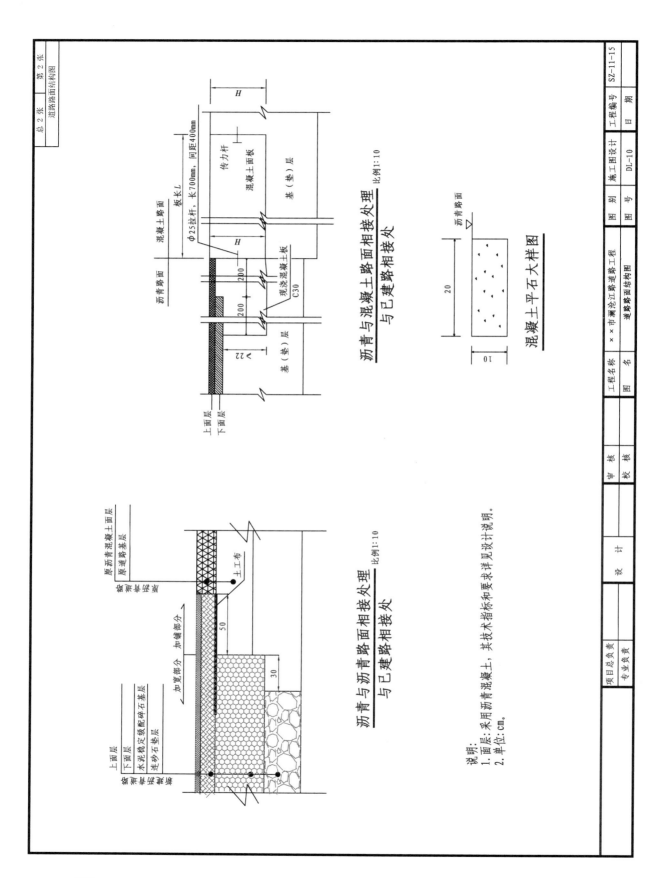

沥青与混凝土路面相接处理
比例1:10

与已建路相接处

沥青路面

φ25 拉杆，长700mm，间距400mm

传力杆

板长 L

混凝土路面

混凝土面板

基（垫）层

现浇混凝土板
C30

200

200

200

≥22

基（垫）层

上面层
下面层

沥青与沥青路面相接处理
比例1:10

与已建路相接处

原沥青混凝土面层

原道路基层

土工布

50

30

加宽部分　加铺部分

上面层
下面层
水泥稳定级配碎石基层
连砂石垫层

混凝土平石大样图

沥青路面

20

10

说 明：
1. 面层：采用沥青混凝土，其技术指标和要求详见设计说明。
2. 单位：cm。

| 工程名称 | ×市澜沧江跨道路工程 | 图 别 | 施工图设计 | 工程编号 | SZ-11-15 |
| 图 名 | 道路路面结构图 | 图 号 | DL-10 | 日　期 | |

项目总负责

专业负责

审 核

校 核

设 计

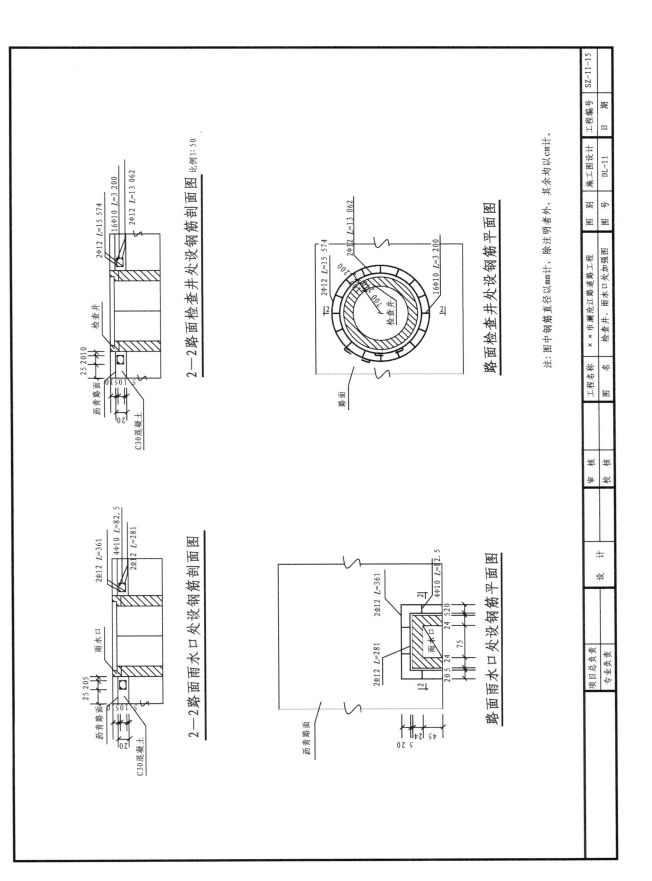

2—2路面检查井处设钢筋剖面图 比例1∶50

路面检查井处设钢筋平面图

2—2路面雨水口处设钢筋剖面图

路面雨水口处设钢筋平面图

注：图中钢筋直径以mm计，除注明者外，其余均以cm计。

项目总负责		工程名称	×× 市澜沧江路道路工程	工程编号	SZ-11-15
专业负责		图 名	检查井、雨水口处加强图	日 期	
设 计		审 核		图 别	施工图设计
设 计		校 核		图 号	DL-11

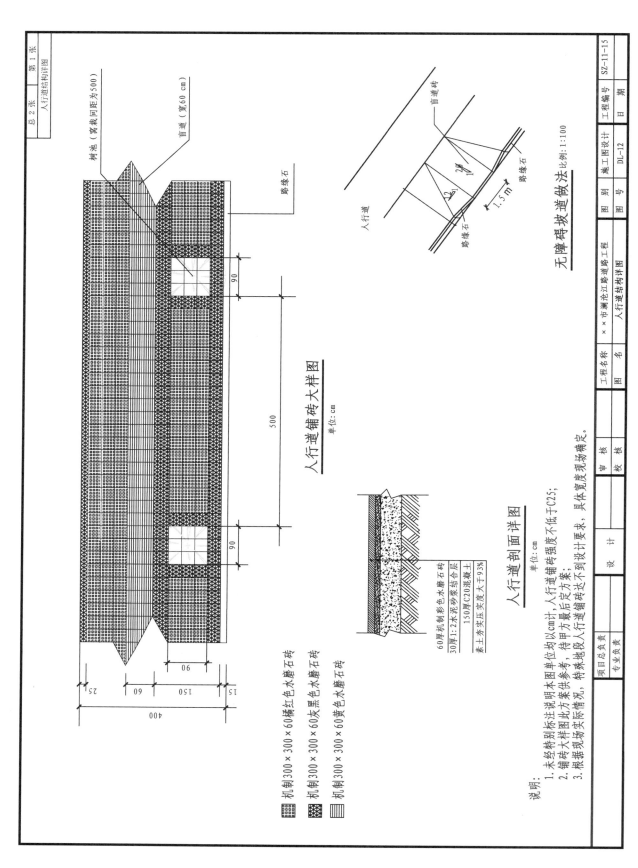

人行道铺砖大样图

单位：cm

机制300×300×60橘红色水磨石砖

机制300×300×60灰黑色水磨石砖

机制300×300×60黄色水磨石砖

人行道剖面详图

单位：cm

60厚机制彩色水磨石砖
30厚1：2水泥砂浆结合层
150厚C20混凝土
素土夯压实度大于93%

无障碍坡道做法 比例：1：100

盲道砖

路缘石

人行道

路缘石

1.5m

说明：
1. 未经特别标注说明本图单位均以cm计，人行道铺砖强度不低于C25；
2. 铺砖大样图此方案，待甲方最后定方案；
3. 根据现场实际情况，特殊地段人行道铺砖达不到设计要求，具体宽度现场确定。

项目总负责			设	计			工程名称	×× 市澜沧江路道路工程	图 别	施工图设计	工程编号	SZ-11-15
专业负责							图 名	人行道结构详图	图 号	DL-12	日 期	
			审 核		校 核							

总 2 张　第 1 张

人行道结构详图

树池（窝裁间距为500）

盲道（宽60 cm）

路缘石

400
15 150 60 90 25

500
90

· 270 ·

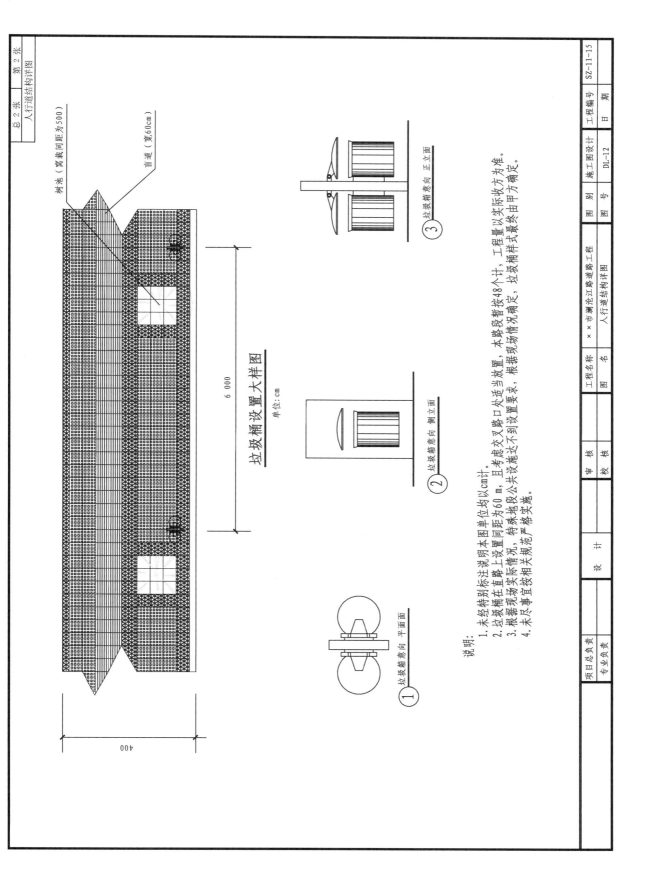

树池（黄桷间距为500）

盲道（宽60cm）

垃圾桶设置大样图

单位：cm

6 000

400

① 垃圾箱意向 平面面

② 垃圾箱意向 侧立面

③ 垃圾箱意向 正立面

说明：
1. 未经特别标注说明本图单位均以cm计。
2. 垃圾桶在直路上设置间距为60 m，且考虑交叉路口处适当放置，本路段暂按48个计，工程量以实际收方为准。
3. 根据现场实际情况，特殊地段公共设施达不到设置要求，根据现场情况确定，垃圾箱样式最终由甲方确定。
4. 未尽事宜按相关规范严格实施。

项目总负责		设　计		工程名称	× × 市澜沧江路道路工程	工程编号	SZ-11-15
专业负责				图　名	人行道结构详图	日　期	
		审　核				图　别	施工图设计
		校　核				图　号	DL-12

参考文献

[1] 中华人民共和国住房和城乡建设部.建设工程工程量清单计价规范[S].GB 50500—2013.北京:中国计划出版社,2013.

[2] 中华人民共和国住房和城乡建设部.市政工程工程量计算规范[S].GB 50857—2013.北京:中国计划出版社,2013.

[3] 住房城乡建设部、财政部关于印发《建筑安装工程费用项目组成》的通知(建标〔2013〕44号).

[4] 四川省建设工程造价总站.四川省建设工程工程量清单计价定额——市政工程[S].2020版.成都:四川科学技术出版社,2020.